煤矿全员安全素质提高必读丛书

煤矿"一通三防"知识 1000 问

（第二版）

主　编　袁河津

副主编　孟　涛　刘　萍　宁尚根

　　　　杜延云　许海霞　程君业

主　审　王宝才　马仲宁　王　楠

　　　　杨　良　刘占文　薛　涛

中国矿业大学出版社

内 容 提 要

本书以专题形式阐述了矿井通风、矿井瓦斯防治、矿尘防治和矿井防灭火等煤矿"一通三防"的基本知识。

本书主要作为煤矿企业主要负责人、安全管理人员、特种作业人员和其他从业人员进行安全教育培训的教材，也可以供煤矿企业基层单位进行安全宣传教育使用，同时还可以用作煤矿监管监察人员参考资料。

图书在版编目（CIP）数据

煤矿"一通三防"知识1000问/袁河津主编.—2版.
—徐州：中国矿业大学出版社，2010.5
ISBN 978-7-5646-0132-4

Ⅰ.①煤… Ⅱ.①袁… Ⅲ.①煤矿—安全生产—问答
Ⅳ.①TD7-44

中国版本图书馆CIP数据核字（2010）第060536号

书　　名	煤矿"一通三防"知识1000问（第二版）
主　　编	袁河津
责任编辑	李士峰
策　　划	杨帆
出版发行	中国矿业大学出版社
	（江苏省徐州市解放南路　邮编221008）
营销热线	（0516）83885307　83884995
网　　址	http：//www.cumtp.com　E-mail：cumtpvip@cumtp.com
排　　版	北京安全时代文化发展有限公司
印　　刷	北京市密东印刷有限公司
经　　销	新华书店
开　　本	850×1168　1/32　印张13.875　字数360　千字
版次印次	2010年5月第2版　2010年5月第1次印刷
定　　价	28.00元

（图书出现印装质量问题，本社负责调换）

序　言

　　袁河津同志是我 30 多年前在开滦矿务局林西矿工作时的一位好朋友，那时他是采煤区的技术员，有一手好文笔，经常利用工作之余为矿工报撰写一些稿件，而我当时在矿宣传部负责新闻宣传工作，以稿结缘，就和他逐渐熟悉起来。以后，矿上召开一些重要的会议，我们还时常在一起共同研究起草会议的材料。1990 年我离开开滦以后，和河津同志见面的机会少了，但是有关他的情况，也能够了解一些。而且知道他在退休之后，仍笔耕不辍，先后出版了几本有关煤矿技术的专业书籍。

　　今年 4、5 月份，全国组织开展安全生产百日督查专项行动，河津同志作为煤矿专家被借到国家安监总局，参与了这项活动，派到山西等省，专门对煤矿进行安全检查。这可是如鱼得水，发挥了很重要的作用。期间，我们又见过几次面。当时，我就建议他根据自己长期积累的丰富实践经验，编写一本通俗易懂的煤矿安全读本，供煤矿安全培训或普及安全常识之用。他说也早有此意。没想到事过 3、4 个月，他就把厚厚的一摞文稿摆到我的案前，而且是采用问答的形式，围绕着煤矿"一通三防"的知识，足足搞了一千多问。出手之快，专业之强，真是令我钦佩之极。他作为教授级高级工程师，的确名之付实。

　　煤矿的瓦斯防治，确实是煤矿安全生产的重中之重。因为煤矿重特大事故中，瓦斯事故约占 75% 以上。2005 年全国人大常委会组织的煤矿安全执法大检查中，检查组就一针见血地指出，瓦斯是煤矿安全生产的"第一杀手"，并提出"力争用两年左右的时间，使煤矿重特大瓦斯爆炸事故有较大幅度的下降。"致此，全国开展了一场煤矿瓦斯治理的攻坚战。应该说，近几年，通过各地各部门的不懈努力，煤矿的瓦斯事故有了明显的下降，煤矿的安全生产状况有了明显的改善。但是，安全生产形势依然严峻。尤其是煤矿的"一通三防"工作，还存在较大的差距，隐患和漏洞仍然很多。特别是大量小煤矿，通风系统不健全、风量不足、无风微风作业的现象还比较突出。在瓦斯的防治和监控上，也存在很多问题。

但是，更令人忧心忡忡的是，目前有的煤矿企业负责人和安全管理人员，对井下"一通三防"知识了解不多，甚至知之甚少；煤矿从业人员也对有关"一通三防"的操作技能掌握得很少，甚至不掌握。因此，加强安全技术培训迫在眉睫。河津同志编写的《煤矿"一通三防"知识1000问》，为技术培训提供了一本非常适用的教材。应该感谢他为此付出的努力和作出的贡献。

本书紧紧围绕煤矿重大安全生产隐患、安全质量标准化、煤矿瓦斯综合治理体系和相关技术规范规程等重点，对煤矿"一通三防"基本知识逐题进行了阐述，内容丰富齐全，而且采用一问一答的方式，有利于煤矿企业根据学员的实际水平和煤矿安全生产工作的需要，进行分散式的培训，从而达到系统全面掌握安全知识、安全操作技能和提高安全法律意识的目的。

开卷有益。我希望每一位读者，都能从这本书中得到教益。

黄毅

2008 年 11 月 29 日

目　录

第一章　矿井通风

12

第二章　矿井瓦斯防治

第三章　矿尘防治

44

第四章 矿井防灭火

48

第 一 章

矿 井 通 风

第一节　矿井通风基础知识

第1问　什么叫"一通三防"？

根据原煤炭工业部《国有重点煤矿防治重大瓦斯煤尘事故的规定》中的定义，"一通三防"就是指加强矿井通风，防治瓦斯、防治煤尘、防治火灾事故的发生。

第2问　矿井通风的基本任务是什么？

矿井通风的基本任务有以下三方面：

（1）将足够的新鲜空气送到井下，供给井下人员呼吸所需要的氧气。

（2）将冲淡有害气体和矿尘后的空气排出地面，保证井下空气质量并使矿尘浓度限制在规定的安全范围内。

（3）新鲜空气送到井下后，能够调节井下巷道和工作场所的气候条件，满足井下规定的风速、温度和湿度的要求，创造良好的作业环境。

第3问　矿井通风的作用是什么？

矿井通风是煤矿生产的一个重要环节。矿井通风与矿井安全密切相关。煤矿井下开采存在着瓦斯及其他有害气体、煤尘、煤炭自燃等严重威胁，搞好煤矿"一通三防"工作，是煤矿安全工作的重中之重，也是杜绝重大灾害事故、实现煤矿安全状况根本好转的关键。为了创造良好的煤矿生产作业环境，对瓦斯、煤尘和火灾实施切实可行的防治措施，提高矿井的抗灾救灾能力，最经济、最基础的解决方法就是搞好矿井通风工作。

第4问　地面空气的主要成分是什么?

地面空气是相对于矿井空气而言的，通常称为"大气"。地面空气的主要成分按体积所占的百分比为：氧气（O_2）占20.96%，氮气（N_2）占78.13%，二氧化碳（CO_2）占0.04%，其他惰性气体、水蒸气等占0.87%；按质量所占的百分比为：氧气（O_2）占23.1%，氮气（N_2）占75.6%，二氧化碳（CO_2）占0.046%，其他惰性气体、水蒸气等占1.254%。

第5问　矿井空气与地面空气有什么不同?

矿井空气的来源是地面空气。地面空气进入井下后，空气的成分、温度、湿度和压力都发生了变化。这些变化主要表现在以下四方面：

（1）氧气浓度减少，二氧化碳浓度增加。

（2）混入了各种有害气体，主要是一氧化碳、硫化氢、二氧化硫、二氧化碳和沼气等有毒有害和爆炸性气体。

（3）混入了煤尘和岩尘。

（4）空气的温度、湿度和压力发生变化。在通常情况下，冬季温度升高，夏季降低；绝对湿度增大，相对湿度增高；在压入式通风矿井，压力变大；在抽出式通风矿井，压力变小。

第6问　矿井空气中的氧含量为什么比地面空气低?

地面空气进入井下后，由于人的呼吸、煤岩的氧化、坑木的腐朽、井下发生火灾等，使矿井空气中的氧含量减小。另外，在煤矿采掘过程中不断产生的和煤岩层不断释放的各种有害气体，特别是沼气的涌出，都相应地降低了矿井空气中的氧含量。

第 7 问　什么是新鲜风流?

当矿井空气和地面空气的成分相差不大时，例如在进风井、井底车场、主要运输大巷、运输石门等处的风流叫做新鲜风流，有时也叫进风风流。

第 8 问　什么是乏风风流?

当矿井空气流经采掘工作面或井下工作硐室以后，其成分与地面空气的成分相比发生了变化，则将风流叫做乏风风流，有时也叫回风风流。

第 9 问　什么是进风巷?

进风风流（即新鲜风流）所经过的巷道，叫做进风巷。为全矿井或矿井一翼进风用的叫总进风巷；为几个采区进风用的叫主要进风巷；为 1 个采区进风用的叫采区进风巷；为 1 个工作面进风用的叫工作面进风巷。

第 10 问　什么是回风巷?

回风风流（即乏风风流）所经过的巷道，叫做回风巷。为全矿井或矿井一翼回风用的叫总回风巷；为几个采区回风用的叫主要回风巷；为 1 个采区回风用的叫采区回风巷；为 1 个工作面回风用的叫工作面回风巷。

第 11 问　什么是主要风巷?

矿井总进风巷、总回风巷、主要进风巷和主要回风巷,通称为矿井主要通风巷道,简称为主要风巷。

第 12 问　什么是专用回风巷?

在采区巷道中,专门用于回风,不得用于运料、安设电气设备的巷道叫专用回风巷。在煤(岩)与瓦斯(二氧化碳)突出区,专用回风巷内不得行人。

第 13 问　什么叫采煤工作面的风流?
　　　　什么叫掘进工作面的风流?

采煤工作面工作空间中的风流,叫采煤工作面的风流。

掘进工作面到风筒出风口这一段巷道中的风流,叫掘进工作面的风流。

第 14 问　什么条件的采区必须设置专用回风巷?

高瓦斯矿井、有煤(岩)与瓦斯(二氧化碳)突出危险的矿井的每个采区和开采易自燃煤层的采区,必须设置至少1条专用回风巷。

低瓦斯矿井开采煤层群和分层开采采用联合布置的采区,必须设置1条专用回风巷。

第 15 问　什么叫上行通风?什么叫下行通风?

风流沿采煤工作面倾斜方向由下向上流动的通风方式叫上行

通风。目前，采煤工作面大多数采用上行通风。

风流沿采煤工作面倾斜方向由上向下流动的通风方式叫下行通风。有煤（岩）与瓦斯（二氧化碳）突出危险的采煤工作面不得采用下行通风。

第16问　什么叫分区通风（并联通风）？

井下各用风地点的回风直接进入采区回风巷或总回风巷的通风方式，叫分区通风（并联通风），又叫独立通风。

生产水平和采区必须实行分区通风。

采区进、回风巷必须贯穿整个采区，严禁一段为进风巷、一段为回风巷。

第17问　什么叫串联通风？

井下用风地点的回风再次进入其他用风地点的通风方式，叫串联通风。

按照《煤矿安全规程》的要求，布置独立通风有困难时，在制定措施后，可采用串联通风，但串联通风的次数不得超过1次。

开采有瓦斯喷出或有煤（岩）与瓦斯（二氧化碳）突出危险的煤层时，严禁任何2个工作面之间串联通风。

第18问　井下风速过低或过高有什么危害？

井巷和采掘工作面风速过低或过高都不行。风速过低，汗水不易蒸发，人体多余热量不易散失掉，人就感到闷热不舒服，同时还会积聚瓦斯和煤尘，可能引起瓦斯煤尘爆炸或者窒息事故；风速过高，不仅使人体散发过多热量，易患感冒，而且会引起矿尘飞扬，恶化作业环境，危害人员身体健康，还可能引起煤尘爆炸。

第19问 《煤矿安全规程》对井巷中风流速度有哪些规定?

井巷中的允许风流速度应符合以下规定要求:

(1) 无提升设备的风井和风硐最高 15 m/s;

(2) 专为升降物料的井筒最高 12 m/s;

(3) 风桥最高 10 m/s;

(4) 升降人员和物料的井筒最高 8 m/s;

(5) 主要进、回风巷最高 8 m/s;

(6) 架线电机车巷道最低 1.0 m/s,最高 8 m/s;

(7) 运输机巷,采区进、回风巷最低 0.25 m/s,最高6 m/s;

(8) 采煤工作面、掘进中的煤巷和半煤岩巷最低 0.25 m/s,最高 4 m/s;

(9) 掘进中的岩巷最低 0.15 m/s,最高 4 m/s;

(10) 其他通风人行巷道最低 0.15 m/s。

第20问 设有梯子间或修理中的井筒中风流速度是怎样规定的?

设有梯子间或修理中的井筒,其中风流速度不得超过8 m/s;梯子间四周经封闭后,井筒中的最高允许风速可达 12 m/s。

第21问 无瓦斯涌出的架线电机车巷道中风流速度是怎样规定的?

无瓦斯涌出的架线电机车巷道,其风流速度不得低于 0.5 m/s,最高风流速度 8 m/s。

第 22 问　综采工作面中风流速度是怎样规定的?

综采工作面在采取煤层注水和采煤机喷雾降尘等措施后,其中最高风速可达 5 m/s,最低风速不得低于 0.25 m/s。

第 23 问　《煤矿安全规程》对矿井空气温度是怎样规定的?

进风井口以下的空气温度必须在 2 ℃以上。

生产矿井采掘工作面空气温度不得超过 26 ℃,机电设备硐室的空气温度不得超过 30 ℃。

第 24 问　采掘工作面空气温度不符合规定要求时应该采取什么措施?

采掘工作面空气温度过高或过低,都会使作业人员感到不适,甚至会危害人员身体健康和安全生产,因此,必须采取如下措施:

(1)井下温度过低,必须装设暖风设备,保持进风井井口以下的空气温度 2 ℃以上。

(2)地温较高的矿井及局部超温地点,应采取降温措施,保证采掘工作面空气温度不超过 26 ℃。

(3)当空气温度超过最高标准时,必须缩短超温地点工作人员的工作时间,并给予高温保健待遇。

(4)采掘工作面的空气温度超过 30 ℃、机电设备硐室的空气温度超过 34 ℃时,必须停止作业。

第 25 问　采掘工作面的温度和风速有什么关系？

井下采掘工作面的温度和风速间存在着一定关系。例如，井下最适宜的空气温度是 15～20 ℃，适宜的风速则<1.0 m/s。其他温度与风速的关系如下所列：

空气温度/（℃）	适宜的风速/（m/s）
<15	<0.5
15～20	<1.0
20～22	>1.0
22～24	>1.5
24～26	>2.0

第 26 问　什么是空气的湿度？

矿井空气的湿度是指矿井空气中含水蒸气的数量。

井下最适宜的相对湿度为 50%～60%，但目前大多数矿井中相对湿度较大，高达 80%～90%。要控制适宜的湿度是比较困难的，通常可从空气的温度和风速两方面进行调节。

第 27 问　空气湿度有哪两种表示方法？

空气湿度的表示方法有以下两种：

（1）绝对湿度：指每立方米空气中所含水蒸气的质量，g/m^3。

（2）相对湿度：指表示一定体积空气中实际含有的水蒸气质量与同温度下饱和水蒸气质量之比值的百分数，%。

第28问　影响井下空气湿度有哪些主要因素？

影响井下空气湿度主要因素有以下两点：

（1）季节影响。夏季地面空气温度高，当地面空气进入井下后，因气温逐渐降低而饱和能力变小，矿井空气中的一部分水会在巷道四周和支架上凝结成水珠，因而井巷变得潮湿，使井下空气湿度增加；而冬季则相反，进入矿井的地面空气吸收井巷中的水分，井巷变得干燥，使井下空气湿度降低。

（2）地下水影响。井下含水量大，例如顶板淋水、巷壁渗水或底板出水等，使井下空气湿度增加，有的矿井高达 $90\% \sim 100\%$。

第29问　氧气（O_2）的性质是什么？

氧气是一种无色、无味、无臭的气体，相对密度1.11，绝对密度 $1.429 \ kg/m^3$。氧气的化学性质很活泼，能与大多数元素发生化学反应。

氧气能够帮助燃烧。不同物质燃烧所需含氧量不同，例如沼气燃烧所需含氧量不得低于 15%，木料燃烧所需含量不得低于 5%。

氧气能供人和动物呼吸，植物的生长也离不开氧气。所以，氧气是空气中不可缺少的气体。

第30问　人体活动所需含氧量是多少？

人体维持正常生命过程所需的含氧量，取决于人的体质、精神状态和劳动强度等因素。一般来说，人在休息状态下平均所需含氧量 $0.25 \ L/min$；在工作和行走状态下平均所需含氧量 $1 \sim 3 \ L/min$。

第 31 问　空气中氧气浓度对人体健康有什么影响？《煤矿安全规程》中规定采掘工作面进风流中的氧气浓度是多少？

空气中氧气浓度减小，人的呼吸就会感到困难，严重时会因缺氧而死亡。当空气中氧气浓度下降到17％时，人在静止状态下尚无影响，如果从事强度较大的活动或劳动就会呼吸困难和心跳加速，引起喘息；当氧气浓度下降到15％时，人就会呼吸急促，感觉迟钝，以致不能从事劳动活动；当氧气浓度下降到10％～12％时，人就会失去理智，如果时间稍长就会对生命构成威胁；当氧气浓度下降到6％～9％时，人则会失去知觉，如果不及时进行抢救就会造成死亡。

《煤矿安全规程》中规定，采掘工作面进风流中，氧气浓度不低于20％。

第 32 问　当井下空气中瓦斯浓度增加时，氧气浓度将发生什么变化？有什么危害？

当井下空气中瓦斯浓度增加时，氧气浓度相应下降。经计算，当井下空气中瓦斯浓度增加至40％时，氧气浓度将下降到12.576％，使人昏迷，时间稍长就会有生命危险。而这种现象，在井下盲巷、不通风或通风不良的巷道中是有可能发生的。

第 33 问　氮气（N_2）的性质是什么？

氮气是一种无色、无味、无臭的惰性气体，不能助燃，也不能供人呼吸。氮气相对密0.97，绝对密度1.25 kg/m³。氮气本身对人体健康无害，但当空气中氮气浓度过高时，会使空气中氧气浓度相应下降，使人因缺氧而窒息，甚至死亡。

氮气在空气中含量最高，在一般情况下，氮气占空气体积的 79%。

第 34 问　二氧化碳（CO_2）的性质是什么？

二氧化碳是一种无色、无臭、略带酸味的气体。不能助燃，也不能供人呼吸。易溶于水。成酸性液体后对人的眼、鼻、口腔、黏膜有刺激作用，二氧化碳相对密度 1.52，绝对密度 1.965 kg/m^3，所以二氧化碳多积存在通风不良的巷道底部、下山等低矮地方。

第 35 问　井下二氧化碳（CO_2）的来源是什么？

井下二氧化碳主要来源有以下几方面：

（1）坑木腐朽变质、煤炭及含碳岩层缓慢氧化，这是最主要的来源。

（2）煤层中二氧化碳含量高，有时会发生煤（岩）与二氧化碳突出现象，在极短时间内二氧化碳伴随着煤（岩）突然大量突出。

（3）采掘工作面的爆破作业。爆破后会生成大量二氧化碳，经测定，每公斤硝铵炸药爆炸能生成 150 L 二氧化碳。

（4）人的呼吸。一般情况下，人在井下从事劳动时，呼出的二氧化碳量为 0.75～0.85 L/min。

（5）井下发生瓦斯、煤尘爆炸和火灾事故时也产生大量的二氧化碳。

第 36 问　二氧化碳（CO_2）对人体健康有哪些危害？《煤矿安全规程》对二氧化碳浓度是怎样规定的？

二氧化碳对人体健康危害较大，微量二氧化碳能促使人的呼吸加快，呼吸量增加。当空气中二氧化碳浓度达到 1％时，人的呼吸变得急促；二氧化碳浓度达到 5％时，人的呼吸感到困难，伴有耳鸣和血液流动加快的感觉；二氧化碳浓度达到 10％～20％时，人的呼吸将处于停顿状态并失去知觉，时间稍长就会有生命危险；二氧化碳浓度达到 20％～25％时，人将窒息死亡。

《煤矿安全规程》中规定，采掘工作面进风流中，二氧化碳浓度不超过 0.5％。矿井总回风巷或一翼回风巷中二氧化碳浓度超过 0.75％时，必须立即查明原因，进行处理。

第 37 问　一氧化碳 (CO) 的性质是什么？

一氧化碳是一种无色、无味、无臭的气体；相对密度 0.97，绝对密度 1.25 kg/m³；微溶于水；在正常的温度和压力条件下，化学性质不活泼，当空气中一氧化碳浓度达到 13％～75％时，能引起燃烧和爆炸。

第 38 问　井下一氧化碳 (CO) 的主要来源是什么？

井下一氧化碳的来源主要有以下几方面：

(1) 瓦斯、煤尘爆炸。当瓦斯爆炸发生后，空气中一氧化碳浓度高达 2％～4％；当煤尘爆炸发生后，空气中一氧化碳浓度一般为 2％～3％，个别可高达 8％。

(2) 煤炭的氧化和火灾。当发生煤炭氧化自燃及井下外因火灾时，空气中一氧化碳浓度上升很快。在一般情况下，1 kg 煤燃烧可生成 2 m³ 的一氧化碳。同时，用水进行直接灭火时，也会生成大量的一氧化碳。

(3) 采掘工作面的爆破作业。爆破后会生成大量一氧化碳。经测定，每公斤硝铵炸药爆炸能生成 100～300 L 一氧化碳。

第39问　一氧化碳（CO）对人体健康有哪些危害？《煤矿安全规程》对一氧化碳浓度是怎样规定的？

一氧化碳毒性很强，它对人体血色素的亲和力比氧气大250～300倍，吸入人体内的一氧化碳会很快地与血色素结合，阻碍氧气与血色素的正常结合，导致血色素吸氧能力降低，使人体各组织和细胞缺氧，引起中毒、窒息甚至死亡。当空气中一氧化碳浓度达到0.016％时，数小时后人会感到轻度头痛；一氧化碳浓度达到0.048％时，将使人产生轻微中毒，出现耳鸣、头晕、头痛、心跳加速等现象；一氧化碳浓度达0.128％时，将使人产生严重中毒，失去行动能力，感觉迟钝；一氧化碳浓度达到0.4％时，在很短时间内，人将失去知觉、痉挛，甚至死亡。

《煤矿安全规程》中规定，矿井空气中一氧化碳的最高允许浓度为0.002 4％。

第40问　硫化氢（H₂S）的性质是什么？

硫化氢是一种无色、微甜、带臭鸡蛋味的气体；相对密度1.19，绝对密度1.52 kg/³；易溶于水；遇火后能燃烧和爆炸，爆炸界限4.3％～45.5％；硫化氢有剧毒。

第41问　井下硫化氢（H₂S）的主要来源是什么？

井下硫化氢的主要来源有以下几方面：
（1）坑木的腐烂变质。
（2）由废弃的老巷道或煤（岩）层逸出。
（3）硫化矿物在遇水分解、燃烧和爆炸时。
（4）井下发生火灾后，所产生的氢气遇黄铁矿会生成硫化氢。

第42问 硫化氢（H_2S）对人体健康有哪些危害？《煤矿安全规程》对硫化氢的浓度是怎样规定的？

硫化氢有很强的毒性，刺激人的眼膜和呼吸系统，阻碍人体的氧化过程，使人体缺氧。当空气中硫化氢浓度达到0.0001%时，人的嗅觉能嗅到气味；硫化氢浓度达到0.005%时，在数小时后人发生轻度中毒，严重流唾液和清鼻涕，呼吸困难；硫化氢浓度达到0.02%时，人将严重中毒，出现头晕、头痛、呕吐和四肢无力现象；硫化氢浓度达到0.05%时，人将很快地失去知觉，发生痉挛，如不及时抢救会有死亡危险；硫化氢浓度达到0.1%时，人在极短时间内发生死亡。

《煤矿安全规程》中规定，矿井空气中硫化氢的最高允许浓度0.00066%。

第43问 二氧化硫（SO_2）的性质是什么？

二氧化硫是一种无色、有强烈硫磺味和酸味的气体。易溶于水。相对密度2.2，绝对密度2.86 kg/m^3。常积聚于巷道的下部位置。有强烈的毒性。

第44问 二氧化硫（SO_2）的主要来源是什么？

二氧化硫的主要来源有以下几方面：
(1) 从煤（岩）层中逸出和矿井水中泄出。
(2) 含硫煤（岩）层的氧化、自燃及矿尘爆炸。
(3) 采掘工作面的爆破作业，特别是含硫较高的炸药。

第 45 问　二氧化硫（SO₂）对人体健康有哪些危害？《煤矿安全规程》对二氧化硫浓度有什么规定？

二氧化硫对人的眼睛、呼吸道有强烈的刺激作用，可使喉咙、支气管发炎，导致呼吸器官麻痹。当空气中二氧化硫浓度达到 0.000 5％时，人的嗅觉能感觉到刺激性气味；二氧化硫浓度达到 0.002％时，对人的眼睛、呼吸道有强烈刺激，造成眼睛红肿、流泪，头痛，喉痛，咳嗽；二氧化硫浓度达到 0.05％时，能使人引起肺水肿、急性支气管炎，短时间内即可致人死亡。

《煤矿安全规程》中规定，矿井空气二氧化硫的最高允许浓度为 0.000 5％。

第 46 问　二氧化氮（NO₂）的性质是什么？

二氧化氮是一种呈红褐色、具有强烈刺激臭味的气体；相对密度 1.57，绝对密度 2.054 kg/m³；易溶于水，是剧毒气体。但在一般情况下，二氧化氮中毒潜伏期较长，即吸入人体后，并不一定马上表现症状，而是经过数小时，甚至 20 多小时，毒性才发作。

第 47 问　井下二氧化氮（NO₂）的主要来源是什么？

井下二氧化氮主要是由于采掘工作面爆破所产生。通常爆破后产生一氧化氮及一氧化碳，当一氧化氮遇到空气中的氧时，立即氧化成二氧化氮。

第 48 问 二氧化氮（NO_2）对人体健康有哪些危害？《煤矿安全规程》对二氧化氮的浓度是怎样规定的？

二氧化氮极易溶解于水生成亚硝酸、硝酸，对人的眼睛和呼吸器官有强烈的刺激作用，能引起咳嗽、吐黄痰、呼吸困难，直至肺水肿，以致很快就致人死亡。当空气中二氧化氮浓度达到 0.006％时，人在短时间内就会产生喉痛、咳嗽和肺痛现象；二氧化氮浓度达到 0.01％时，人在短时间内即产生强烈咳嗽、呕吐和神经麻痹现象；二氧化氮浓度达到 0.025％时，很快就会致人死亡。

《煤矿安全规程》中规定，矿井空气中二氧化氮的最高允许浓度为（氧化氮换算成二氧化氮）0.000 25％。

第 49 问 氨气（NH_3）的性质是什么？

氨气是一种无色、具有强烈刺激性臭味的气体。相对密度 0.587，绝对密度 1.25；易溶于水，易液化，在一般情况下化学性质不活泼。当浓度达 16％～27％时具有爆炸性；有毒性。

第 50 问 氨气（NH_3）对人体健康有什么危害？《煤矿安全规程》对氨气浓度是怎样规定的？

氨气是剧毒气体，它对人的呼吸器官黏膜有较大的刺激作用，引起咳嗽，使人流泪、头晕，严重时可导致肺水肿，同时还会刺激皮肤和严重损伤眼睛。

《煤矿安全规程》中规定，矿井空气中氨气的最高允许浓度为 0.004％。

第 51 问 氢气（H₂）的性质是什么？

氢气是一种无色、无味、无臭的气体；相对密度 0.587，绝对密度 1.43 kg/m³；具有可燃性和爆炸性。当氢气浓度达到 7%～74% 时能发生爆炸，发火点 300 ℃。与氧混合时爆炸危害性更大，爆速可达 2 820 m/s 左右，温度可达 3 000 ℃左右。氢气能溶于水，经测定，100 L 水中氢气的溶解量 2.15 L。

第 52 问 井下氢气（H₂）的主要来源是什么？《煤矿安全规程》对井下氢气浓度是怎样规定的？

井下氢气的主要来源有以下两方面：
（1）蓄电池充电时放出。
（2）井巷中行驶的内燃机车或单轨吊车散发出。
《煤矿安全规程》中规定，井下充电室风流中以及局部积聚处，氢气的最高允许浓度为 0.5%。

第 53 问 什么叫循环风？

局部通风机的回风，部分或全部再进入同一部局部通风机的进风风流中，这种风流叫做循环风。

第 54 问 什么叫自然风压？什么叫自然通风？

矿井由于自然条件产生的通风压力，叫做自然风压。
利用自然风压促使空气在井下巷道流动的通风方法，叫做自然通风。
矿井禁止采用自然通风，但自然风压是客观存在的，要注意控制自然风压对矿井通风的不良影响。在矿井发生灾变时，有时还需要利用自然风压。

第55问 自然风压与哪些主要因素有关?

自然风压主要与以下三个因素有关:
(1) 进、回井的井口标高差。
(2) 地面温度的变化。
(3) 矿井工业广场小气候。

第56问 什么叫空气的密度? 什么叫
空气的重率? 密度和重率有什么关系?

在单位体积内所含有的空气质量叫做空气的密度。在标准状态下,空气的密度为 1.293 kg/m³。

在单位体积内所含有的空气质量叫做空气的重率。在标准大气压下,干空气的重率为 12.67 N/m³。

空气的密度和重率的关系可用下式表示:

$$\rho = \frac{\gamma}{g}$$

式是 ρ ——空气的密度, kg/m³。

γ ——空气的重率, N/m³。

g ——重力加速度, m/s²。

第57问 什么叫空气压力? 压力有哪三种表示方法?

空气压力是指空气分子作用于器壁单位面积上的力。

压力有以下三种表示方法:
(1) 用单位面积上的作用力来表示, Pa。
(2) 用液柱高度来表示, mmH_2O 或 mmHg。
(3) 用大气压力来表示, atm 或 at。

它们三者的关系是:

1 atm＝760 mmHg＝10 332 mmH$_2$O;

1 at＝10 000 mmH$_2$O。

第 58 问 空气压力分为哪两类?

空气压力分为绝对压力和相对压力。

（1）绝对压力:是以真空为基准测算的压力。由于以真空为 O 点,所以绝对压力总是 E 值。

（2）相对压力:以当地同标高的大气压力为基准测算的压力。相对压力有正压和负压之分。例如,矿井采用压入式通风时,井下空气压力高于同标高当地大气压,叫正压通风;当矿井采用抽出式通风时,井下空气压力低于同标高当地大气压,叫负压通风。

第 59 问 井下风流任一断面都存在哪三种形式的压力?

井下风流任一断面存在静压、速压和位压三种形式的压力。

（1）静压:空气分子对器壁单位面积上施加的压力。

（2）速压:速压又叫动压。当井下风流作定向流动时,空气分子对与风流方向非平行的平面单位面积上所施加的压力。

（3）位压:因空气位置高度差而在单位面积上施加的压力。

第 60 问 什么叫通风总压力?

井巷风流中任一断面的静压、速压和位压之和,叫做该断面通风总压力。

第 61 问　什么叫通风总压差?
总压差在通风中有什么作用?

井下风流中任意两个断面的通风总压力之差,叫做该两断面的总压差。

井巷风流中两个断面的总压差是造成该两断面之间空气流动的根本原因。矿井井巷内的空气流动就是依靠矿井进风井口断面与风井口断面的总压差实现的。空气流动的方向是从总压力大的断面流向总压力小的断面。

第 62 问　什么叫全风压?

矿井通风系统中主要通风机出口侧和进口侧的总风压差,叫做全风压。

第 63 问　矿井通风阻力分为哪两种形式?

矿井通风阻力分为摩擦阻力和局部阻力两种形式。

第 64 问　什么叫摩擦阻力? 它与哪些主要因素有关?

空气在井巷流动中,由于空气和巷壁、支架之间以及空气分子之间发生摩擦而产生的阻力,叫做摩擦阻力。

摩擦阻力主要与巷道长度、周长、风量、断面、风速及巷道规格和支护形式有关。据计算,一条半圆拱巷道断面扩大 1 倍,摩擦阻力下降 5.65 倍。

第 65 问　什么叫局部阻力？

空气在井巷流动中，由于风流流经井巷的某些局部地点遇到巷道条件突然变化，例如断面突然扩大或缩小、急剧转弯、分支或汇聚，以及巷道内有堆积物等正面阻挡风流的物体，使风流的风量和风向突然发生改变，导致风流产生冲击，形成极为紊乱的涡流，因而造成通风阻力，叫做局部阻力。

据统计，局部阻力占矿井总阻力的 10% 左右。

第 66 问　什么叫矿井等积孔？

假定在无限空间有一薄壁，在薄壁上开一面积为 A（m^2）的孔口。当孔口通过的风量等于矿井风量，而且孔口两侧的风压差等于矿井通风阻力时，则孔口面积 A 称为该矿井的等积孔。

第 67 问　矿井等积孔有什么用途？

矿井等积孔 A：

$$A = \frac{1.19}{\sqrt{R_m}}$$

式中　R_m——矿井总风阻，m^2。

由上式可知，A 是 R_m 的函数，R_m 越大，即矿井通风越困难，得出的 A 越小，故 A 可以表示矿井通风的难易程度。我国常用矿井等积孔作为衡量矿井通风难易程度的指标。

矿井通风难易程度分级如下：

等积孔 $A > 2\ m^2$ 的矿井通风难易程度：容易；

等积孔 $A \sim 2\ m^2$ 的矿井通风难易程度：中等；

等积孔 $A < 1\ m^2$ 的矿井通风难易程度：困难。

但是，用矿井等积孔来衡量矿井通风难易程度仍存在着一些问题。例如，井巷中如发生严重漏风或风流短路等情况，则会出现通风状况虽差而等积孔却相当大的现象；另外由于现代矿井的规模、开采方法、机械化程度和通风机能力等有了很大的发展和提高，对小型矿井通风状况还有一定的参考价值；对大型矿井或多风机通风系统的矿井，衡量通风难易程度的指标还有待进一步研究。所以，矿井等积孔这一概念只能作为衡量通风难易程度时参考之用。

第68问 如何降低矿井通风阻力？

降低矿井通风阻力对保证矿井安全生产和提高经济效益都具有重要意义。降低矿井通风阻力主要采取以下几方面的措施：

（1）减小井巷摩擦阻力系数。

（2）选用周长较小的井巷形状。

（3）采用足够大的井巷断面。

（4）减小井巷长度。

（5）避免井巷断面的突然变化和方向的突然改变。

（6）井巷内不得堆积物料、矿车和煤矸等。

第69问 通风机有哪些基本参数？

通风机有以下几种基本参数：

（1）风量。指单位时间通过通风机的风量，m^3/s。

（2）全风压。指单位体积的空气通过通风机后所获得的能量，包括道风机静压和速压，Pa、mmH_2O 或 atm 等。

（3）功率。指通风机的输入功率（从电动机得到功率）和输出功率（对外做的功率），kW。

（4）效率。指通风机输出功率与输入功率之比，％。

（5）转速。指风机每分钟转动的速度。一般以通风机电动机转子单位时间的转数计算，r/min。

第二节 矿井通风有关规定

第 70 问 根据哪些因素选择矿井通风方式?

选择矿井通风方式一般根据煤层瓦斯含量高低、煤层埋藏深度和赋存条件、冲积层厚度、煤层自燃倾向性、小窑塌陷漏风情况、地形地貌状态以及开拓方式等因素综合考虑确定。

第 71 问 根据矿井进、回风井布置形式的 不同,矿井通风方式主要有哪几种基本类型?

根据矿井进、回风井布置形式的不同,矿井通风方式分为以下三种基本类型:

(1)中央式通风。中央式通风是指进风井和回风井大致位于井田走向的中央。

(2)对角式通风。对角式通风是指进风井位于井田中央,回风井分别位于井田浅部走向两翼边界采区的中央。

(3)混合式通风。混合式通风是大型矿井和老矿井进行深部开采时常用的一种通风方式。一般进风井和回风井由 3 个或 3 个以上井筒或斜井按(1)、(2)两种方式组合而成。

第 72 问 中央式通风分为哪两种形式?

中央式通风分为以下两种形式:

(1)中央并列式通风:进、回风井位于沿煤层倾斜方向中央位置的工业广场内。两井井底标高一致。

(2) 中央边界式通风：回风井位于沿煤层倾斜方向的上部边界。回风井底标高高于进风井底。

第 73 问　对角式通风分为哪两种形式?

对角式通风分为以下两种形式：

(1) 两翼对角式通风：回风井位于井田浅部走向两翼边界采区的中央。每翼 1 个回风井。

(2) 分区对角式通风：沿采掘总回风巷每个采区开掘一个小回风井。每个采区 1 个回风井。

第 74 问　混合式通风主要有哪几种形式?

混合式通风主要有以下三种形式：

(1) 中央分列与对角混合式通风。

(2) 中央并列与对角混合式通风。

(3) 中央并列与中央分列混合式通风。

第 75 问　中央并列式通风的适用条件是什么?
有哪些优缺点?

适用条件：中央并列式通风适用于煤层倾角较大、走向不长、投产初期暂未设置边界安全出口，且自然发火不严重的矿井。

优缺点：

(1) 初期投资少，采区生产集中，便于管理。

(2) 节省回风井工业场地，占地少，压煤少。

(3) 进、回井之间风路较长，风阻较大，漏风较多。

(4) 工业场地有噪声影响。

第76问 中央分列式通风的适用条件是什么？ 有哪些优缺点？

适用条件：中央分列式通风适用于煤层倾角较小、走向长度不大的矿井。

优缺点：

（1）比中央并列式通风的安全可靠性强。

（2）矿井通风阻力较小，内部漏风较小，有利于对瓦斯、自然发火的管理。

（3）工业场所没有噪声影响。

（4）增加一个回风井场地，压煤多。

第77问 两翼对角式通风的适用条件是什么？ 有哪些优缺点？

适用条件：两翼对角式通风适用于煤层走向长、井田面积大、产量较高的矿井。

优缺点：

（1）初期投资大，建井期较长。

（2）增加两个回风井场地，压煤多。

（3）矿井通风阻力小，风路短，漏风小。

（4）工业场地没有噪声影响。

（5）比中央式通风的安全可靠性强。特别是对于有瓦斯喷出或有煤与瓦斯（二氧化碳）突出的矿井应采用对角式通风。

第78问 分区对角式通风的适用条件是什么？ 有哪些优缺点？

适用条件：煤层距地表较浅，或因地表高低起伏较大，无法开凿浅部的总回风道时，在开采第一水平一般都采用分区对角式通风。同时，分区对角式通风适用于矿井走向长、多煤层开采、高温、高瓦斯、有瓦斯喷出和有煤（岩）与瓦斯（二氧化碳）突出的矿井。

优缺点：

（1）初期投资大，建井期较长。

（2）增加若干个回风井场地，压煤多。

（3）工业场地没有噪声影响。

（4）矿进通风阻力小，风路短，漏风小。

（5）矿井通风安全可靠性强，特别是具有严重自然灾害威胁的矿井应采用该法。

第79问　混合式通风的适用条件是什么？有哪些优缺点？

适用条件：

（1）矿井走向距离很长以及老矿井的改扩建和深部开采。

（2）多煤层、多井筒的矿井，有利于矿井分区、分期投产。

（3）大型矿井，井田面积大、产量高或采用分区开拓的矿井。

优缺点：具有中央式通风和对角式通风的优缺点。

第80问　什么叫机械通风？矿井为什么必须实行机械通风？

机械通风是相对自然通风而言的，即矿井通风压力是由通风机形成的。

由于自然风压主要受进、回井井口高差和井内外温差的影响，在冬季和夏季、白昼与黑夜，其风流方向和风量是不相同的。例如，当地面温度低于井内温度时，地面空气的比重高于井内，标高高的井口压力低于标高低的井口压力，自然风压由标高低的井口流入，经井下巷道，从标高高的井口排出。相反，地面温度高于井内温度时，自然风压从标高高的井口流入，从标高低的井口排出。瓦斯事故往往发生在气温变化、风流不稳定、风向不确定、风量不固定，使瓦斯浓度增加到爆炸界限的时候。所以，《煤矿安全规程》中规定，矿井必须采用机械通风，而且必须保证主要通风机连续运转。

第81问　什么是主要通风机？
矿井主要通风机有哪两种通风方式？

安装在地面的，向全矿井、一翼或一个分区供风的通风机叫做主要通风机。

矿井主要通风机主要有以下两种通风方式：

（1）压入式通风。矿井主要通风机安装在矿井进风井口，向矿井内压入新鲜空气。

（2）抽出式通风。矿井主要通风机安装在矿井回风井口，从矿井内抽出乏风。

第82问　抽出式通风有哪些优缺点？
其适用条件是什么？

优缺点：

（1）由于井下风流处于负压状态，当主要通风机因故停止运转时，井下风流压力提高，可使采空区瓦斯涌出量减少，比较安全。

（2）漏风量少，通风管理较简单。

（3）当相邻矿井或采区相互贯通时，会把相邻矿井或采区积聚的有害气体抽到本矿井下，使矿井有效风量减小。

适用条件：抽出式是目前我国煤矿广泛采用的通风方式，特别适用于高瓦斯矿井和开采范围较大的矿井。

第83问　压入式通风有哪些优缺点?
其适用条件是什么?

优缺点:

(1)能用一部分回风将相邻贯通的小煤窑塌陷区内的有害气体压到地面。

(2)由于井下风流处于正压状态,当主要通风机因故停止运转时,井下风流压力降低,有可能使采空区瓦斯涌出量增大。

(3)进风网络漏风多,管理困难,风阻大,风量调节困难。

适用条件:压入式通风适用范围较小,当与本矿贯通的小煤窑地面塌陷严重或通达地表裂缝多时,地面地形复杂无法在回风井设置主要通风机或者总回风巷无法连通或维护困难的条件下,也可以采用该法。

第84问　什么叫辅助通风机?《煤矿安全规程》
对安设使用辅助通风机有哪些规定?

某分区通风阻力过大、主要通风机不能供给足够风量时,为了增加风量而在该分区使用的通风机叫做辅助通风机。

《煤矿安全规程》中规定,井下安设辅助通风机时,必须供给辅助通风机房新鲜风流,在辅助通风机停止运转期间,必须打开绕道风门。

第85问　矿用主要通风机分为哪几类?

矿用通风机按通风机的构造和工作原理可分为离心式通风机和轴流式通风机;轴流式通风机又分为普通轴流式通风机和对旋式通风机。

第86问　离心式通风机的工作原理是什么?

离心式通风机的电机通过传动装置带动叶轮旋转时,叶片流道间的空气随叶片旋转而旋转,获得离心力。经叶端被抛出叶轮,进入机壳。在机壳内速度逐渐减小,压力升高,然后经扩散器排出。与此同时,在叶片入口(叶根)形成较低的压力(低于进风口压力),于是进风口的风流便在此压差的作用下流入叶道,自叶根流入,在叶端流出,如此源源不断,形成连续的流动。

第87问　轴流式通风机的工作原理是什么?

轴流式通风机的叶(动)轮旋转时,翼栅即以圆周速度移动。处于叶片迎面的气流受挤压,静压增加;同时叶片背的气体静压降低,翼栅受压差作用,但受轴承限制,不能向前运动,于是叶片迎面的高压气流由叶道出口流出,翼背的低压区"吸引"叶道入口侧的气体流入,形成穿过翼栅的连续气流。其风流流动的特点是:当叶(动)轮转动时,气流沿等半径的圆柱面旋绕流出。

第88问　对旋式通风机的工作原理是什么?

对旋式通风机工作时,两级叶轮分别由两个等容量、等转速、旋转方向相反的电动机驱动,气流通过集流器进入第一级叶轮获得能量后,再经第二级叶轮升压排出。两级叶轮互为导叶,第一级后形成旋转速度,由第二级反向旋转消除并形成单一的轴向流动。两个叶轮所产生的理论全压各为通风机理论全压的1/2,不仅使通过两级叶轮的气流平稳,有利于提高风机的全压效率,而且使前后级叶轮的负载分配比较合理,不会造成各级电机的超功和过载现象。

第89问 对旋式通风机有哪些特点？

对旋式通风机有以下几方面特点：

（1）可实现三种运转方式，第一级、第二级和两级同时运行，既节省了电能消耗，又可以互为备用，较好地满足了不同长度的掘进供风需要。

（2）送风距离较长，最长可达 1 500 m 左右。

（3）通风机内耗少、阻力损失低，最高效率可达 85％以上。

（4）性能好，高效区宽，驼峰区风压平稳、风流稳定。

（5）噪声较低。取消了前后消音器。安装检修更加方便。

第90问 矿井主要通风机为什么必须安装在地面？

矿井主要通风机是保障矿井有效通风的可靠装备，也是保证矿井安全的重要装备。矿井主要通风机安装在地面，可以确保向井下连续不断地供给稳定的和足够的新鲜风流，保证矿井有效可靠地通风。矿井主要通风机安装在地面，具有以下几方面的好处：

（1）地面空气新鲜、干燥、粉尘少，有利于设备的维护保养。

（2）安装在地面，一些附属的大型电气设备不必选用防爆系列，设备选型简单。

（3）矿井主要通风机的反风装置建于地面，有利于施工和日常操作管理。

（4）地面条件较好，便于矿井主要通风机及其附属装置的安装和检修。

第91问　为什么矿井必须安装两套同等能力的主要通风装置？

只有依靠主要通风装置连续不停的运转，才能满足井下连续不断供风的需要，主要通风机一旦停止运转，井下将出现瓦斯等有毒有害气体含量增加的危险，可能引发瓦斯爆炸事故和熏人现象。安装两套主要通风装置，可以1套运转，1套备用（保持完好状态），万一运转的主要通风机发生故障停转，备用的主要通风机必须能在10 min内开动，保证对井下的正常供风。

至于安装两套主要通风机应该同等能力的问题，主要目的是为保证井下稳定、均匀、可靠地用风。如果备用主要通风机能力较低，将不能满足井下用风的需要；如果备用主要通风机能力较高，又会出现经济不佳的状态。

所以，《煤矿安全规程》中规定，矿井必须安装两套同等能力的主要通风装置。

第92问　局部通风机或风机群为什么严禁作为主要通风机使用？

局部通风机或风机群作为主要通风机使用，对矿井通风不可靠、不安全，存在以下几方面的问题：

（1）局部通风机和小型通风机本身质量较差，可靠性较低，在运转过程中常发生故障。

（2）风机群中若有一台通风机发生故障而停止运转，停止的通风机相当于一个短路通道，风机群会由此产生短路循环风，会大大地减少对井下的供风量，保证不了井下有效风量的供给。

（3）多台通风机在同一井口进行并联运转，通风机相互之间会发生干扰，使有的通风机排风量减小、风流逆转、负荷加大等，降低风机群的通风能力。

（4）采用风机群通风的井口，不可能再安装另一套备用的风机群，当风机群发生故障时，不能保证连续向井下供风。

（5）风机群的进风口和出风口之间，仅使用一道间墙分隔，往往由于封闭不严，产生很大的外部漏风。

所以，《煤矿安全规程》中规定，严禁采用局部通风机和风机群作为主要通风机使用。

第93问　矿井主要通风机有哪些附属装置？各有什么作用？

主要通风机附属装置主要有以下几种：

（1）风硐——连接通风机和通风井的一段巷道。

（2）扩散器——其作用是降低出口速压以提高通风机静压。

（3）防爆盖（门）——其作用是一旦井下发生瓦斯、煤尘爆炸事故，防爆盖（门）受爆炸波的冲击自动打开，以保护主要通风机免受损毁。

（4）反风装置——其作用是用来实施井下反风。

第94问　矿井主要通风机房内必须有哪些仪器、仪表和图纸资料？

主要通风机房内必须安装水柱计、电流表、电压表、轴承温度计等仪表，还必须有直通矿调度室的电话，并有反风操作系统图、司机岗位责任制和操作规程。

第95问　矿井主要通风机停止运转时，受停风影响的地点应采取什么措施？

主要通风机停止运转时，受停风影响的地点必须立即停止工作，切断电源，工作人员先撤到进风巷道中，由值班矿长迅速决定全矿井是否停止生产，工作人员是否全部撤出。

第 96 问　主要通风机停止运转期间，
应如何进行矿井通风？

主要通风机停止运转期间，对由 1 台主要通风机担负全矿通风的矿井，必须打开井口防爆门和有关风门，利用自然风压进行矿井通风，对由多台主要通风机联合通风的矿井，必须正确控制风流，防止风流紊乱。

第 97 问　井下辅助通风机房为什么必须有新鲜风流供给？

为了使辅助通风机、电控设备及供电电缆等电气设备在新鲜风流中运转，有利于设备的维护保养，减轻潮湿空气的锈蚀；同时，有利于预防瓦斯爆炸事故。《煤矿安全规程》中规定，必须供给辅助通风机房新鲜风流，以保证辅助通风机长期连续运转。

第 98 问　进风井口为什么必须布置在
粉尘、有害气体和高温气体不能侵入的地方？

《煤矿安全规程》中对井下空气中的氧气、有害气体的浓度、粉尘的浓度和采掘工作面、机电设备硐室的温度都有明确的规定。如果进风井口布置在粉尘、有害气体和高温气体能够侵入的地方，势必使进入井下的空气中粉尘、有害气体的浓度增加，氧气浓度减少，气温升高，有可能达不到规定要求，严重影响矿井安全和作业人员的身体健康。

第 99 问　在辅助通风机停止运转期间，
为什么必须打开绕道风门？

辅助通风机房前后两端的巷道有绕道相连，绕道内设置 2 道风门，平时2道风门均处于关闭状态。一旦辅助通风机发生故障而停止运转时，辅助通风机房内基本上无风流。这样，打开绕道内的2道风门，主要通风机仍能经绕道向原辅助通风机负担供风的区域供给用风，有利于避免该区域因辅助通风机停止运转而造成风流停滞、瓦斯等有害有毒气体增加的危险。所以，《煤矿安全规程》中规定，在辅助通风机停止运转期间，必须打开绕道风门。

第100问　主井兼作回风井应采取哪些措施？

箕斗井兼作回风井时，井上下装、卸载装置和开塔（架）必须有完整、可靠的封闭措施，其漏风率不得超过15%，并应有效果较好的防尘设施。

安装有带式输送机或矿车提升的斜井兼作回风井时，斜井中风速不得超过6 m/s，且必须安设甲烷断电仪。

第101问　主井兼作进风井应采取哪些措施？

箕斗井兼作进风井时，井筒中风速不得超过6 m/s。

安装有带式输送机或矿车提升的斜井兼作进风井时，斜井中风速不得超过4 m/s。

主井兼作进风井，必须设置防尘设施、自动报警灭火装置和消防管路。

第102问　什么叫矿井通风网络？它主要有哪些基本形式？

矿井通风网络指的是，所有井筒、巷道、车场和硐室、工作面等相互连接构成的全部风流流经的路线。它的基本形式有以下三种：

（1）串联风路

串联风路指的是井下用风地点的回风再次进入其他用风地点，中间没有分支的风路。

（2）并联风路

并联风路指的是两条或两条以上的通风巷道，在某一点分开后，又在另一点汇合，其中间没有交叉巷道时所构成的风路。

（3）角联风路

角联风路指的是并联风路之间增加 1 条或多条风路与其相连通的风路。

第 103 问　串联风路和并联风路有什么不同的通风性能?

如果两条风路的风阻相等，分别构成串、并联通风时，并联风路的总风阻是串联风路总风阻的 1/8。当通过串、并联风路的总风量相等时，并联风路的总风压是串联风路总风压的 1/8。所以，并联通风要比串联风路通风经济性优越得多。

另外，并联风路与串联风路相比较，并联风路中各风路都是独立的新鲜空气，有利于风流的控制和调节，通风情况好，不易发生事故，即使发生事故，也不致于波及其他风路，对事故风路隔绝处理也方便。所以，并联风路要比串联风路的安全可靠程度高得多。

第 104 问　角联风路在通风中有什么危害?

当矿井通风出现角联风路时，对角风路中的风流方向有时会发生变化，或者风流停止流动，造成风路的瓦斯积存，或者形成多个工作面串联通风，给矿井通风带来极大的危害。为了预防角联风路存在的不安全隐患，必须使非对角风路的风阻达到一定的比例关系。

第 105 问　操作矿井主要通风机时如何正确开启和关闭风门?

操作主要通风机时，开启和关闭风门的步骤因主要通风机类型不同而不同。

（1）主要通风机启动时。

轴流式通风机应开启风门启动，即应将通往井下的进风门关闭，同时将地面进风门打开，并要支撑牢固，以防吸地面风时自动吸合关闭。

离心式通风机应关闭风门启动，即应将通往井下的风门和地面进风门全部关闭。

（2）主要通风机启动后。

轴流式通风机应打开通往井下的风门，同时关闭地面风门。

离心式通风机应打开通往井下的风门。

第 106 问　如何看懂矿井通风系统图?

看矿井通风系统图时，一般按以下步骤进行：

（1）看懂并记住矿井通风系统图的图例，例如——→进风，○——→回风等。一般在整幅图的右下方都标有图例说明。

（2）看矿井进风井和回风井的井口位置。一般来说，进风井位于井田中央；回风井位于井田中央或两翼。再由进风井，经过主石门，到达运输大巷，即为总进风大巷；矿井两翼分别由总回风大巷经由回风井，将乏风排至地面。

（3）看采区通风系统。在一个采区内看有几条采区上（下）山，其中哪条是进风上（下）山，哪条是回风上（下）山；进（回）风上（下）山是怎样与矿井总进（回）风大巷连接的。

（4）看采掘工作面通风系统。采掘工作面的进（回）风巷与采区进（回）风上（下）山是怎样连接的。

（5）在看清矿井通风风流路线的基础上，进一步看控制风流方向和风量大小的通风设施，例如风门、密闭、调节风窗等。

第107问　什么叫矿井通风网路特性曲线？它有什么用途？

矿井风阻与风压、风量有关：

$$R=\frac{h}{Q^2}$$

式中　R——矿井风阻，$N \cdot S^2/m^6$。

　　　　h——矿井风压，Pa。

　　　　Q——矿井风量，m^3/s。

如果用风压作纵坐标，用风量作横坐标，绘制出风阻曲线，它就是矿井网路特性曲线。

矿井通风网络特性曲线可以反映矿井通风难易程度，特性曲线越陡，说明矿井通风越困难；反之，特性曲线越缓，说明矿井通风越容易。

第108问　矿井主要通风机的供电线路有什么规定要求？

矿井主要通风机是保障煤矿井下安全生产的非常重要的设备，为了确保主要通风机安全可靠地运行，《煤矿安全规程》对其供电线路进行了严格的规定。

主要通风机应有两回路直接引自变（配）电所馈出的供电线路；受条件限制时，其中的一回路可引自同种设备房的配电装置。

上述供电线路应来自各自的变压器和母线段，线路上不应分接任何负荷。

主要通风机的控制回路和辅助设备（风门绞车电机、室内照明等）都应有与主要通风机同等可靠的备用电源。备用电源应在送电状态下备用。

有时为了更加安全可靠地供电，主要通风机电源除由变电所引来两个主电源之外，还从其他相同用电等级的设备房引来另一备用电源。

第 109 问 为什么要对矿井主要通风机进行性能测定？

由于主要通风机在安装过程中产生的安装误差，使主要通风机的性能曲线和参数发生变化，与原厂方提供的资料数据有一定差异，另外，主要通风机使用后其性能参数也会受到影响。为了准确掌握安装后的主要通风机的性能参数，核实矿井真实的通风能力，必须在使用前和使用若干时间后，对主要通风机的排风量、风压、功率和效率等性能参数进行测定。

第 110 问 《煤矿安全规程》对矿井主要通风机性能测定是如何规定的？

《煤矿安全规程》中规定，新安装的主要通风机投入使用前，必须进行 1 次通风机性能测定和试运转工作，以后每 5 年至少进行 1 次性能测定。

第 111 问 为什么要对矿井通风阻力进行测定？

矿井通风阻力是衡量矿井通风能力的主要指标之一，也是进行矿井通风设计和矿井通风管理的主要依据之一。不论是矿井投产以前，还是矿井开发延伸，都必须对通风阻力的大小和分布状况有所了解，并对矿井风量进行合理分配和调节，为矿井安全生产、加强通风管理和提高通风管理水平提供和积累科学数据，使矿井通风达到既安全可靠又经济合理的目的。所以，《煤矿安全规程》规定，必须对矿井通风阻力进行测定。

第112问 《煤矿安全规程》对矿井通风阻力测定是如何规定的?

《煤矿安全规程》中规定,新井投产前必须进行1次矿井通风阻力测定,以后每3年至少进行1次。矿井转入新水平生产或改变一翼通风系统后,必须重新进行矿井通风阻力测定。

第113问 测定矿井通风阻力时如何选择测定路线和测点?

进行矿井通风阻力测定时,选择测定路线和测点应注意以下几方面事项:

(1) 首先,根据测定任务和矿井特点,结合矿井通风网络图,确定风量大、人员和仪器容易通过的干线为主要测定路线、地段和测点。

(2) 测点应尽量选择距井筒和风门较远的地点,以避免对风量的影响;两个测点间的压差应不小于 10～20 Pa,但不能大于测定仪器的量程;测点前后 3 m 范围内支护完好,巷道断面内没有杂物和积水;测点布置在分支、汇流、拐弯和断面变化的地点时,前方不小于巷道宽度的 3 倍,后方不小于巷道宽度的 8～12 倍,以保持巷道测点的风流稳定均衡。

(3) 对于不测风阻的路线,也要测定风量,以便计算它的风阻和校核风量。

(4) 用气压计法测定时,测点要在标高点或靠近标高点附近;对测点应按照风流方向顺序编号。

第114问 矿井通风阻力测定有哪两种方法?

矿井通风阻力测定方法有压差计法和气压计法两种。

第 115 问 如何采用压差计法测定矿井通风阻力？

采用压差计法测定矿井通风阻力，其实质就是测出风流两点间的势压差和动压差，然后进行计算，得出该两点间的通风阻力。

具体测定方法如下：

（1）在巷道风流前后的两个测点处各设置一个静压管，在后测点的下风侧 6～8 m 处安设压差计。静压管应设置在风流正常稳定的地点，其尖端应正对风流。压差计应靠近巷壁处且安设平稳，对压差计进行调零或记下初读数，避免行人和运输影响。胶管要防止折迭和被水、污物等堵塞。

（2）待胶管内的空气温度等于巷道内的空气温度后，将短胶管的一端连接在后测点的静压管上（或皮托管的静压端），另一端接在压差计的"－"端上；长胶管的一端连接在前测点的静压管上，另一端接在压差计的"＋"端上，待压差计液面稳定后读数。

第 116 问 如何采用气压计法测定矿井通风阻力？

采用气压计法测定矿井通风阻力，其实质就是用精密气压计测出风流两点间的绝对静压差，再加上动压差和位压差，然后进行计算，得出该两点间的通风阻力。

具体测定方法有逐点测定法和两测点同时测定法两种方法。

第 117 问 在采用气压计法时，如何用逐点
测定法测定矿井通风阻力？

逐点测定法具体方法如下：

（1）将两台精密气压计安设在井口或井底车场处，调好仪器

并记录初读数。

（2）将一台精密气压计留在井口或井底车场处，每隔 10～15 min 记录一次读数。以监视大气压力变化，作校正时使用。

（3）将另一台精密气压计沿测定路线按测点顺序分别测出各测点风流的绝对静压。如果地面大气压及通风状况发生变化，就用原井口或井底车场的气压计读数来进行校正。

第 118 问　在采用气压计时，如何用两点同时测定法测定矿井通风阻力？

两点同时测定法具体方法如下：

（1）将 I、II 号两台精密气压计同时放在 1 号测点，调好仪器记录初读数。

（2）I 号气压计留在 1 号测点不动，将 II 号气压计带到 2 号测点，I、II 号两台气压计同时读数。

（3）将 I 号气压计带到 3 号测点，II 号气压计留在 2 号测点不动，I、II 号两台气压计同时读数。

（4）依上述方法测完全部测点。到达最后一个测点时，两台气压计在同一测点同时读数，以进行校正。

第 119 问　测定矿井通风阻力时如何进行计算？

对测定的数据进行整理，按校正仪器的系数逐一校正，然后按下式进行计算。

（1）采用压差计法时，两测点间通风阻力为

$$h_{1\sim2}=Kh_{测}+\frac{v_1^2\rho_1}{2}-\frac{v_2^2\rho_2}{2}$$

式中　$h_{1\sim2}$——1、2 测点间通风阻力，Pa；

　　　K——压差计读数的精度校正系数；

　　　$h_{测}$——压差计的读数，即 1、2 两测点压差，Pa；

v_1、v_2——1、2两测点断面的平均风速，m/s；

ρ_1、ρ_2——1、2两测点风流密度平均值，kg/m³。

（2）采用气压计法时，两测点间通风阻力为

$$h_{1\sim2}=K\left(h_{测2}-h_{测1}\right)+K'\left(h_{测1}'-h_{测2}'\right)$$
$$+\left(Z_1-Z_2\right)\rho_{1-2}\cdot g+\left(\frac{v_1^2\rho_1}{2}-\frac{v_2^2\rho_2}{2}\right)$$

式中 $h_{1\sim2}$——1、2测点间通风阻力，Pa；

K，K'——气压计读数的精度校正系数；

$h_{测1}$、$h_{测2}$——前后测点的气压计读数，Pa；

$h_{测1}'$、$h_{测2}'$——$h_{测1}$、$h_{测2}$时校正气压计的读数，Pa；

Z_1、Z_2——前后测点的标高，m。

测量路线的总阻力即为各测点间通风阻力之和。

第 120 问　如何测绘矿井主要通风机技术性能曲线？

通过人为的调节矿井主要通风机的工况，改变矿井通风网路阻力，测出每一个工况点的有关性能参数。然后以每一个工况点的风量为横坐标，以全压或静压、静压效率或全压效率、轴功率为纵坐标，依次确定并填绘相对应数值，最后分别连接成一条曲线，该曲线即为主要通风机技术性能曲线。

第 121 问　矿井主要通风机工况调节主要有哪几种方法？

工况调节方法主要有以下几种：

（1）改变风硐中原有的立式调节闸门位置。

（2）改变风硐中原有的反风时进风用的平式闸门的位置。

（3）在风硐里安设框架增减挡风木板。

（4）在风井出风口利用百叶窗增减挡风木板。

选择工况调节方法应与测定主要通风机的其他性能参数（如风量、风压）结合起来，综合考虑，做到既能调阻，又能方便

测风。

第 122 问　对矿井主要通风机反风装置有哪些要求？

主要通风机反风装置是用来使井下风流反向的一种设施，以防止进风系统发生瓦斯煤尘爆炸和火灾事故时，产生的有害有毒气体进入采掘工作面或其他作业区域，免遭事故危害。

重要反风装置应符合以下几方面的安全要求：

（1）动作灵敏，能在 10 min 内改变巷道中的风流方向。

（2）结构要严密，漏风少，且坚固可靠。

（3）当风流方向改变后，主要通风机的供给风量不应小于正常供风量的 40%。

（4）定期进行检修。每季度应至少检查 1 次反风装置，确保反风装置处于良好状态。

（5）每年应进行 1 次反风演习；矿井通风系统有较大变化时，应进行 1 次反风演习。

（6）所有操作开关应集中安装，便于值班司机一个人独立操作。

第 123 问　如何检查矿井反风设施？

矿井反风设施的检查工作应由矿机电、通风、安监和救护等人员共同进行。

检查矿井反风设施的项目应包括：主要通风机和启动电气设备，进风井口楼，反风道，所有地面闸门和风门，电控设备绞车和钢丝绳、防爆门、反风设备的防冻状况以及进、回风井之间和主要进、回风道之间的正、反向风门等。

通过联合检查，发现矿井反风设施存在问题时，必须限期解决，并把检查结果记入专用的记录本内，由机电和通风部门保存备查。

第124问 矿井反风演习时，为什么要加强火源管理?

矿井反风是在矿井发生灾变时抢险救灾的一项重要措施。矿井反风演习时，技术性非常强，如果矿井风流调度不当，就有可能发生瓦斯大量涌出，以致达到爆炸浓度内，遇火源将发生瓦斯爆炸。在矿井反风演习时，严格管理火源，特别是切断井下和出风井井口附近的电源，可以消除存在引爆火源的隐患，保证矿井反风演习的安全顺利进行。所以，矿井反风演习时必须严格管理火源。

第125问 矿井反风演习时如何加强火源管理?

矿井反风演习时，必须切断电源并加强对其他火源的严格管理。

（1）反风演习前应切断井下电源，对井下火区必须进行封闭或消除。

（2）反风演习持续时间内，在反风后出风井井口附近 20 m 范围内，以及与反风后出风井井口相连通的井口房等建筑物内，都必须切断电源，禁止一切火源存在。

（3）反风演习结束，在风流恢复正常后，风流中瓦斯浓度不超过 1.0%时，方可恢复送电。

第126问 矿井反风有哪几种方式?

矿井反风主要有全矿性反风、区域性反风和局部反风三种方式。

第127问 什么叫全矿性反风? 它的适用条件是什么?

实现全矿总进、回风井及采区主要进、回风巷的风流全面反风的反风方式,叫做全矿性反风。

当矿井井口附近、井筒、井底车场(包括井底车场主要硐室)和与井底车场直接相通的大巷(如中央石门、运输大巷)发生火灾时应采用全矿性反风。

第128问 全矿性反风有哪几种方法?

全矿性反风主要有以下几种方法:
(1) 设专用反风道反风。
(2) 利用备用通风机作反风道反风。
(3) 采用通风机反转反风。
(4) 调节通风机动叶安装角反风。
目前,大多数煤矿采用反风道反风和反转风机反风两种方法。

第129问 什么叫区域性反风?

在多进风、多回风井的矿井一翼(或某一独立通风系统)进风大巷中发生火灾时,调节1个或几个主要通风机的反风设施,而实行矿井部分地区内的风流反向的反风方式,叫做区域性反风。

第130问 什么叫局部反风?

当采区内发生火灾时,矿井主要通风机保持正常运行,通过调整采区内预设风门的开关状态,实现采区内部分巷道风流的反向，把火灾烟流直接引向回风道的反风方式，叫做局部反风。

第 131 问　采区内设置的风流反向风门有什么规定要求?

采区内设置的风流反向风门应符合以下几方面的要求:

(1) 风门应处于合理的开启状态。常开风门在正常生产条件下处于开启状态，一旦需要局部反风时，应予关闭;常闭风门在正常生产条件下处于关闭状态，一旦需要局部反风时，应予开启。

(2) 风门应采用不燃性材料构筑。

(3) 每组风门不少于 2 道，以防止漏风。

(4) 风门的开启和关闭，应采用远距离控制。

第 132 问　矿井间隔多长时间进行 1 次反风演习? 如何确定矿井反风演习的持续时间?

《煤矿安全规程》中规定，生产矿井每季度应至少检查 1 次反风设施，每年应进行 1 次反风演习;矿井通风系统有较大变化时，应进行 1 次反风演习。

应该用从矿井最远地点撤到地面所需要的时间，来确定矿井反风演习持续时间。但是，最短时间不得少于 2 h。

第 133 问　对多台主要通风机通风的矿井， 如何进行矿井反风演习?

对多台主要通风机通风的矿井，应分别进行多台主要通风机同时反风和单台主要通风机各自反风的演习，以分别观察其反风效果。

第134问 矿井通风安全检测仪表必须由什么单位进行检验?

矿井通风安全检测仪表是一种非常重要的仪表,它关系到矿井安全和作业人员的安全与健康。对矿井通风安全检测仪表的检验,必须有一套严格的检验方法和标准,具备精密的检验设备、良好的检验条件、科学的检验手段和高素质的检验人员。所以,《煤矿安全规程》中规定,矿井通风安全检测仪表必须由国家授权的安全仪表计量检验单位进行检验。

第三节 采区及采煤工作面通风有关规定

第135问 在确定采区通风系统时应满足哪些要求?

在确定采区通风系统时,应保证采区通风系统中风流流动的稳定性,尽可能避免对角风路,尽量减少采区漏风量,并且要有利于采空区瓦斯的安全排放及防止采空区内遗煤自然发火,使新鲜风流减轻升温和污染的威胁。

第136问 采区通风系统主要有哪几种形式?

采区通风系统主要形式有以下几种:

(1) 两条通风上(下)山。输送机上(下)山进风,轨道上(下)山回风;或者输送机上(下)山回风,而轨道上(下)山进风。

(2) 三条通风上(下)山。输送机上(下)山和轨道上

（下）山进风，另一条是专用回风巷。

第 137 问　轨道上（下）山进风，输送机上（下）回风的采区通风系统有哪些优缺点？

（1）轨道上（下）山的下（上）部车场可不设风门，以方便材料运输，使通风安全可靠。

（2）轨道上（下）山绞车房便于新鲜风流进入。

（3）进风风流不受运送煤炭影响，煤尘浓度较低。

（4）当采用煤层双巷布置时，作为回风、运料用的各区段中部车场，上（下）山的下（上）部车场内均需设置风门，漏风大，不便管理。

第 138 问　输送机上（下）山进风，轨道上（下）山回风的采区通风系统有哪些优缺点？

（1）输送机上（下）山进风，其风流方向与运煤方向相反，比较容易控制风流，风门较少，但是，进风风流受运送煤炭影响，煤尘浓度较高。

（2）输送机上（下）山电气设备散热，使进风风流温度升高。

（3）轨道上（下）山的下（上）部车场需安设风门，不易管理。

第 139 问　三条上（下）山的采区通风系统有什么优缺点？

三条上（下）山的采区通风系统，即二条上（下）山进风，一条上（下）山专门回风。

（1）风门少，漏风小，通风管理较方便。

（2）采区通风阻力小，通风能力强。

（3）抗灾能力强；安全可靠程度较高，适用于高瓦斯矿井、煤（岩）与瓦斯（二氧化碳）突出矿井和自然发火矿井。

（4）巷道掘进量大，投资高。

正是由于该采区通风系统具备的优点，《煤矿安全规程》对设置专用回风巷作了具体的规定。

第 140 问　采区专用回风巷有什么作用？

（1）有利于确保通风系统稳定，防止发生通风事故，降低通风管理的难度，提高采区安全生产可靠程度。

（2）有利于有效抑制采空区自然发火，特别是适用于综采放顶煤开采工作面。

（3）有利于发生灾变事故时的抢险救灾工作。当发生瓦斯煤尘爆炸事故和火灾事故时，有毒有害气体可直接进入专用回风巷，可缩小灾区范围，减少人员伤亡。同时，排放瓦斯时安全、简单。

第 141 问　矿井进、回风井巷之间的联络巷有哪些要求？

矿井进、回风井之间和主要进、回风巷之间的每个联络巷中，必须砌筑永久性风墙；需要使用的联络巷，必须安设 2 道联锁的正向风门和 2 道反向风门。

第 142 问　采掘工作面为什么应实行独立通风？

煤矿采掘工作面既是瓦斯、煤尘和火灾等自然灾害发生次数较多的地点，又是作业人员较集中的场所。实行独立通风后，一旦发生灾害事故，其产生的有毒有害气体和高温火焰，直接排到回风巷，不致污染、危害其他采掘工作面，可以限制事故范围扩大和损失加重。

同时，采掘工作面实行独立通风后，各用风地点的风量调节起来也比较方便，使风流更加稳定可靠。

所以，《煤矿安全规程》中规定，采、掘工作面应实行独立通风。

第 143 问　为什么采掘工作面的进风和回风不得经过采空区或冒顶区?

采掘工作面的进风来自采空区或冒顶区，将导致区内有毒有害气体、矿尘等进入采掘工作面内，造成工作面氧含量降低、有毒有害气体浓度增加、作业环境污染恶化。

同时，采空区或冒顶区内没有可靠的通风断面，通过的风流极不稳定，不能保证采掘工作面通风系统稳定可靠。另外区内进入大量风流，可能还会引起遗散的煤炭自然发火。

所以，《煤矿安全规程》规定，采掘工作面的进风和回风不得经过采空区或冒顶区。

第 144 问　采煤工作面通风系统主要由哪些巷道组成?

采煤工作面通风系统主要由工作面进风平巷、回风平巷和工作面组成。

第 145 问　采煤工作面通风系统有哪些形式?

采煤工作面通风系统主要有 U 形、Z 形、Y 形、W 形、H 形、U+L 形和双 Z 形等形式。

第 146 问　采煤工作面 U 形通风系统有哪些优缺点?

U 形通风系统又叫反向通风系统。这种通风系统的优点是:

系统简单；U 形后退式通风系统采空区漏风量小；风流管理容易；巷道施工量和维修量小。缺点是：在工作面的上隅角附近容易积聚瓦斯。

目前我国煤矿采煤工作面主要采用 U 形通风系统。

第 147 问　采煤工作面 Z 形通风系统有哪些优缺点？

Z 形通风系统又叫顺向通风系统。这种通风系统的优点是：结构简单；能消除工作面上隅角积聚的瓦斯，还能排出一部分采空区内的瓦斯。缺点是：巷道维修量大；而且不利于自燃煤层的防火。

第 148 问　采煤工作面 Y 形通风系统有哪些优缺点？

Y 形通风系统又叫顺向掺新通风系统。这种通风系统的优点是：当工作面瓦斯涌出量大，采用顺向通风系统仍不能使工作面回风流中瓦斯浓度降低到有关规定以下时，增加一条巷道进风，可将工作面上平巷的回风，改为在工作面前方引进新鲜风流，越过工作面后保留下来成为回风巷。Y 形通风系统通过 2 条进风巷引进的新鲜风流，将回风流中的瓦斯稀释和冲淡，然后排出。它适用于瓦斯含量大的工作面。缺点是：巷道维修量大，而且不利于自燃煤层的防火。

第 149 问　采煤工作面 W 形通风系统有哪些优缺点？

W 形通风系统适用于高瓦斯的长工作面和双工作面条件。这时，工作面布置 3 条通风平巷，其中 1 条进风 2 条回风或者 2 条进风 1 条回风。这种通风系统的优点是：工作面风量比 U 形通风系统高 1 倍；风流在工作面的流动距离短，有利于降温、防尘；同时对减少漏风和防止采空区自燃都有较好的效果。缺点是：巷道工程量和维修量大。

目前，我国煤矿高瓦斯放顶煤开采综采工作面主要采用 W 形通风系统。

第 150 问　采煤工作面 H 形通风系统有哪些优缺点？

H 形通风系统是指工作面有 4 条通风平巷，其中 2 条进风 2 条回风或者 3 条进风 1 条回风。这种通风系统的优点是：工作面通风能力大，采空区瓦斯不涌向工作面。缺点是：巷道施工量和维修量很大，维修采空区巷道要防止漏风。因此，这种通风系统也常在高瓦斯放顶煤综采工作面中采用。

第 151 问　采煤工作面 U＋L 形通风系统有什么优缺点？

U＋L 形通风系统是在 U 形后退式基础上演变而来的。在工作面采空区或回风平巷的外侧增加 1 条平巷，作为专门排放瓦斯巷，俗称"尾巷"，形成 1 进 2 回的形式。这种通风系统的优点是：两条回风平巷的风量可以通过调阻控制，以控制采空区涌向工作面的瓦斯量，使上隅角不致超限。缺点是：增加了 1 条尾巷的施工量，巷道维修量大。

采煤工作面瓦斯涌出量很大时，可采用专用排瓦斯巷，但必须符合《煤矿安全规程》的有关规定。

目前，我国煤矿采煤工作面瓦斯涌出量很大，经抽放瓦斯和加大风量后仍不符合规定要求时，常采用 U＋L 形通风系统。

第 152 问　采煤工作面双 Z 形通风系统有什么优缺点？

双 Z 型通风系统是在 Z 形和 W 形通风系统的基础上演变而来的。与 Z 形通风系统不同的是，它将回风平巷布置在工作面长度的中央部分（后退式在采空区中）；与 W 形通风系统不同的是，回风平巷和进风平巷分别位于工作面采空区和煤体两侧。这种通风系统的优点是：双 Z 形后退式通风系统上、下进风平巷在煤体中，漏风带出的瓦斯不进入工作面，对工作面比较安全。缺点是：双 Z 形通风系统有一段工作面为上行风，另一段工作面为下行风，故不能使用在有煤（岩）与瓦斯（二氧化碳）突出危险的采煤工作面；同时，维护保留在采空区中的回风平巷要防止漏风，且维护工程量大。

第153问　采煤工作面采用上行通风方式有哪些优缺点？

采煤工作面采用上行通风方式时，风流大多数情况下是沿着输送机平巷──→工作面──→回风平巷方向流动。

优点：

（1）采煤工作面瓦斯自然流动方向与风流方向一致，有利于较快地降低工作面瓦斯浓度。

（2）机电设备一旦着火，救援人员可以经新鲜风流进入灾区进行灭火。

缺点：

（1）采煤工作面和输送机平巷煤流方向与风流方向相反，容易引起煤尘飞扬，增加了煤尘浓度。

（2）运输设备运转时所散发的热量会进入工作面，会使工作面气温升高。

（3）输送机平巷发生瓦斯煤尘爆炸和火灾事故时，对工作面作业人员影响较大。

第154问　采煤工作面采用下行通风方式有哪些优缺点？

采煤工作面采用下行通风方式时，风流大多数情况下是沿着回风平巷──→工作面──→输送机平巷方向流动。

优点：

（1）进风路线上没有输送机上煤尘的飞扬，进入工作面的呼吸性粉尘大约是上行通风的 50%。

（2）在进风路线上，没有输送机运转时所散发的热量，对工作降温有利。

（3）输送机平巷发生突变时产生的高温高压气流和矿尘随回风风流带走，对工作面作业人员威胁较小。

缺点：

（1）采煤工作面瓦斯自然流动方向与风流方向相反，使工作面瓦斯浓度增加。

（2）输送机平巷一旦发生火灾，救援人员灭火较困难。

（3）不能在有煤（岩）和瓦斯（二氧化碳）突出的采煤工作面采用。

第 155 问　采煤工作面上行通风和下行通风的适应条件分别是什么？

在煤层倾角大于 12°的采煤工作面，都应采用上行通风。

在没有煤（岩）与瓦斯（二氧化碳）突出危险的、倾角小于 12°的煤层中，可考虑采用下行通风。

第 156 问　为什么下行通风方式不能在有煤（岩）和瓦斯（二氧化碳）突出危险的采煤工作面中采用？

因为当发生煤（岩）与瓦斯（二氧化碳）突出时，采煤工作面采用下行通风方式很容易引起瓦斯（二氧化碳）发生逆流现象，而进入上部进风巷道和进风平巷，扩大突出事故的影响范围，增加进风区域人员的伤亡，加大灾害事故的损失程度。所以，《煤矿安全规程》中规定，有煤（岩）与瓦斯（二氧化碳）突出危险的采煤工作面不得采用下行通风。

第157问 采煤工作面专用排瓦斯巷有什么作用?

采煤工作面的专用排瓦斯巷是治理瓦斯的有效措施。它的作用主要表现在以下几方面:

(1) 由于专用排瓦斯巷的瓦斯控制浓度较高,因而能够以较小的风量排出大量较高浓度的瓦斯。

(2) 由于专用排瓦斯巷处于采空区位置,能够有效地带走工作面上隅角积存的大量瓦斯。

第158问 采用专用排瓦斯巷的原因是什么?

随着我国采煤技术的不断发展,特别是推广综采放顶煤开采以来,采煤工作面生产能力逐步加大,瓦斯涌出量急剧增加,但是,采用瓦斯抽放和加大通风能力的方法后,仍然不能有效解决风流中瓦斯浓度超限的问题,所以,出现了采用专用排瓦斯巷的新技术。

第159问 采用专用排瓦斯巷的基本条件是什么?

采用专用排瓦斯巷必须具备以下基本条件:

(1) 采煤工作面瓦斯涌出量大于或等于 20 m^3/min。

(2) 进回风巷道净断面 8 m^2 以上。

(3) 经抽放瓦斯(抽效率 25% 以上)后。

(4) 风流已达允许最高风速。

(5) 回风巷风流中瓦斯浓度超过 1.0% 和二氧化碳浓度超过 1.5%。

第 160 问 采用专用排瓦斯巷时，该巷风流中的瓦斯浓度不得超过多少？它是怎样确定的？

采用专用排瓦斯巷时，该巷风流中的瓦斯浓度不得超过 2.5%。

瓦斯爆炸时，瓦斯浓度界限为 5%～16%。即专用排瓦斯巷的风流最高允许瓦斯浓度，是依据瓦斯爆炸下限浓度（5%），加大 1 倍的安全系数而确定的。实践证明，在这种瓦斯浓度限制下，既实现了排放工作面瓦斯的目的，又能够保证安全生产。

第 161 问 专用排瓦斯巷对通风方面有哪些规定要求？

采用专用排瓦斯巷时，对通风方面应做到以下几方面：

（1）工作面风流控制必须可靠。

（2）专用排瓦斯巷内风速不得低于 0.5 m/s。

（3）专用排瓦斯巷必须贯穿整个工作面推进长度且不得留有盲巷。

第 162 问 专用排瓦斯巷对防灭火方面有哪些规定要求？

采用专用排瓦斯巷时，在防灭火方面应做到以下几方面：

（1）煤层的自燃倾向性为不易自燃。

（2）专用排瓦斯巷内必须使用不燃性材料进行支护。

（3）专用排瓦斯巷内应有防止产生静电、摩擦和撞击火花的安全措施。

（4）专用排瓦斯巷内不得设置电气设备。

（5）专用排瓦斯巷内不得进行生产作业。进行巷道维修时，瓦斯浓度必须低于 1.5%。

第163问　专用排瓦斯巷的甲烷断电仪应安设在什么位置？

专用排瓦斯巷的甲烷断电仪，应悬挂在距专用排瓦斯巷回风口 15 m 处。

第164问　专用排瓦斯巷的甲烷断电仪，对报警断电有什么要求？

专用排瓦斯巷的甲烷断电仪，当甲烷浓度达到最高允许浓度 2.5% 时，能发出报警信号并切断工作面电源，工作面必须停止工作，进行处理。

第165问　为什么限制掘进工作面的回风串入采煤工作面？

掘进工作面依靠局部通风机供风，安全可靠程度不高，通常是事故多发区域，据统计，全国煤矿瓦斯爆炸事故大约 70% 发生在掘进工作面；而采煤工作面又是井下作业人员密集的场所。为了确保掘进工作面发生瓦斯爆炸事故后，不致因串联风流波及采煤工作面，将事故影响控制在最小范围。所以，《煤矿安全规程》规定，限制掘进工作面的回风串入采煤工作面。

第166问　为什么开采有瓦斯喷出或有煤（岩）与瓦斯（二氧化碳）突出危险的煤层时，严禁任何2个工作面之间串联通风？

瓦斯喷出或煤（岩）与瓦斯（二氧化碳）突出时，将产生大量高浓度瓦斯，若对引爆火源管理不当，很有可能发生瓦斯爆炸。如果采用串联通风，灾害就会很快影响到其串联的工作面，使灾害的危害范围扩大，造成更大的人员、财产损失。所以，

《煤矿安全规程》中规定，开采有瓦斯喷出或有煤（岩）与瓦斯（二氧化碳）突出危险的煤层时，严禁任何 2 个工作面之间串联通风。

第 167 问　采用串联通风的 2 个工作面，应该在什么地方装设甲烷断电仪？其断电标准是什么？

采用串联通风的 2 个工作面，必须在进入被串联工作面的风流中装设甲烷断电仪。

甲烷断电仪的断电标准是瓦斯和二氧化碳浓度 0.5%。

第 168 问　为什么采空区必须及时封闭？

采空区必须及时封闭的主要原因有以下几方面：

（1）防止巷道向采空区漏风，避免为采空区内遗留的浮煤提供氧化自燃的条件，预防采空区内自然发火。

（2）防止由于大气压力的变化或采空区大面积顶板垮落时，采空区内大量的高浓度瓦斯和有害有毒气体瞬间被挤压出来，造成连通采空区巷道内的人员中毒窒息，甚至引发瓦斯爆炸事故。

第 169 问　对采空区封闭有什么规定要求？

《煤矿安全规程》中规定，随着采煤工作面的推进或开采结束后，必须及时封闭与采空区相连通的所有巷道。

《煤矿安全规程》又明确规定，采区开采结束后 45 天内，必须在所有与采区相连通的巷道中设置防火墙，全部封闭采区。

第四节　掘进工作面通风有关规定

第 170 问　掘进巷道必须采用什么通风?

《煤矿安全规程》中规定,掘进巷道必须采用矿井全风压通风或局部通风机通风。

第 171 问　什么叫全风压通风?

利用矿井主要通风机的风压,借助导风设施把主导风流的新鲜空气引入掘进工作面,这种通风方式叫全风压通风。

第 172 问　矿井全风压通风主要形式有哪几种?

掘进巷道采用矿井全风压通风时,按其导风设施的不同,主要有风筒导风、平行巷道导风、钻孔导风和风障导风等形式。

第 173 问　矿井全风压通风有哪些优缺点?

利用矿井全风压进行掘进巷道通风,具有通风连续可靠、安全性好、管理方便等优点,但必须有足够的总风压,通风距离受到限制。所以仅适用于使用局部通风机不方便、通风距离又不长的巷道掘进中。

第174问　什么叫扩散通风？采用扩散通风有什么限制？

利用空气中分子的自然扩散运动，对局部地点进行通风的方式，叫做扩散通风。

掘进巷道时，不得采用扩散通风的方式。

井下机电硐室深度不超过 6 m、入口宽度不小于 1.5 m 并且无瓦斯涌出时，可采用扩散通风。

第175问　什么叫风筒导风方式？它的适用条件是什么？

将硬质风筒设置在进风巷道中，利用风筒把新鲜空气送到掘进工作面。在风筒入风口可挂一风帘，或砌筑风墙、风门，使新鲜空气和乏风分别流动。

风筒导风方式辅助工程量小，风筒安装、拆卸比较方便。适用于需风量不大的短距离掘进巷道。

第176问　什么叫平行巷道导风方式？它的适用条件是什么？

在掘进主巷的同时，距主巷 10～20 m 处平行地另掘一条副巷，主、副巷道之间隔一定距离开掘一条联络眼。利用矿井全风压使风流从一条巷道进入，从另一条巷道排出，以满足掘进巷道供风需要。在前方联络眼掘透后，后方联络眼立即密封。两条巷道的独头部分可采用风筒或风障通风。

平行巷道导风方式主要适用于双巷掘进的条件。

第177问　什么叫钻孔导风方式？它的适用条件是什么？

在距离邻近水平的全风压中，利用钻孔将新鲜空气导入的方式，叫做钻孔导风方式。

钻孔导风方式主要适用于掘进长巷反眼或上山，提前形成风流贯通。另外，在灾变事故发生后，采用钻孔导风方式可将新鲜空气导入被困矿工避灾地点，以解决氧气不足的问题。

第 178 问　什么叫风障导风方式？它的适用条件是什么？

在巷道中安设纵向风障，将巷道分隔成进风和回风两部分。新鲜空气从巷道一侧进入到掘进工作面，乏风从巷道的另一侧排出，这种方式叫做风障导风方式。

风障导风方式构筑和拆除风障的工程量大。它仅适用于地质构造不复杂、矿山压力不大、送风距离较短的条件。

第 179 问　什么叫引射器通风？

利用引射器产生的通风负压，通过风筒导风的通风方法，叫做引射器通风。

第 180 问　引射器通风有哪些优缺点？主要使用地点是何处？

引射器通风的优点是：引射器通风无电气设备，无噪声，可以降尘、降低气温，采用引射器通风设备简单、安全性能好。

引射器通风的缺点是：风压低、风量小、效率低，需要高压水源和清理积水。

引射器通风主要使用在处理采煤工作面上隅角积存的瓦斯中。

第 181 问 什么叫局部通风机通风?

采用局部通风机作动力,通过风筒导风的通风方法,叫局部通风机通风。

局部通风机通风是掘进巷道采用的最基本、最主要的方法。

第 182 问 局部通风机常用的通风方式有哪几种?

局部通风机常用的通风方式有压入式、抽出式和混合式三种。

第 183 问 《煤矿安全规程》对局部通风机的通风方式有哪些规定?

《煤矿安全规程》中规定,煤巷、半煤岩巷和有瓦斯涌出的岩巷的掘进通风方式应采用压入式,不得采用抽出式(压气、水力引射器不受此限),如果采用混合式,必须制定安全措施。

瓦斯喷出区域和煤(岩)与瓦斯(二氧化碳)突出煤层的掘进通风方式必须采用压入式。

第 184 问 什么叫局部通风机压入式通风? 压入式通风有哪些优缺点?

局部通风机压入式通风是指利用局部通风机和风筒将新鲜空气压入掘进工作面,而乏风经巷道排出。

压入式通风的优点是:风流从风筒末端射向工作面,风流有效射程较长,一般达 7~8 m。因此容易排出工作面乏风和粉尘,通风效果好。同时,局部通风机安设在新鲜风流中,安全性能较好。

压入式通风的缺点是：掘进工作面排出的乏风和粉尘要经过有人作业的巷道，爆破时炮烟排出速度慢、时间长。

压入式通风是局部通风机通风最主要的方式。

第 185 问　什么叫局部通风机抽出式通风？
抽出式通风有哪些优缺点？

局部通风机抽出式通风是指利用局部通风机经风筒抽出掘进工作面的乏风和粉尘，而新鲜空气由巷道进入工作面。

抽出式通风的优缺点与压入式通风相反。其优点是：掘进工作面排出的乏风、粉尘和炮烟不需要经过有人作业的巷道，保障作业人员的身体健康和提高掘进效率。其缺点是：风流由风筒末端吸入，通风效果较差；局部通风机安设在乏风中，乏风由局部通风机中流过，安全性能较差。同时，抽出式通风必须使用硬质风筒，或带刚性骨架的可伸缩风筒，成本高且适应性较差。

第 186 问　什么叫局部通风机混合式通风？
混合式通风有哪些优缺点？

局部通风机混合式通风是指将抽出式和压入式两种通风方法同时使用的一种方式，新鲜空气由压入式局部通风机和风筒压入掘进工作面，而乏风和粉尘则由抽出式局部通风机和风筒排出。

混合式通风的优点是：通风效果好，特别适用于大断面、长距离岩巷掘进工作面的供风。

混合式通风的缺点是：降低了压入式和抽出式两列风筒重叠段巷道内的风量，造成此处瓦斯积存较大。

第 187 问　局部通风机混合式通风有哪几种形式？

局部通风机混合式通风是抽出式和压入式联合运用，按局部通风机和风筒的安设位置,分为长压短抽、长压长抽和长抽短压三种形式。

第188问 采用局部通风机混合式通风有哪些规定?

采用局部通风机混合式通风必须符合以下要求:

(1) 在瓦斯喷出或煤与瓦斯突出的煤(岩层)中不得采用混合式通风。

(2) 采用混合式通风必须制定安全措施。

(3) 抽出式局部通风机的风量应大于压入式局部通风机的风量。

(4) 抽出式局部通风机的风筒末端与掘进工作面的距离不得大于5 m;压入式局部通风机的风筒末端必须在风流有效射程内。

(5) 两台局部通风机必须闭锁联动。当压入式局部通风机停止运转时,抽出式局部通风机自动停止运转;当压入式局部通风机未启动时,抽出式局部通风机被闭锁,不能先启动。

(6) 抽出式局部通风机,必须采用经国家检定单位检验合格的抽出式局部通风机。在有瓦斯涌出的掘进工作面,抽出式局部通风机的风筒末端应安设瓦斯自动监测报警断电仪,保证吸入风流中的瓦斯浓度不大于1%。

第189问 在有瓦斯涌出的掘进巷道中,为什么不得采用局部通风机抽出式通风?

因为在局部通风机抽出式通风方式中,掘进工作面的瓦斯要经过风筒流入局部通风机内部而排出,一旦抽出式局部通风机防爆性能降低,防止静电和防止摩擦火花的性能差,就可能引发瓦斯爆炸事故。特别是当抽出式局部通风机因故障突然停止运转时,会造成瓦斯积聚,而超过局部通风机吸入风流中的瓦斯浓度的规定。这样就无法进行停风后的排放瓦斯工作，恢复掘进工作面的通风也就无法进行。所以，《煤矿安全规程》中规定，煤巷、半煤岩巷和有瓦斯涌出的岩巷的掘进，应采用压入式通风方式，不得采用抽出式。

第190问　在瓦斯喷出区域或煤（岩）与瓦斯（二氧化碳）突出煤层的掘进通风为什么必须采用压入式？

在瓦斯喷出区域或煤（岩）与瓦斯（二氧化碳）突出煤层的掘进工作面，因掘进巷道和工作面内有可能发生瓦斯喷出或突出，突然形成的高浓度、大量的瓦斯被吸入抽出式局部通风机内，会因为抽出式局部通风机的失爆，造成瓦斯爆炸。所以，《煤矿安全规程》中规定，瓦斯喷出区域和煤（岩）与瓦斯（二氧化碳）突出煤层的掘进通风方式必须采用压入式，严禁采用抽出式或混合式。

第191问　为什么严禁掘进工作面沿采空区边缘与采煤工作面同时作业？

由于巷道掘进和采煤工作面推采的过程中存在着超前压力，矿压显现明显。如果掘进工作面和采煤工作面在相距很近处同时作业，势必造成矿山压力的重迭，压垮煤柱，使采掘工作面风流串通。当采空区顶板来压垮落时，采空区积聚的高浓度瓦斯被挤压出来，渗到掘进工作面，使掘进工作面风流中瓦斯浓度达到爆炸界限，形成了事故隐患，有的甚至酿成重大恶性事故。所以，《煤矿安全规程》中规定，矿井在同一煤层、同翼、同一采区相邻正在开采的采煤工作面沿空送巷时，采掘工作面严禁同时作业。

第192问　掘进工作面的局部通风机
为什么要与采煤工作面分开供电?

因为采煤工作面的用电设备较多,供电问题也较多,常因超载而造成采区变电所开关跳闸,此时就影响局部通风机的正常供电,造成掘进工作面停风,给掘进工作面带来许多不安全因素,甚至发生许多事故。所以,掘进工作面的局部通风机要与采煤工作面分开供电。

第193问　局部通风机的风电闭锁是指什么?

局部通风机的风电闭锁指的是局部通风机停止运转时,能立即自动切断局部通风机供风巷道中的一切电气设备的电源,并且在局部通风机未启动通风前,不能接通巷道中的一切电源。《煤矿安全规程》中规定,使用局部通风机供风的地点必须实行风电闭锁。

第194问　局部通风机为什么必须实行风电闭锁?

所谓风电闭锁是指局部通风机的供风与掘进巷道的供电相互闭锁。当局部通风机因故停风后,掘进巷道的瓦斯得不到有效的冲淡和排除,常造成瓦斯积聚浓度超限;同时,非本质安全型电气设备,如果管理不善,容易产生电火花。电火花与达到爆炸浓度的瓦斯相结合后,即发生瓦斯爆炸事故。如果停风后,能够切断,不能接通电源,就减少了产生电火花的危险。同时停电后,工人不能在掘进巷道进行作业,也减少了其他火源的产生和控制现场无风作业。所以,实行风电闭锁,是预防瓦斯爆炸的一项重要举措。

《煤矿安全规程》中规定,使用 2 台局部通风机供风的,2

台局部通风机都必须同时实现风电闭锁。

第195问　高突矿井掘进工作面的局部通风机安全供电有什么规定要求？

《煤矿安全规程》中规定，瓦斯喷出区域、高瓦斯矿井、煤（岩）与瓦斯（二氧化碳）突出矿井中，掘进工作面的局部通风机应采用三专（专用变压器、专用开关、专用线路）供电；也可采用装有选择性漏电保护装置的供电线路供电，但每天应有专人检查1次，保证局部通风机可靠运转。

第196问　为什么严禁使用3台以上（含3台）的局部通风机同时向1个掘进工作面供风？

使用3台局部通风机向1个掘进工作面供风严重存在以下缺陷和危险：

（1）掘进巷道安装3条风筒，不利于通风、行人和运料等。

（2）掘进巷道的顶帮安装有风筒，不便于该处瓦斯和有害气体的检查，以及风筒检修。

（3）3台局部通风机中有1台出现故障，将造成掘进工作面供风不足而引起瓦斯积聚或超限。

所以，《煤矿安全规程》中规定，严禁使用3台以上（含3台）的局部通风机同时向1个掘进工作面供风。

第197问　为什么不得使用1台局部通风机同时向2个作业的掘进工作面供风？

使用1台局部通风机向2个作业的掘进工作面供风，不能或很难做到同时满足2个掘进工作面各自的风量要求，具体原因如下：

这时，1 台局部通风机需要接出 2 条长度不同的并联风筒。风筒长者阻力大，风量小；风筒短者阻力小，风量大，而风筒长者，其掘进距离较长，更需要较大的风量，造成风量不能满足要求；而掘进距离较短的工作面却出现风量有富余。同时，一旦局部通风机停转，将影响 2 个工作面的供风，恢复通风更为复杂、困难。所以，《煤矿安全规程》规定，不得使用 1 台局部通风机同时向 2 个作业的掘进工作面供风。

第 198 问　掘进巷道使用局部通风机时，对停风有什么规定要求？

掘进巷道局部通风机停风时，应符合以下几方面的规定要求：

（1）使用局部通风机通风的掘进工作面，不管掘进与否，都不得停风，以防掘进巷道中积存大量瓦斯。否则，如果有人作业，会导致人员窒息、死亡；如果是停工工作面，恢复掘进时需要排放瓦斯，带来许多不安全因素。

（2）因检修、停电等原因计划性停风，为了确保人员身体健康和安全，必须将人员撤出；同时，为了避免出现电火花引爆瓦斯，必须切断掘进巷道的一切电源。

（3）恢复通风前，必须检查瓦斯。只有在局部通风机及其开关附近 10 m 以内风流中的瓦斯浓度都不超过 0.5% 时，方可人工开启局部通风机，以免引起巷道中涌出的瓦斯爆炸。

第 199 问　掘进巷道贯通前到什么位置必须做好调整通风系统的准备工作？

掘进巷道贯通前，综合机械化掘进巷道在相距 50 m 前，其他巷道在相距 20 m 前，必须停止一个工作面作业，做好调整通风系统的准备工作。

第 200 问　掘进巷道贯通时应该注意哪些安全事项?

（1）掘进巷道贯通时，必须由专人在现场统一指挥。

（2）停掘的工作面必须保持正常通风，设置栅及警标，经常检查风筒的完好状况和工作面及其回风流中的瓦斯浓度，瓦斯浓度超限时，必须立即处理。

（3）掘进的工作面每次爆破前，必须派专人和瓦斯检查工共同在停掘的工作面检查工作面及其回风流中的瓦斯浓度，瓦斯浓度超限时，必须先停止在掘工作面的工作，然后处理瓦斯，只有在 2 个工作面及其回风流中的瓦斯浓度都在 1.0% 以下时，掘进的工作面方可爆破。

（4）每次爆破前，2 个工作面入口必须有专人警戒。

第 201 问　局部通风机设备齐全包括什么部件?

掘进巷道使用的局部通风机，设备齐全应当包括：吸风口有风罩和整流器，高压部位（包括电缆接线盒）有衬垫（不漏风），同时 5.5 kW 以上的局部通风机还应安设消音器。

第 202 问　局部通风机的安装位置有什么规定?

掘进巷道使用的局部通风机位置必须符合以下规定要求：

（1）压入式局部通风机必须安装在进风巷道中，距掘进巷道回风口不得小于 10 m。

（2）全风压供给该处局部通风机的风量必须大于局部通风机的吸入风量。

（3）局部通风机安装地点到回风口间巷道中的最低风速必须不得小于 0.15 m/s。

（4）安装使用的局部通风机必须吊挂或垫高，离地面高度大于 0.3 m。

第 203 问　掘进工作面局部通风机出现循环风有什么危害?

当掘进工作面局部通风机通风出现循环风时，进入掘进工作面的风流不是新鲜风流，而含有该工作面的瓦斯等有害有毒气体以及大量矿尘，严重地影响着工作面的安全与卫生；另外，如果掘进工作面风流中瓦斯或煤尘的浓度达到爆炸界限，在风流进入并通过局部通风机时，可能因遇局部通风机使用不当产生的机械摩擦火花和电气失爆火花，而引发瓦斯或煤尘爆炸事故，对安全生产构成严重威胁。所以，循环风是局部通风之大忌。在"通风安全质量标准化标准及考核评分办法"中，"局部通风"的 100 分中发现循环风即扣除 20 分。

第 204 问　为什么要对局部通风机安装位置进行规定?

为了防止压入式局部通风机吸入回风流的乏风，杜绝循环风，使掘进巷道风流中的瓦斯在爆炸浓度以下，避免瓦斯爆炸事故，必须对局部通风机安装位置进行规定。其目的是为了防止煤堆淤埋，更好地保证局部通风机正常工作。

第 205 问　目前我国煤矿局部通风机主要有哪两大类?

目前，我国煤矿使用的局部通风机主要有以下两大类：
(1) JBT 系列轴流式局部通风机。
(2) BJK 或 BKY 系列子午加速型轴流式局部通风机。

第 206 问　JBT 系列局部通风机的型号代表什么意义?

JBT-51-2 型局部通风机型号：

J——表示局部电动机。

B——表示防爆型。

T——表示局部通风。

5——表示风筒直径：500 mm。

1——表示通风机的级数：1级。

2——表示电动机的极数：2极。

第207问　JBT系列局部通风机常用型号的主要技术数据是什么？

（1）JBT—51—2型：电动机额定功率5.5 kW，最高全风压120 Pa，最大风量145 m³/min，适用风筒直径600 mm。

（2）JBT—52—2型：电动机额定功率11 kW，最高全风压2 400 Pa，最大风量145 m³/min，适用风筒直径500 mm。

（3）JBT—61—2型：电动机额定功率14 kW，最高全风压1 600 Pa，最大风量250 m³/min，适用风筒直径500 mm。

（4）JBT—62—2型：电动机额定功率28 kW，最高全风压3 200 Pa，最大风量250 m³/min，适用风筒直径600 mm。

第208问　BKJ66—11型局部通风机有哪些优点？

BKJ66—11型局部通风机与普通型相比，具有以下几方面优点：

（1）效率高。最高效率达90%，而且高效区宽，与JBT型相比，效率提高15%～30%。

（2）耗电省。例如，在获得相同通风能力的前提下，采用BKJ66—11型 No.4.5型更换JBT52—2型，电动机功率可由11 kW降低至8 kW。

（3）噪声低。经常使用区的噪声98～99 dB，与JBT型相比，噪声可降低6～8 dB。

第 209 问　BKY 系列新型高效低噪声局部通风机有哪些特点？

BKY 系列局部通风机的结构与 BKJ 系列相似，采用了子午加速轴流式风轮，配用了 YB 系列高效节能电动机。该系列局部通风机的特点是结构合理、性能可靠，具有效率高、体积小、质量轻的优点，主要技术指标均优于 JBT 系列局部通风机。

第 210 问　什么叫局部通风机风流有效射程？如何计算风流有效射程？

采用局部通风机压入式通风时，从风筒出口到达风流射出的最远距离，叫做局部通风机风流有效射程，单位为 m。

风流有效射程估算公式如下：

$$L_S = (4 \sim 5)\sqrt{A}, \ (\text{m})$$

式中　L_S——风流有效射程，m；

　　　A——巷道断面面积，m^2；

　　　$(4 \sim 5)$——风流有效射程系数。当风筒出口风速较小时选 4；当风筒出口风速较大时选 5。

第 211 问　什么叫局部通风机风流有效吸程？如何估算风流有效吸程？

采用局部通风机抽出式通风时，从风筒入口到达风流吸入的最远距离，叫做局部通风机风流有效吸程，单位为 m。

风流有效吸程估算公式如下：

$$L_X = 1.5\sqrt{A}, \ (\text{m})$$

式中　L_X——风流有效吸程，m；

　　　A——巷道断面面积，m^2；

1.5——风流有效吸程系数。

第212问 局部通风机风筒口为什么不能距离掘进工作面太远?

采用局部通风机通风时,风筒口到掘进工作面的距离小于风流有效射(吸)程,炮烟、瓦斯等有害气体及粉尘与压入的新鲜风流强烈掺混,可使它们浓度降低,迅速排出工作面。如果风筒口到掘进工作面的距离大于风流有效射(吸)程,在风流有效射(吸)程以外将出现风流循环涡流区,炮烟、瓦斯等有害气体及粉尘排出的速度较慢,排出的时间较长。所以,风筒口不能距离掘进工作面太远。而采用抽出式通风时,这个距离应当比压入式通风小3倍左右。例如,巷道断面9 m²,采用压入式通风时,风口到掘进工作面距离不能大于12~15 m,而采用抽出式通风时,风筒口到掘进工作面距离不能大于4.5 m。所以,大多数掘进工作面局部通风机风筒口到迎头距离为10 m左右。

第213问 对局部通风机的风筒有什么要求?

局部通风机的风筒应该具备的要求有:阻燃,抗静电,耐腐蚀,漏风沙,风阻小,连接简单,运输存放方便,黏补维修容易,而且经久耐用、价格低。

第214问 局部通风机风筒有哪几种类别?

局部通风机的风筒按照风筒的用途,主要以下三种:
(1)正压风筒
正压风筒按强度分主要是柔性风筒。它包括帆布风筒、人造草风筒、胶波风筒和塑料风筒等。主要用在压入式通风中。
(2)负压风筒

负压风筒按强度分主要是刚性风筒。它包括铁风筒和玻璃钢风筒等。主要用在抽出式通风中。

（3）可伸缩风筒

可伸缩风筒是在柔性风筒每隔一定距离（如 150 mm）加一钢丝圈或用弹簧作成的螺旋形刚性骨架而制成。并具有刚性风筒和柔性风筒的优点，并具有可伸缩特点。既适用于正压通风，也适用于负压通风，特别是在抽出式通风中应用很广泛。

第 215 问　局部通风机风筒有哪几种规格？

局部通风机柔性风筒内径有 300 mm、400 mm、450 mm、500 mm、600 mm、800 mm、1 000 mm 等；长度有 5 m、10 m、20 m 等。

局部通风机刚性风筒内径有 300 mm、400 mm、500 mm、600 mm、800 mm 等；长度有 3 m、5 m、10 m 等。

第 216 问　如何降低局部通风机风筒的通风阻力？

减小风筒的风阻是保证掘进工作面安全有效通风的一项重要措施。主要办法如下：

（1）尽量使用大直径、长节风筒。大直径风筒对减小风筒风阻具有明显效果；长节风筒主要减少风筒的接头，消除接头对风阻的影响，有的长距离掘进通风把风筒节长增加到 30～50 m，甚至更长，其方法是采用粘接法接长风筒。

（2）连接风筒时采用风阻较小的接头方法。例如，采用罗圈接头比双翻边接头，平均每个接头风阻要降低 20 倍左右。

（3）提高风筒吊挂质量。风筒吊挂必须平、直、稳、紧；在巷道拐弯特别是呈直角弯时，风筒要缓慢转弯；不同直径的风筒连接应使用过渡节。

（4）及时排除风筒内的积水，以减小风筒内阻力。

第217问 如何减少局部通风机的风筒漏风?

局部通风机风筒漏风将使局部通风机的有效风量降低,给掘进工作面安全带来严重的隐患。必须采取以下措施减少风筒漏风。

(1) 减少风筒的人为损坏。防止矿车刮破和顶板掉矸砸破,在掘进工作面迎头防止放炮炸破,防止锐器刺破。一旦出现破口,必须及时进行粘补。

(2) 尽量采用漏风量小的接头方法连接风筒,例如,采用罗圈接头比套环接头,平均每个接头漏风量要降低90%左右。

(3) 采用增加风筒每节长度的方法,减少风筒接头数量。例如,减少1个套环接头可以减少0.86 m^3/min 的漏风量。

(4) 当风筒内风压很大时,风筒针眼里的漏风不能忽视。针眼虽小,但数量多,漏风总面积加起来很大,所以应用胶布贴严或涂胶贴以堵住针眼漏风。

第218问 局部通风机风筒的接头质量标准是什么?

风筒接头要求严密(手距接头处0.1 m处)感到不漏风,无破口(末端20 m除外),无反接头,软质风筒接头要反压边,硬质风筒接头要加垫,上紧螺钉。

第219问 局部通风机风筒如何采用罗圈接头法连接?

采用罗圈接头法时,其步骤如下:

(1) 首先做好罗圈。罗圈的规格尺寸是:厚 1 mm、宽 100 mm的铁皮圆圈,直径略小于风筒直径,罗圈外焊两道钢筋。

(2) 将风筒的一端从罗圈中穿过(注意连接在里面的风筒位于上风侧,以减少风阻)。并将穿过后的风筒端头翻转250～

300 mm。

(3) 将下一节风筒套在罗圈外面，套入长度不少于200～250 mm。

(4) 将二节风筒的端头进行翻转，最后用铁丝捆牢。

第220问 如何吊挂局部通风机的风筒?

采用局部通风机通风时，吊挂风筒应做到以下几方面：

(1) 在砌碹、光喷等无支架巷道中，应沿着巷道一侧每隔5 m钻一行深300 mm的吊挂眼，然后插入钢筋吊钩并注砂浆以固定。

(2) 在支架支护巷道中，可利用顶梁或棚腿上吊设吊钩，或者在棚间加一横木设置吊钩。

(3) 吊钩要安设在高度相同的一条直线上。

(4) 顺吊钩拉一根粗号铅丝，每200 m左右设一个固定点，然后用紧线器连接铅线和固定点，以便拉紧铅丝和调整松紧程度。

(5) 用S形钩子将风筒吊挂在铅丝上。

第221问 局部通风机风筒吊挂有什么质量标准要求?

局部通风机风筒吊挂要求平直、逢环必挂。铁风筒每节至少吊挂2点。

第222问 局部通风机拐弯吊挂风筒质量标准是什么?

吊挂风筒时，风筒拐弯处要设弯头或缓慢拐弯，不准拐死弯，异径风筒接头要用专用过渡节，先大后小，不准花接。

第五节　矿井风量计算和测定

第 223 问　如何计算矿井所需风量?

矿井所需风量按以下两种方法分别进行计算,并选取其中最大值:

(1) 按井下同时工作的最多人数计算,每人每分钟供风量 4 m^3。

(2) 按采煤、掘进、硐室及其他地点实际需风量的总和计算。

第 224 问　为什么规定每人 4 m^3 的需风量?

保证井下人员呼吸有足够的新鲜空气,是矿井通风的任务与目的之一。井下工人在劳动过程中需要呼吸大量氧气,以保证人体内一系列的生物氧化反应,补充能量消耗。据测算,劳动时一个人的耗氧量为 $1\sim3$ L/min,而矿井空气中人的耗氧量约 $2\%\sim3\%$(其他为煤炭和有机物所消耗)。世界大多数产煤国家都规定了每人每分钟 4 m^3 的需风量。所以,《煤矿安全规程》中规定,每人每分钟供给风量不得少于 4 m^3。

第 225 问　如何计算采煤工作面所需风量?

(1) 每个采煤工作面实际所需风量,应按瓦斯、二氧化碳涌出量和爆破后的有害气体产生量以及工作面气温、风速和人数等规定分别进行计算,然后取其中最大值,最后按风速进行验算。

（2）全矿井采煤工作面所需风量等于矿井各个采煤工作面实际需要风量的总和。

（3）采煤工作面有符合规定的串联通风时，应按其中一个采煤工作面实际需要的最大风量计算。

（4）备用采煤工作面的需要风量也应按（1）的规定计算，且不得低于其采煤时实际风量的50%。

第 226 问　如何计算掘进工作面所需风量？

每个掘进工作面实际所需风量，应按瓦斯、二氧化碳涌出量、风速、人数以及局部通风机的实际吸风量等规定分别进行计算，然后取其中最大值，最后按风速进行验算。

第 227 问　采掘工作面如何按实际消耗炸药量计算所需风量？

按采掘工作面实际消耗每 kg 炸药需要风量不得小于 25 m^3/min（硝酸铵炸药）计算：

$$Q_{采掘} > 25A \ （m^3/min）$$

式中　$Q_{采掘}$——采掘工作面所需风量，m^3/min；

A——采掘工作面一次爆破炸药最大用量，kg。

第 228 问　对井下爆炸材料库的通风有什么规定要求？

《煤矿安全规程》中规定：

（1）井下爆炸材料库必须有独立的通风系统，回风风流必须直接引入矿井的总回风巷或主要回风巷中。

（2）新建矿井采用对角式通风系统时，投产初期可利用采区岩石上山或用不燃性背板背严的煤层上山作爆炸材料库的回风巷。

（3）必须保证爆炸材料库每小时能有其容积 4 倍的风量。

$$Q_{库} = 4V/60 = 0.07V \ (\mathrm{m^3/min})$$

式中　$Q_{库}$——井下爆炸材料库所需风量，$\mathrm{m^3/min}$；

　　　V——井下爆炸材料库的体积，$\mathrm{m^3}$。

第 229 问　对井下机电设备硐室的通风有什么规定要求？

《煤矿安全规程》中规定：

（1）井下机电设备硐室应设在进风风流中。如果硐室深度不超过 6 m、入口宽度不小于 1.5 m 而瓦斯涌出，可采用扩散通风。

（2）选择硐室温度，须保证机电设备硐室温度不超过 30 ℃，其他硐室温度不超过 26 ℃。

（3）井下个别机电设备硐室，可设在回风流中，但此回风流中的瓦斯浓度不得超过 0.5%，并必须安装甲烷断电仪。

（4）采区变电所必须有独立的通风系统。

第 230 问　对井下充电室的通风有什么规定要求？

《煤矿安全规程》中规定：

（1）井下充电室必须有独立的通风系统，回风风流应引入回风流。

（2）井下充电室，在同一时间内，5 t 及其以下的电机车充电电池的数量不超过 3 组、5 t 以上的电机车充电电池的数量不超过 1 组时，可不采用独立的风流通风，但必须在新鲜风流中。

（3）井下充电室风流中以及局部积聚处的氢气浓度，不得超过 0.5%。

第 231 问 矿井其他井巷实际需要风量应如何计算?

矿井其他井巷实际需要风量,按瓦斯涌出量计算,然后按其风速进行验算。

（1）按瓦斯涌出量计算:

$$Q_{巷}=100q_{CH_4} \cdot K_{CH_4} \quad (m^3/min)$$

式中　$Q_{巷}$——矿井井巷实际用风量,m^3/min;

100——矿井井巷中风流瓦斯浓度不超过 1% 所换算的常数;

q_{CH_4}——矿井井巷中最大瓦斯绝对涌出量,m^3/min;

K_{CH_4}——瓦斯涌出不均衡系数,取 1.2～1.3。

（2）按其风速验算:

$$Q_{巷}>60 \times V_{小} S_{巷} \quad (m^3/min)$$

式中　$V_{小}$——矿井井巷要求的允许最低风速,m/s;

$S_{巷}$——矿井井巷断面面积,m^2。

第 232 问 采掘工作面所需风量计算后如何按风速进行验算?

《煤矿安全规程》中规定,采煤工作面、掘进中的煤巷和半煤岩巷允许最低风速 0.25 m/s、允许最高风速 4 m/s;掘进中的岩巷允许最低风速 0.15 m/s,允许最高风速 4 m/s。据此,分别计算采掘工作面在允许最低风速和允许最高风速时,所选取的采掘工作面所需风量的合理性,只有既符合允许最低风速,又符合允许最高风速时,所选取的采掘工作面所需风量才是合理的。

第 233 问　如何按局部通风机实际吸风量计算掘进工作面所需风量?

安装局部通风机的巷道中的风量，除了满足局部通风机的吸风量外，还应保证局部通风机吸入口至掘进工作面回风流之间的风速岩巷不小于 0.15 m/s、煤巷和半煤岩巷不小于 0.25 m/s，以防止局部通风机吸入循环风和这段距离内风流停滞，而造成瓦斯积聚。

$$Q_{掘}＝Q_{扇}·N＋60×V_{小}S_{掘}$$

式中　$Q_{掘}$——掘进工作面所需风量，m^3/min；

　　　$Q_{扇}$——每台局部通风机实际吸风量，$m^3/min·台$；

　　　N——掘进工作面同时通风的局部通风机台数，台；

　　　$V_{小}$——要求的允许最低风速，m/s；

　　　$S_{掘}$——掘进工作面断面面积，m^2。

第 234 问　矿井通风能力核定采用哪两种方法?它们的使用范围分别是什么?

矿井通风能力核定采用总体核算法或由里向外核算法计算。

总体核算法在产量 30 万 t/a 以下的矿井可使用；由里向外核算法在产量 30 万 t/a 以上的矿井可使用。

第 235 问　低瓦斯矿井如何采用总体核算法对矿井通风能力进行核定?

低瓦斯矿井可采用下式核定矿井通风能力：

$$A＝330×10^{-4}\frac{Q_{进}}{q·K}（万 t/a）$$

式中　A——矿井上年度平均日产量，t/d；

330——年工作日按 330 d 计算；

$Q_进$——矿井总进风量，m^3/min；

q——矿井上年度平均日产吨煤所需风量，$m^3/t \cdot d$；

K——矿井通风能力系数，取 $1.30\sim1.50$。

在公式中，选取参数应注意下列事项：

(1) 对参数 q 的选取，应对上年矿井供风量的安全、合理和经济性进行认真的分析及评价，并对上年度串联和瓦斯超限等因素掩盖的吨煤供风量不足加以修正。

(2) 对参数 A 的选取，应对上年度生产安排的合理性进行必要的分析及评价，并应考虑近 3 年生产情况和通风系统的变化，取其合理值。

(3) 对参数 K 的选取，应考虑确保瓦斯不超限，结合当地煤矿实际情况恰当选取，但不能低于 1.30。当矿井等积孔 $<1\ m^2$ 时，取 1.50；矿井等积孔 $1\sim2\ m^2$ 时，取 1.40；矿井等积孔 $>2\ m^3$ 时，取 1.30。

第 236 问　高瓦斯、突出矿井和有冲击地压的矿井如何采用总体核算法对矿井通风能力进行核定？

高突矿井和有冲击地压的矿井可采用下式核定矿井通风能力：

$$A = \frac{330Q_进}{0.092\ 6 \times 10^4 q_相 \sum K}\ (\text{万 t/a})$$

式中　$0.092\ 6$——总回风巷按瓦斯浓度不超过 0.75% 核算为单位分钟的常数；

$q_相$——矿井瓦斯相对涌出量，m^3/t；

$\sum K$——综合系数。

$$\sum K = K_产 \cdot K_{CH_4} \cdot K_备 \cdot K_漏$$

式中　$K_产$——矿井产量不均衡系数；

84

K_{CH_4}——矿井瓦斯涌出不均衡系数；

$K_备$——备用工作面用风系数；

$K_漏$——矿井内部漏风系数。

在公式中，选取参数应注意下列事项：

（1）对参数 $q_相$ 的选取，当矿井有瓦斯抽放时，$q_相$ 应扣除矿井永久抽放系统当年平均所抽的瓦斯量，但与正常生产的采掘工作面风排瓦斯量无关的抽放量及未计入矿井瓦斯等级鉴定计算范围的瓦斯抽放量不得扣除。$q_相$ 取值不小于 10，小于 10 时按 10 计算。

（2）对参数 $\sum K$ 的选取，应采用以下取值范围：

$K_产$＝产量最高月平均日产量/年平均日产量。

K_{CH}＝高瓦斯矿井不小于 1.2，突出矿井、冲击地压矿井不小于 1.3。

$K_备$＝1.0＋备用工作面个数×0.05。

$K_漏$＝矿井总进风量年平均值/矿井有效风量年平均值。

第 237 问　如何采用由里向外核算法核算矿井通风能力？

采用由里向外核算法时，首先计算矿井总需风量与矿井各用风地点的需风量（包括按规定配备的备用工作面），然后计算出采掘工作面个数（按合理采掘比），取当年采掘工作面正常作业条件下的年产量，核定矿井通风能力。

第 238 问　应从哪几方面对矿井通风能力进行验证？

矿井通风能力应从矿井主要通风机性能、通风网络、用风地点的有效风量和矿井稀释瓦斯的能力等方面进行验证。

第239问 核定矿井通风系统能力有哪些必备条件?

(1) 必须有完整独立的通风、防尘、防灭火及安全监控系统,通风系统合理,通风设施齐全可靠。

(2) 必须采用机械通风,运转风机和备用风机必须具备同等能力,矿井通风机经具备资质的检测检验机构测试合格。

(3) 安全检测仪器、仪表齐全可靠。

(4) 局部通风机的安装和使用符合规定。

(5) 采掘工作面的串联通风符合规定。

(6) 矿井瓦斯管理必须符合有关规程规定。

第240问 矿井通风系统能力核定的主要内容是什么?

(1) 核查采煤工作面、掘进工作面及井下独立用风地点的基本状况。

(2) 核查矿井通风机的运转状况。

(3) 实行瓦斯抽排的矿井,必须核查矿井瓦斯抽排系统的稳定运行情况。

(4) 矿井有2个以上通风系统时,应按照每一个通风系统分别进行通风能力核定,矿井的通风系统能力为每一个通风系统能力之和。矿井必须按照每一通风系统能力合理组织生产。

第241问 煤矿通风系统能力在什么条件下可作为核定生产能力的依据?

煤矿通风系统能力必须按实际供风量核定,井下各用风地点所需风量要符合规程规范要求。经省级煤炭行业管理部门批准的矿井年度通风能力,可作为核定生产能力的依据。

第 242 问　煤矿重大安全生产隐患是否包括"通风系统不完善、不可靠的"?

《国务院关于预防煤矿生产安全事故的特别规定》在分析、总结近年来发生的煤矿生产安全事故教训的基础上，明确规定了最容易引发煤矿生产安全事故的十五项重大隐患和行为，其中第五项即是指"通风系统不完善、不可靠的"。《特别规定》同时又规定，煤矿有重大安全生产隐患和行为的，应当立即停止生产，排除隐患。

第 243 问　有哪些情形时认定为"通风系统不完善、不可靠"?

根据国家安全生产监督管理总局和国家煤矿安全监察制定的《煤矿重大安全生产隐患认定办法（试行）》，"通风系统不完善、不可靠的"是指有下列情形之一的：

（1）矿井总风量不足的。

（2）主井、回风井同时出煤的。

（3）没有备用主要通风机或者两台主要通风机能力不匹配的。

（4）违反规定串联通风的。

（5）没有按正规形式设计通风系统的。

（6）采掘工作面等主要用风地点风量不足的。

（7）采区进（回）风巷未贯穿整个采区，或者虽贯穿整个采区但一段进风、一段回风的。

（8）风门、风桥、密闭等通风设施构筑质量不符合标准、设置不能满足通风安全需要的。

（9）煤巷、半煤岩巷和有瓦斯涌出的岩巷的掘进工作面未装备甲烷风电闭锁装置或者甲烷断电仪和风电闭锁装置的。

第244问 认定"通风系统不完善、不可靠的"后，应如何处理？

认定"通风系统不完善、不可可靠的"后，应该立即登记建档，指定专人负责跟踪监控，督促企业认真整改，排除隐患。整改完成后，由煤矿主要负责人组织自检。自检合格后，向县级以上政府煤矿安全生产监管部门提出恢复生产的申请报告。验收合格后方可恢复生产。

第245问 "通风系统不完善、不可靠的"认定后，仍然进行生产的有哪些相关处罚规定？

对于存在"通风系统不完善、不可靠的"重大安全生产隐患的煤矿，仍然进行生产的，应当责令立即停产整顿，并处50万元以上200万元以下的罚款，对煤矿企业负责人处3万元以上15万元以下的罚款。对3个月内2次或者2次以上发现"通风系统不完善、不可靠的"仍然进行生产的煤矿，由有关部门、机构提请有关地方人民政府关闭该煤矿，并由颁发证照的部门立即吊销矿长资格证和矿长安全资格证，该煤矿的法定代表人和矿长5年内不得再担任任何煤矿的法定代表人或者矿长。

第246问 矿井通风能力与生产能力应有什么关系？

为确保煤矿核定生产能力控制在通风能力允许的范围内，通风能力应大于最终确定的综合生产能力10％以上。

第247问 为什么要对矿井风量进行调节？

随着采掘工作面的推进和不断衔接接替，在矿井通风系统中，巷道的通风阻力和各用风地点的所需风量也在发生变化，所以，必须对矿井风量进行及时的调节。矿井风量调节的目的是为了更好地保证矿井通风安全和减少矿井通风的电耗。

第 248 问 矿井风量调节有哪些措施?

可以采取许多措施来对矿井风量进行调节。

（1）采用调节设备设施。

如通风机、射流器、风窗和风幕等。

（2）增加并联井巷。

（3）扩大井巷通风断面。

（4）缩短通风风流线路。

（5）改变井巷支护形式。

第 249 问 矿井风量调节有哪两种类型?

矿井风量调节主要有以下两种类型：

（1）局部风量调节。

局部风量调节指的是在采区内采掘工作面之间、采区之间或各生产水平之间进行的风量调节。

（2）矿井总风量调节。

当矿井或矿井一翼总风量不足或过大时，需要对全矿井总风量进行调节。

第 250 问 什么叫增阻调节法调节风量?

增阻调节法指的是在巷道中增设一些通风构筑物，以增加其局部阻力，达到风量调节的目的。增阻调节法是局部风量调节常用的方法之一。通过加大巷道风阻，可以减少该巷道通过的风量，或者增加与其相关联巷道通过的风量。

增阻调节法所增设的通风构筑物，主要有调节风窗、临时风帘和水幕等。

第 251 问　什么叫减阻调节法调节风量?

减阻调节法指的是在巷道中采取一些减阻措施，从而达到加大巷道通过的风量，或者减少与其相关联巷道通过的风量的目的。减阻调节法是局部风量调节常用的方法之一。

减阻调节法通常采取的措施为：扩大巷道断面、改变巷道支护形式、清除巷道中的堆积物、矿车和输送机，缩短风流所流经路线，采用并联风路等。

第 252 问　什么叫增能调节法调节风量?

增能调节法指的是在巷道中设置辅助通风机，以增加巷道通风时的风量。增能调节法是局部风量调节常用的方法之一。

第 253 问　如何改变主要通风机工作
特性对矿井总风量进行调节?

改变主要通风机工作特性主要是采取改变主要通风机的叶轮转速、轴流式风机叶片安装角度和离心式风机前导器叶片角度等来改变主要通风机的风压特性，从而达到调节全矿井总风量的目的。

第 254 问　如何改变主要通风机
总风阻值对矿井总风量进行调节?

改变主要通风机总风阻值主要的方法是：在主要通风机风硐内设置调节闸门，将闸门开口增大，可减少总工作风阻，增加矿井总风量；反之，将闸门开口减小，可增加总工作风阻，减小矿井总风量。风硐闸门调节法是矿井总风量调节的主要方法。但是，风流通过闸门，将增加一定的无效功率。

第 255 问　为什么要定期测定矿井风量？

矿井风量测定是矿井配风、风量调节、瓦斯治理、防火等通风工作的基础，也是衡量各用风地点的风量合格的依据。所以，矿井必须定期测定风量。

（1）通过对矿井风量的全面测定，了解矿井总进风量、总回风量和各个用风地点的风量、风速以及矿井的漏风、有效风量等现状及变化情况，为不断提高矿井通风管理水平提供科学依据。

（2）为确保通风系统的合理、稳定和可靠，并根据采面分布和巷道掘进等生产条件的不断变化，及时调整通风系统和进行风量调节，以满足各用风地点的风量要求，保证安全正常生产。

第 256 问　矿井风量测定有哪些规定？

《煤矿安全规程》中规定：

（1）矿井必须建立测风制度，每 10 天进行 1 次全面测风。

（2）对采掘工作面和其他用风地点，应根据实际需要随时测风。

（3）每次测风结果应记录并写在测风地点的记录牌上。

第 257 问　矿井风量测定的内容是什么？

矿井风量测定主要是井巷中风速和断面面积测定，用测定的风速乘以面积即得出风量。

$$Q = V_{均} \times A \times 60$$

式中　Q——通过巷道的风量，m^3/min；

　　　$V_均$——巷道平均风速，m/s；

　　　A——巷道断面积，m^2。

第 258 问　矩形巷道的断面面积如何计算?

矩形巷道的断面面积：

$$A = B \times h$$

式中　A——巷道断面面积，m^2；

　　　B——巷道宽度，m；

　　　h——巷道高度，m。

第 259 问　梯形巷道的断面面积如何计算?

梯形巷道的断面面积：

$$A = \frac{1}{2} \times (B_1 + B_2) \times h$$

式中　A——巷道断面面积，m^2；

　　　B_1——巷道的净上宽，m；

　　　B_2——巷道的净底宽，m；

　　　h——巷道的净高度，m。

第 260 问　半圆拱形巷道的断面面积如何计算?

半圆拱形巷道的断面面积：

$$A = \frac{\pi}{\delta} D^2 + D \times h$$

式中　A——巷道断面面积，m^2；

　　　π——圆周率，3.14；

　　　D——半圆拱的直径，m；

h——巷道的壁高（即半圆拱巷道下部矩形断面的高度），m。

第 261 问　三心拱形巷道的断面面积如何计算？

三心拱形巷道的断面面积：
$$A = B \times (0.26B + h)$$
式中　A——巷道断面面积，m^2；
　　　B——巷道断面的底宽，m；
　　　h——巷道断面的壁高，m。

第 262 问　圆弧拱形巷道的断面面积如何计算？

圆弧拱形巷道的断面面积：
$$A = B \times (0.24B + h)$$
式中　A——巷道断面面积，m^2；
　　　B——巷道断面的底宽，m；
　　　h——巷道断面的壁高，m。

第 263 问　进行矿井测风前应做好哪些准备工作？

进行矿井测风前，应把当班所需要使用的风表、秒表、温度计、湿度计、表杆及皮尺等工具备齐，并详细检查风表叶轮及开关转动灵活，部件、叶片齐全完好，回零指针灵活正确，秒表启停正常。

第 264 问　什么叫井巷断面风速分布系数？

由于空气在井巷中流动时，受到空气的黏性和井巷顶帮粗糙不平的影响，风流速度在井巷断面上的分布是不均匀的，一般说来，在井巷轴心部分风速最大，而距井巷顶帮越近，风速越小（但也有最大风速不在巷道轴心上的情况）。井巷断面平均风速与最大风速的比值叫做风速分布系数。据统计资料，砌碹巷道风速分布系数约 0.83，木支架巷道约 0.73，无支架巷道约 0.75。

第 265 问　井巷风速如何进行分类?

根据风速大小可将井巷风速分成以下几类:
(1) 高速：风速 10 m/s 以上。
(2) 中速：风速 0.5～10 m/s 之间。
(3) 低速：风速 0.15～0.5 m/s 之间。
(4) 微速：风速 0.15 m/s 以下。

第 266 问　井巷风速测定有哪几种主要方法?

井巷风速测定方法主要有以下 2 种:
(1) 用烟雾测定。在风速低于 0.5 m/s 的地区或检查密闭及采空区漏风时，可采用烟雾近似测定法。
(2) 用仪表测定。选择合适量程的低、中、高速风表进行测量，根据单位时间风表的转速查曲线，或按特性函数换算出真实的风速。

第 267 问　如何用烟雾近似测定井巷风速?

用烟雾近似测风时，一人站在上风侧某点放出烟雾，另一人手持秒表站在下风侧相距 3～5 m 处，同时打开秒表，测定烟雾流动所需时间，得出最大风速，再乘以风速分布系数（大约0.8），即为近似的井巷平均风速。

第 268 问　如何根据测量风速的范围选择风表类型?

风表有三种,测量风速的范围分别是:

(1)当风速为 0.3~0.5 m/s 时,选用低速风表。

(2)当风速为 0.5~10 m/s 时,选用中速风表。

(3)当风速>10 m/s 时,选用高速风表。

第 269 问　用风表测定井巷风速如何消除人身影响?

(1)人身在测风断面外测量。

用风表精确测风时,测风员立于巷道内,面向巷道壁,右手持风表并向右侧前方伸直,使风表距人身约 0.6~0.8 m,在巷道轴线方向上,风表所在断面和人身所在断面之间相距 0.2 m 左右,即测风员右手臂和身体胸面成 105°~110°的角度。这种测风方法,由于风表和人身不在同一断面,基本可以消除人身在井巷内对风速的影响。

(2)人身在测风断面上测量。

测风员站在测风断面上测风时,为了消除人身对井巷中风速的影响,应将测得的风速乘以一个校正系数。

$$K_人 = \frac{A - 0.4}{A}$$

式中　$K_人$——人身对测风影响的校正系数,%;

　　　A——测风处井巷断面面积,m^2;

　　　0.4——考虑人身在井巷中所占面积,按 0.4 m^2 计算。

第 270 问　使用风表测量风速时应注意什么问题?

使用风表对井巷风速进行测量时,应注意以下几方面问题:

(1)风表翼轮一定要与风流方向垂直,特别是在倾斜巷道中测风时更要注意，否则将产生较大误差。

（2）风表刻度盘一侧要背着风流，否则风表指针将发生倒转。

（3）风表不能固定在一个位置上，而要不断地按移动路线移动，移动速度要均匀，或采取定点法，否则测出的风速不是平均速度。

（4）在同一断面测风次数不得少于 3 次，各次测量结果之间的误差不得超过 5%，然后取 3 次测量结果的平均值，否则测出的风速不是精确的。

（5）在井巷中测风时，必须待该巷道中风流稳定后进行。例如，列车通过、人员行走等情况都影响测风的准确性，必须在列车和人员通过后 3～5 min 再测量。

第 271 问　测量井巷风速主要有哪些风表？

目前，我国测量井巷风速使用的风表主要有：机械翼式风表、电子翼式风表、热球式风表和超声波旋涡风速传感器等。

热球式风表因灰尘和湿度对其会产生一定的影响，使用较少。风速传感器作为矿井安全监控系统的一部分得到广泛应用。煤矿井下人工测风大批使用的仍是翼式风表，特别是机械翼式风表。

第 272 问　烟雾法测风时如何制作烟雾？

采用长度 100～150 mm、内径 2～4 mm 的玻璃管，内装能够发生烟雾的物质，如四氯化锡（$SnCl_4$）、四氯化钛（$TlCl_4$）或四氯化硅（$SiCl_4$）等。使用时，用胶皮球把空气送入烟雾发生管内，空气中的水分和这种物质接触，便能放出白色烟雾并随风流动，形成测风所需的烟雾。

第273问 装有通风机的井口外部漏风率是怎样规定的?

装有通风机的井口必须封闭严密。其外部漏风率在无提升设备时不得超过5%,有提升设备时不得超过15%。

第274问 矿井漏风有哪些危害?

矿井漏风主要有以下几方面的危害:

(1)造成用风地点的有效风量减少,使用风地点可能形成瓦斯等有毒有害气体的积聚,还会使作业场所出现不良气候条件。

(2)如果存在较多的漏风路线,会使通风系统复杂化,影响矿井通风稳定性和可靠性,增加风量调节的困难。

(3)可能使采空区遗煤引起自然发火。

(4)矿井存在大量漏风,必将降低矿井有效风量率、增加矿井通风的电耗。

第六节 通风设施及其质量标准

第275问 什么叫通风构筑物? 通风构筑物的作用是什么?

在矿井通风系统中,用以隔断、引导和控制风流的设施和装置,叫做通风构筑物。

通风构筑物的作用是保证井下风流按设计的风流方向和风量流动,以保证井下人员在进行正常作业时所需要的风量、风速。

第 276 问　通风构筑物分为哪几类?

（1）通风构筑物按其能否通过风流可分为以下两类：

①隔断风流通过的通风构筑物，如密闭、挡风墙、风帘和风门等。

②允许风流通过的通风构筑构，如风硐、反风道、风桥、导风板和调节风窗等。

（2）通风构筑物按其服务年限可分为以下两类：

①永久通风构筑物，如风硐、反风道、风桥、调节风窗、永久密闭、永久风门、永久风桥和挡风墙等。

②临时通风构筑物，如临时密闭、临时风门、临时风桥、风帘和导风板等。

（3）通风构筑物按其作用可分为以下两类：

①调节风量通风构筑物，如调节风窗等。

②控制风向通风构筑物，除风窗外，其他通风构筑物基本都属于此类。

第 277 问　通风构筑物分为哪几种形式? 它们的作用分别是什么?

通风构筑物主要有以下几种形式：

（1）风门：它在允许风流通过，但需行人或行车的巷道中设置。

（2）密闭：它在专门为隔断风流而不行人或行车的巷道中设置。

（3）风桥：它是立体交叉设施，使平面交叉通过的新风和乏风互不相干扰。

（4）调节风窗：它在需要调节控制风量的巷道中设置。

（5）导风板：它是引导风流的设施，包括引风导风板、降阻导风板和汇流导风板等。

第278问　如何爱护和保护井下通风构筑物?

（1）不经通风部门批准，任何人不准随便损坏和拆除矿井通风构筑物。

（2）通过风门时一定要及时关门，不可把同一条巷道中相邻两道风门同时敞开，要过一道关好一道，关好一道后再打开另一道。

（3）不可随便移动风窗的调节插板或将窗口堵严。

（4）井下栅栏、警示牌、安全标志、瓦斯记录牌板和测风站等辅助通风构筑物，任何人不准随意拆毁、摘除、涂改或移动。

（5）如发现矿井通风构筑物损坏，应及时向有关部门或负责人报告，以便及时修复。

第279问　安设井下风门有哪些安全要求?

安设井下风门应做好以下几方面安全事项：

（1）风门安设的位置合理，牢固可靠，不漏风。

（2）在井筒之间、矿井（一翼或采区）进、回风巷之间、石门、采区上下山车场、各区段车场等需长期隔断风门、但人员和物料需要通过的地点应安设永久风门。每处至少安装2道连锁的正向风门和2道反向风门。风门能自动关闭。

（3）任意两道风门之间的距离不得小于4 m，需要有运输工具通过时，两道风门之间同时不得少小运输工具长度。

（4）不应在倾斜巷道中安设风门。如果必须安设风门，应安装自动风门或设专人管理，并有防止矿车或风门碰撞人员及矿车碰坏风门的安全措施。

第280问 反向风门有哪两种安设方法?

反向风门的安设有以下二种方法:

(1) 在正向风门处,利用原门框安设一道反向门扇,或者紧贴风门另外安设一个门框和门扇。

(2) 在巷道的其他地点,专门安设一道反向风门。

第281问 矿井应在什么地点设置测风站?

测风站是矿井测量井下通风参数的重要场所。测风站分为永久测风站和临时测风站两种。

在矿井的总进风巷、总回风巷和矿井一翼的总进风巷、总回风巷应设置永久测风站;在采掘工作面和其他地点应设置临时测风站。

第282问 测风站有什么要求?

(1) 测风站必须设在直线巷道内。

(2) 测风站长度不小于 4 m。

(3) 测风站前后 10～15 m 无拐弯,且断面没有变化。

(4) 测风站不得设在风流汇合处附近,站内不得有障碍物。

第283问 帆布密闭有哪些优缺点? 如何安设帆布密闭?

帆布密闭具有结构简单、质量轻、价格低廉、悬挂方便等优点,但存在漏风严重、容易着火等缺点。

安设帆布密闭的方法如下:

(1) 用 2～3 条木板将帆布悬挂在巷道上方。木板钉在木梁上(如果现场没有木支架,可临时设一架木支架)。

（2）在帆布密闭下端用煤矸碎块掩盖淤埋。

（3）在帆布密闭的两侧用木板钉在棚腿上。

第 284 问　什么叫木段密闭？

木段密闭是指用长约 1 m 的木段顺长堆放而成的密闭。木段密闭具有砌筑简单、速度快、价格便宜等优点，而且使用寿命长，可在顶板压力较大的条件使用，但是耐火性较差。

木段密闭适用于临时密闭和永久密闭，是井下常用的密闭之一。

第 285 问　如何砌筑临时木段密闭？

木段密闭的砌筑方法如下：

（1）首先挖底槽沟，并用砂浆填平。

（2）顺着巷道轴向码放第一层木段，并用砂浆抹平。

（3）再接着往上堆放木段，注意上层木段对下层木段错开码放，然后用砂浆抹平，直至堆放到顶板。

（4）砌筑完全部木段后，对木垛空隙进行加楔固定。

（5）最后对木段端面墙用水泥浆涂沫，石灰刷白。

第 286 问　如何砌筑永久木段密闭？

由于木段容易着火，为了加强火区的隔绝，永久木段密闭必须砌筑成两道木段密闭，其砌筑方法如下：

（1）先按砌筑临时木段密闭的方法砌筑第一道木段密闭，其厚度约 0.6 m。

（2）在距第一道木段密闭约 0.5～1.0 m 处设置一道木板密闭。

（3）在第一道木段密闭与木板密闭之间用粘土充填严实。

（4）在紧靠木板密闭外侧砌筑第二道木段密闭，其厚度约1.2 m。

（5）最后对第二道木段端面墙用水泥浆涂沫，石灰刷白。

第 287 问　什么叫砂（土）袋密闭？它有哪些优缺点？

砂（土）袋密闭是指用砂（土）装袋进行砌筑而成的密闭。

砂（土）袋密闭具有砌筑时间快的优点，但存在气密性差、稳定性差的缺点。

砂（土）袋密闭常在隔绝灭火时使用，还可作为防爆和缓冲瓦斯爆炸、瓦斯突出等冲击之用。

第 288 问　如何砌筑砂（土）袋密闭？

砌筑砂（土）袋密闭的方法如下：

（1）将砂（土）装袋。为了使砂（土）袋能相互紧贴且袋与顶帮间不留间隙，每个袋中应装进 3/4 容量的砂（土）。然后锁住袋口。

（2）堆放砂（土）袋。将第一层袋的长面沿着巷道轴向堆放，袋间的空隙用砂（土）充填；第二层袋的长面沿着巷道横向堆放。往上堆放时同此交错砌筑。

第 289 问　按密闭的用途可分为哪几种密闭？

按密闭的用途可分为通风密闭、防火密闭、防水密闭和防爆密闭等几种密闭。密闭通常是以构筑墙体的形式（砖、料石、砂袋、木段）等实现其隔断风流（水）的作用，所以又叫做密闭墙，也有的简称为墙，如防火墙、防爆墙、防水墙等。

第290问 什么地点应设置永久密闭?

凡报废的采区通向运输大巷和总回风巷的所有联络巷、所有结束回采的工作面、平巷间的联络巷、岩石集中巷连通煤层的巷道都应设置永久密闭。

第291问 什么地点应设置临时密闭?

井下巷道需临时封闭的地点都应设置临时密闭。

第292问 永久密闭墙体的质量标准是什么?

(1) 用不燃性材料构筑,厚度不小于 0.5 m,严密不漏风(以手触无感觉、耳听无声音为准)。

(2) 墙体平整(1 m 内凸凹不大于 10 mm,料石勾缝除外);无裂缝(用雷管脚线不能插入)、重缝和空缝。

(3) 墙体周边掏槽(岩巷、锚喷、砌碹巷道除外),要见硬顶、硬帮,要与煤岩接实,四周要有不少于 0.1 m 的裙边。

第293问 永久密闭周围的质量标准是什么?

(1) 密闭前后 5 m 内巷道支护良好,无杂物、积水和淤泥。

(2) 密闭内有水的设反水池或反水管,自然发火煤层的采空区密闭要设观测孔、措施孔,孔口封堵严密。

(3) 密闭前面无瓦斯积聚,要设栅栏、警标说明牌板和检查箱(进、回风之间的挡风墙除外)。

第 294 问　临时密闭的质量标准是什么?

（1）临时密闭设置在顶、帮良好处，见硬底、硬帮，与煤岩体接实。

（2）临时密闭前后 5 m 内支护良好，无片帮、冒顶，无杂物、积水、淤泥。

（3）临时密闭不漏风，密闭前面要设栅栏、警标和检查牌。

第 295 问　永久风门的质量标准是什么?

（1）永久风门墙垛质量标准与永久密闭墙体质量标准相同。

（2）永久风门一组至少 2 道，能自动关闭，要装有闭锁装置。

（3）门框要包边沿口，有垫衬，四周接触严密。

（4）门扇要平整不漏风。门扇与门框及门扇合口之间不歪扭。

（5）风门下方设有铁道或水沟时，风门要设底坝和挡风帘，电缆、管线孔洞要堵严。

（6）风门前后 5 m 内巷道支护良好，无杂物、积水和淤泥。

第 296 问　临时风门的质量标准是什么?

（1）与临时密闭（1）、（2）和（3）质量标准相同。

（2）临时风门能自动关闭，通车风门及斜巷运输的风门有报警讯号，否则要装有闭锁装置。

（3）门框包边沿口，有衬垫，四周接触严密。

（4）门扇平整不漏风，与门框接触严密。

第297问　永久风桥的质量标准是什么?

设置永久风桥的质量标准如下:

(1)用不燃性材料构筑。

(2)桥面平整不漏风(以手触感觉不到漏风为准)。

(3)风桥前后各 5 m 范围内巷道支护良好,无杂物、积水和淤泥。

(4)风桥通风断面不小于原巷道断面的 4/5,成流线型,坡度小于 30°。

(5)风桥两端接口严密,四周见实帮、实底,要填塞结实。

(6)风桥上下不准设风门。

第298问　调节风窗有什么要求?

(1)调节风窗的调节位置设在门墙上方,并能调节方便。

(2)调节风窗的结构要求牢固。

(3)调节风窗应设在并联通风阻力小的巷道内,避免设在矿井或一翼总回风巷中。

第299问　主要通风机房防爆门(盖)有什么安全规定?

主要通风机房防爆门(盖)应符合以下几方面的安全规定:

(1)防爆门(盖)应与回风井同一轴线,断面面积不小于回风井。

(2)防爆门(盖)到风硐的距离比主要通风机到风硐的距离至少小 10 m。

(3)防爆门(盖)正常时应靠主要通风机的负压保持关闭状态,并安设平衡重物。

（4）防爆门（盖）必须有足够的强度，并有防腐和防抛出的设施。

（5）防爆门（盖）严密不漏风，冬季应对密封液体进行防冻处理。

第 300 问　为什么要开展通风安全质量标准化考核评级工作？

国家煤矿安全监察局于 2004 年 2 月 23 日下发了《关于印发〈煤矿安全质量标准化标准及考核评级办法（试行）〉的通知》（煤安监办字〔2004〕24 号），内容包括采煤、掘进机电、运输、通风、地测和防治水等六个专业，其中通风是重中之重。为了进一步加强"一通三防"管理，提高"一通三防"工程安全质量和管理水平，防止发生瓦斯、煤尘爆炸与自然发火事故，确保矿井安全生产，必须开展通风安全质量标准化考核评级工作。

第 301 问　参加通风安全质量标准化考核评级的条件是什么？

参加通风安全质量标准化考核评价必须具备以下条件：

（1）通风系统合理可靠。

（2）矿井必须采用机械式通风，安装 2 套同等能力的主要通风机装置和反风设施；有独立、完善的通风系统；矿井通风能力符合生产要求，无超出通风能力生产的现象。每个生产矿井必须至少有 2 个能行人的、通达地面的安全出口。

（3）矿井必须每年进行 1 次瓦斯及和二氧化碳涌出量鉴定工作。

（4）高瓦斯矿井、煤（岩）与瓦斯突出矿井，必须装备矿井监控系统，且系统运行正常。

第 302 问　通风安全质量标准化检查评定内容是什么？

通风安全质量标准化以自然井为基本评定单位。检查评定内容有以下十一大项：

（1）通风系统。

（2）局部通风。

（3）瓦斯管理。

（4）井下爆破管理。

（5）通风安全监控。

（6）防治煤（岩）与瓦斯（二氧化碳）突出。

（7）瓦斯抽放。

（8）防治自然发火。

（9）通风设施。

（10）综合防尘。

（11）管理制度。

第 303 问　通风安全质量标准化检查与评分定级办法是什么？

通风安全质量标准化检查与评分定级办法如下：

（1）根据检查结果，各大项均达 90 分及其以上的为一级矿井；达 80 分及其以上的为二级矿井；达 70 分及其以上的为三级矿井。

（2）检查大项中，检查大项的最低得分为矿井的定级分。

（3）年度等级的确定以四个季度的定级分平均得分定级。

（4）各检查大项中缺分项的，不查不计，检查分项中缺小项的，以该检查分项的其他小项得分的百分比折算计分。扣分原则为本项分数扣完为止。

（5）在同一等级中，以 11 个检查大项得分的平均分多少排列名次。

（6）在检查周期内，每发生"一通三防"事故死亡1人，通风安全质量标准化降1级扣5分，得分不得超过下一级的最高分。死亡3人取消评级资格。

第304问 在通风管理制度安全质量标准化考核时，对"一通三防"队伍和机构应如何进行检查评分？

在通风管理制度安全质量标准化考核时，要对矿井专门的"一通三防"管理队伍及机构设置进行调查，并查阅资料。

该小项总得分为10分。当矿井无专门机构时不得分，不合要求的扣5分。

第305问 在通风管理制度安全质量标准化考核时，对"一通三防"管理工作责任制度应如何进行检查评分？

在通风管理制度安全质量标准化考核时，对各级领导及业务部门的"一通三防"管理工作责任制进行现场检查，并检查责任制及有关记录。

该小项总得分为15分。发现无责任制的不得分，落实不严的发现1处扣1分。

第306问 在通风管理制度安全质量标准化考核时，对通风隐患排查、通风例会及工作计划和总结应如何进行检查评分？

在通风管理制度安全质量标准化考核时，对通风隐患排查、通风例会及通风工作计划和总结要检查记录。

该小项总得分为5分。发现无通风隐患排查、无通风例会、无通风工作计划和总结不得分，完不成计划按比例扣分。

第307问 在通风管理制度安全质量标准化考核时，对"一通三防"年度安全措施应如何进行检查评分？

在通风管理制度安全质量标准化考核时，对矿井每年编制的"一通三防"安全措施进行现场检查，并检查有关资料。

该小项总得分为 10 分。发现无年度安全措施的不得分，发现 1 处不符合规定的扣 5 分。

第308问 在通风管理制度安全质量标准化考核时，对"一通三防"图纸资料应如何进行检查评分？

在通风管理制度安全质量标准化考核时，要检查五图、五板、五记录和四台账。

该小项总得分为 20 分。发现 1 处不符合规定的扣 2 分。

第309问 在通风管理制度安全质量标准化考核时，对上报的图纸资料应如何进行检查评分？

在通风管理制度安全质量标准化考核时，要检查图纸、报表和上报情况。

该小项总得分为 10 分。发现 1 处不符合标准的扣 2 分。

第310问 在通风管理制度安全质量标准化考核时，对区队的管理制度、工种岗位责任制和技术操作规程应如何进行检查评分？

在通风管理制度安全质量标准化考核时，要对通风区队管理制度、工种岗位责任制和技术操作规程进行现场检查，并检查资料。

该小项总得分为 10 分。发现 1 处不符合规定的扣 5 分。

第 311 问　在通风管理制度安全质量标准化考核时，对通风仪器仪表如何进行检查评分？

在通风管理制度安全质量标准化考核时，要对通风安全仪器仪表的使用、保管、维修、保养和检测校正制度进行检查记录和抽查仪器仪表的检查。

该小项总得分为 10 分。发现缺少一项制度或 1 台仪器仪表不合格的扣 2 分。

第 312 问　在通风管理制度安全质量标准化考核时，对特殊工种培训应如何进行检查评分？

在通风管理制度安全质量标准化考核时，要对瓦检员、放炮员、监测工、调度员、测风工、抽放泵司机等特殊工种的培训情况、培训记录和培训合格证进行检查，并进行现场抽查。

该小项总得分为 10 分。不培训、不考核和无记录的不得分，缺 1 人或 1 人考核不及格的扣 1 分，发现 1 人未持证上岗或证件不合格的扣 2 分。

第 313 问　在通风系统安全质量标准化考核时，对矿井独立通风系统应如何进行检查评分？

在通风系统安全质量标准化考核时，要对矿井独立通风系统和掘进巷道贯通措施进行矿井通风系统图的查阅和掘进巷道贯通安全措施、记录的检查。

该小项总得分为 20 分。当矿井无完整的独立通风系统时不得分，改变通风系统无报批手续或掘进巷道贯通无措施的，每发现 1 处扣 10 分。

第314问　在通风系统安全质量标准化考核时，
对分区通风应如何进行检查评分？

在通风系统安全质量标准化考核时，要对分区通风情况进行选点抽查（以工作面为单位），年产30万t以下的矿井抽查点数不少于80%，30万t以上的矿井抽查点数不少于60%。

该小项总得分为20分。不符合规定的串联通风、扩散通风、采空区通风和采煤工作面利用局部通风机通风的，每发现1处扣10分。

第315问　在通风系统安全质量标准化考核时，
对通风能力应如何进行检查评分？

在通风系统安全质量标准化考核时，要对矿井、采区通风能力以及采掘工作面、硐室的供风量进行选点抽查，以工作面为单位，每产30万t以下的矿井抽查点数不少于80%，30万t以上的矿井抽查点数不少于60%，同时还要进行现场实测和查阅当月或上月的记录。

该小项总得分为20分。矿井、采区通风能力不能满足生产需求的不得分，采掘工作面和硐室的供风量，每发现1处不符合规定的扣10分。

第316问　在通风系统安全质量标准化考核时，
对专用回风巷应如何进行检查评分？

在通风系统安全质量标准化考核时，要对高突矿井或易自燃煤层的采区专用回风巷进行现场检查。

该小项总得分为10分。每发现1处不合格的不得分。

第317问　在通风系统安全质量标准化考核时，对风速应如何进行检查评分？

在通风系统安全质量标准化考核时，要对矿井内各地点风速进行选点实测和查阅当月或上月报表。

该小项总得分为5分。当发现风速超限的，每1处扣1分；风速不足的每1处扣1分。

第318问　在通风系统安全质量标准化考核时，对矿井有效风量率应如何进行检查评分？

在通风系统安全质量标准化考核时，要对矿井有效风量率进行查阅当月或上月报表，或者进行实测的检查。

该小项总得分为10分。当矿井有效风量率低于85%的，每低1%扣3分。

第319问　在通风系统安全质量标准化考核时，对巷道失修率应如何进行检查评分？

在通风系统安全质量标准化考核时，要对回风巷的失修率和主要进、回风巷道断面进行本季或上季巷道检查记录的查阅及维修月报的检查。

该小项总得分为5分。当回风巷失修率高于7%时不得分，严重失修率高于3%时，每超1%扣5分。主要进回风巷道断面小于设计断面的2/3时，每发现1处扣2分。

第 320 问　在通风系统安全质量标准化考核时，对矿井反风应如何进行检查评级？

在通风系统安全质量标准化考核时，要对矿井反风演习和反风设施进行记录查阅和演习报告的检查。

该小项总得分为 5 分。按年度进行反风且反风效果符合要求的得满分，只检查反风设施而没有进行反风演习的扣 2 分，不定期检查反风设施和没有进行反风演习的不得分。

第 321 问　在通风系统安全质量标准化考核时，对矿井主要通风机装置外部漏风率应如何进行检查评分？

在通风系统安全质量标准化考核时，要对矿井主要通风机装置外部漏风率的检查情况和达标情况进行查阅记录或实测的检查。

该小项总得分为 5 分。当发现无检查记录的或者外部漏风率在无提升设备时超过 5%，有提升设备时超过 15% 的，均不得分。

第 322 问　在局部通风安全质量标准化考核时，对局部通风机位置应如何进行检查评分？

在局部通风安全质量标准化考核时，要对局部通风机位置、最低风速和与工作面电源联锁等情况进行单台局部通风机逐项检查，实测实量。矿井使用局部通风机台数超过 20 台的，检查台数不少于 30%；使用台数在 10～19 台的，检查台数不少于 40%；使用 9 台以下的，检查台数不少于 60%。

该小项总得分为 20 分。发现有不符合规定的每 1 处扣 10 分，未进行电源联锁的扣 10 分，产生循环风的不得分。

第323问　在局部通风安全质量标准化考核时，对局部通风机供电应如何进行检查评分？

在局部通风安全质量标准化考核时，对低瓦斯矿井采用选择性漏电保护和采掘、供电分开，高突矿井采用"三专两闭锁"或选择性漏电保护等情况进行单台局部通风机逐项检查，实测实量。矿井使用局部通风机台数超过 20 台的，检查台数不少于 30％；使用台数在 10～19 台的，检查台数不少于 40％；使用 9 台以下的，检查台数不少于 60％。

该小项总得分为 15 分。当发现 1 处不符合规定的不得分，不能正常使用的每 1 处扣 5 分。实现"双风机、双电源"，且能自动切换的加 2 分，但不超过该小项得分。

第324问　在局部通风安全质量标准化考核时，对局部通风机管理应如何进行检查评分的？

在局部通风安全质量标准化考核时，要对局部通风机的管理情况进行单台局部通风机逐项检查，实测实量。矿井使用局部通风机台数超过 20 台的，检查台数不少于 30％；使用台数在 10～19 台的，检查台数不少于 40％；使用 9 台以下的，检查台数不少于 60％。

该小项总得分为 10 分。发现未安排人员管理的不得分，未实行挂牌管理的扣 5 分，牌板内容不齐全的扣 2 分；无计划停风或有计划停风没有专项通风安全措施的，每发现 1 次扣 2 分。

第325问　在局部通风安全质量标准化考核时，对局部通风机设备和安装应如何进行检查评分？

在局部通风安全质量标准化考核时，对局部通风设备和安装等情况应对单台局部通风机逐项检查、实测实量。矿井使用局部通风机台数超过 20 台的，检查台数不少于 30%；使用台数在 10～19 台的，检查台数不少于 40%；使用 9 台以下的，检查台数不少于 60%。

该小项总得分为 15 分，局部通风机吸风口无风罩、整流器和高压衬垫的，发现 1 处扣 5 分；有高压衬垫但仍然漏风的，每发现 1 处扣 2 分；未吊挂式垫高，离地面高度小于 0.3 m 的扣 5 分；5.5 kW 以上的局部通风机未装消音器的扣 5 分。

第 326 问　在局部通风机安全质量标准化考核时，对供风量应如何进行检查评分？

在局部通风机安全质量标准化考核时，应对风筒末端位置、供风量、风流中瓦斯浓度和风速等情况进行单台局部通风机逐项检查，实测实量。矿井使用局部通风机台数超过 20 台的，检查台数不少于 30%；使用台数在 10～19 台的，检查台数不少于 40%；使用 9 台以下的，检查台数不少于 60%。

该小项总得分为 15 分。当供风量不足或工作面、回风流中瓦斯浓度超限的，不得分；巷道中风速不符合规定要求的扣 5 分。

第 327 问　在局部通风安全质量标准化考核时，对局部通风机风筒接头和完好应如何进行检查评分？

在局部通风安全质量标准化考核时，对风筒接头和完好等情况应进行单台局部通风机逐项检查，实测实量。矿井使用局部通风机台数超过 20 台的，检查台数不少于 30%；使用台数在 10～19 台的，检查台数不少于 40%；使用 9 台以下的，检查台数不少于 60%。

该小项总得分为 10 分。按平均每百米有不合格接头或破口数，每发现 1 处扣 2 分。手距接头处 0.1 m 处感到不漏风为接头严密。

第 328 问　在局部通风机安全质量标准化考核时，对局部通风机风筒吊挂应如何进行检查评分？

在局部通风机安全质量标准化考核时，对风筒吊挂质量应进行单台局部通风机逐项检查，实测实量。矿井使用局部通风机台数超过 20 台的，检查台数不少于 30%；使用台数在 10～19 台的，检查台数不少于 40%；使用 9 台以下的，检查台数不少于 60%。

该小项总得分为 5 分。发现风筒吊挂不平直和未逢环必挂的，按平均每百米发现 1 处，扣 2 分。

第 329 问　在局部通风安全质量标准化考核时，对局部通风机拐弯处的风筒和异径风筒应如何进行检查评分？

在局部通风安全质量标准化考核时，对拐弯处的风筒和异径风筒应进行单台局部通风机逐项检查，实测实量。矿井使用局部通风机台数超过 20 台的，检查台数不少于 30%；使用台数在 10～19 台的，检查台数不少于 40%；使用 9 台以下的，检查台数不少于 60%。

该小项总得分为 10 分。风筒在拐弯处未设弯头或缓慢拐弯而拐死弯的，异径风筒未使用过渡节的，每发现 1 处扣 2 分。

第 330 问　在通风设施安全质量标准化考核时，应如何进行检查评分？

在通风设施安全质量标准化考核时，应对永久设施（包括风门、密闭和风窗）、临时设施（包括临时风门和临时密闭）和永

116

久风桥分别进行检查评分。

检查方法是对单个通风设施按标准逐项检查，进行实测实量。全矿井任意选点、抽点，一般采区不少于 5 个，全矿井不少于 15 个。

永久设施、临时设施和永久风桥总得分分别为 100 分。单个通风设施都合格，该小项得满分，否则不得分。通风设施分项得分，等于各单个设施得分之和除以其个数。

第二章

矿井瓦斯防治

第一节 矿井瓦斯防治基础知识

第331问 什么叫瓦斯?

广义地讲,煤矿瓦斯是煤矿所有有毒、有害气体的总称。由于其中沼气的含量占 80％以上,所以习惯上又把沼气叫做瓦斯。在某些特定场合中,沼气也叫做甲烷,化学分子式写成 CH_4。

第332问 煤矿瓦斯是怎样产生的?

煤矿瓦斯是在煤的生成过程中伴随产生的。古代植物在成煤过程中,经过化学作用,其纤维质分解产生大量沼气。在以后煤的变质过程中,随着煤的化学成分和结构的改变,继续有沼气不断生成。在漫长的地质年代里,大部分沼气早已逸散于大气之中,只有少部分还保留于煤层和围岩中。当人们进行采矿活动时,这部分气体便会涌出来,成为危害矿井安全的瓦斯。

第333问 瓦斯生成量的大小主要与什么因素有关?

瓦斯生成量的大小主要与煤的碳化程度有关。煤的碳化程度越高,其变质程度越大,挥发分越低,瓦斯生成量也就越大。例如,褐煤煤层气生成量 $36 \sim 68$ m^3/t,而无烟煤煤层气生成量 $346 \sim 422$ m^3/t,碳化程度高的无烟煤的瓦斯生成量,比碳化程度低的褐煤的高 10 倍。

第334问　什么叫煤层瓦斯含量?

煤层瓦斯含量指的是,在矿井大气条件下(环境温度 20 ℃,环境大气压力 0.1 Mpa)单位质量煤体中所含有的瓦斯气体量,单位是 m^3/t 或 m^3/m^3,即 1 t 或 1 m^3 煤中所含瓦斯的体积数量。它是游离瓦斯和吸附瓦斯含量的总和。

第335问　煤层瓦斯含量分为哪几类?

煤层瓦斯含量可分为以下四类:
(1)煤层瓦斯原始含量。
煤层瓦斯原始含量指的是,未受开采和抽放影响的煤体内的瓦斯含量。
(2)煤层瓦斯残存含量。
煤层瓦斯残存含量指的是,受开采和抽放影响的煤体内现存的瓦斯含量。
(3)原煤瓦斯含量。
原煤瓦斯含量指的是,单位质量原煤中含有的瓦斯量。
(4)可燃荃瓦斯含量。
可燃荃瓦斯含量指的是,原煤中除去灰分和水分后的单位质量可燃部分煤中的瓦斯含量。

第336问　煤层中瓦斯含量与哪些因素有关?

影响煤层中瓦斯含量主要有以下几个因素:
(1)煤层的埋藏深度。煤层埋藏越深,瓦斯含量越大。相对瓦斯涌出量每增加 1 m^3/t 时,相应开采垂深的米数则因矿井自然条件不同而异,一般为 6~27 m。
(2)煤层的顶、底板岩性。如果煤层的顶、底板为透气性较好的砂岩，瓦斯容易泄放，煤层中瓦斯含量较小；如果煤层的顶底板为透气性较差的泥岩、页岩，瓦斯不易泄放，煤层中瓦斯含量较大。

（3）煤层倾角。煤的倾角较大时，瓦斯会沿着某些透气性较好的岩层向上泄放，瓦斯含量变小；如果煤层的倾角较小，瓦斯不容易向上泄放，就容易被某些透气性较差的岩层隔绝起来，煤层中瓦斯含量大。

（4）煤层露头。煤层有露头时，瓦斯可沿着煤层直接排到地面，露头存在时间越长，煤层中瓦斯含量越小。如果地面无露头，煤层中瓦斯含量就越大。

（5）地质构造。地质构造是影响煤层瓦斯含量的重要因素。封闭而完整的背斜轴部煤层瓦斯含量大；局部变厚的"大煤包"，瓦斯含量明显高于周围薄煤区；开放性断层使煤层瓦斯含量降低。

第 337 问　什么叫游离瓦斯？

游离瓦斯指的是，以完全自由的气体状态存在于煤层中较大的裂缝、孔隙或空洞之中的瓦斯。

第 338 问　什么叫吸附瓦斯？

吸附瓦斯指的是，滞留在煤体中微小孔隙表面的瓦斯。

第 339 问　游离瓦斯含量和吸附瓦斯含量分别与哪些因素有关？

游离瓦斯含量与煤体中空间、瓦斯压力和围岩温度的大小有关，通常占煤层现有瓦斯含量的 10%～20%。

吸附瓦斯含量与煤的结构特点和碳化程度有关，通常占煤层

现有瓦斯含量的 $80\% \sim 90\%$。

但是，游离瓦斯和吸附瓦斯处于不间断的动平衡状态。当外部压力降低、温度升高或者煤体结构遭到破坏时，吸附瓦斯将变为游离瓦斯；当外部压力增大或温度降低时，游离瓦斯将变为吸附瓦斯，这种部分瓦斯含量发生变化的现象分别叫做解吸和吸附。

第 340 问　什么叫煤层瓦斯压力?

煤层瓦斯压力指的是，煤层埋藏在一定深度时，煤层的孔隙、裂隙中的瓦斯对隙壁所产生的应力，单位是 Mpa。

第 341 问　煤层瓦斯压力分为哪几类?

煤层瓦斯压力可分为以下两类：
（1）煤层瓦斯原始压力。
煤层瓦斯原始压力指的是，未受开采和抽放影响的煤体内的瓦斯压力。
（2）煤层瓦斯残存压力。
煤层瓦斯残压力指的是，受开采和抽放影响的煤体内现存的瓦斯压力。

第 342 问　为什么会产生煤层瓦斯压力?

煤层瓦斯以游离状态和吸附状态存在于煤层的孔隙和裂隙中，由于游离瓦斯而显示出瓦斯压力；当煤层埋藏在一定深度时，孔隙和裂隙及其中的瓦斯均承受地应力的作用，孔隙和裂隙中的瓦斯因而具有压力。反过来孔隙和裂隙中的瓦斯又对孔隙壁和裂隙壁产生张应力，力图使煤体发生膨胀。因此，产生煤层瓦斯压力。

第 343 问　煤层瓦斯压力与哪些因素有关?

煤层瓦斯压力大小取决于该处总的地应力的大小,主要与以下两方面因素有关:

(1)煤层埋藏深度。在正常地质条件下,煤层瓦斯压力随煤层埋藏深度的增加而呈线性增加。在浅部由于构造应力的松弛作用及瓦斯风化带的影响,瓦斯压力一般非常小。随着深度增加,已没有瓦斯风化带影响,地应力则随深度线性增加,瓦斯压力也随着增加。

(2)地质构造。在地应力增高的地质构造带,煤层瓦斯压力增高。在地质构造带,由于受到构造应力的作用,煤体中有的孔隙和裂隙变窄,甚至闭合,这样一方面堵塞了瓦斯流动的通道,另一方面使其中的瓦斯继续受压缩,从而形成了局部瓦斯压力增高地带。

第 344 问　瓦斯有哪些性质?

瓦斯具有以下几方面性质:

(1)瓦斯是无色、无味、无臭的气体。

(2)瓦斯的相对密度为 0.554。

(3)瓦斯的扩散性很强,是空气的 1.6 倍。

(4)瓦斯微溶于水。

(5)瓦斯不助燃,但与空气混合达到一定浓度后,遇火源可以燃烧、爆炸。

(6)瓦斯本身无毒,但空气中瓦斯浓度增加时,会使氧含量相应减少,当空气中氧含量被降低到一定程度时,会使人因缺氧窒息。

第345问 瓦斯无色、无味、无臭的性质对人有什么危害?

瓦斯的性质是无色——人看不见;无味——人品尝不出来;无臭——人闻不出来,所以人们在井下很难发现瓦斯的存在。正因为瓦斯具有很强的隐蔽性和高速的扩散性,只有当人被熏倒、发生中毒后,才知道瓦斯已经超限了,这时预防瓦斯事故就非常被动了。故必须对瓦斯慎之又慎,真正防止瓦斯故事的发生。

第346问 瓦斯的相对密度0.554有什么危害?

瓦斯的相对密度为0.554,约为空气的一半,所以经常积聚在巷道空间的上部,特别是巷道冒顶空洞中,采煤工作面上隅角和采空区高冒处,积聚的瓦斯浓度容易达到爆炸界限,但又不容易察觉或不容易被检测出来。在放顶煤开采的综采工作面,采空区高浓度瓦斯常积聚在高冒处,处理起来十分困难,成为瓦斯爆炸的重要原因之一。

另外,当发生瓦斯突出事故或瓦斯涌出加大时,高浓度瓦斯大部分位于巷道上部,人们在巷道中行走或避灾时,最容易吸入,造成不安全隐患,这时人们必须弯腰或者爬在地面上前进。

第347问 瓦斯燃烧、爆炸有什么危害?

瓦斯在一定条件下,会发生燃烧、爆炸。燃烧、爆炸形成的高温能烧伤、烧死人员,烧毁设备、材料和煤炭资源;燃烧、爆炸生成的大量有毒、有害气体,会使大批人员窒息、中毒甚至死亡,巷道和设备毁坏;爆炸还可以扬起大面积巷道积尘,使之参与爆炸,后果更加惨烈。

第 348 问　瓦斯爆炸的本质是什么?

瓦斯爆炸的本质是,一定浓度的瓦斯和空气中的氧气,在一定温度作用下产生的激烈的化学反应。反应过程非常复杂,而且在极短时间内活化反应越来越迅速,以极其猛烈的爆炸形式表现出来。

瓦斯爆炸的化学反应式是:

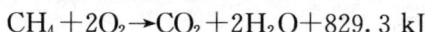

$CH_4 + 2O_2 \rightarrow CO_2 + 2H_2O + 829.3 \text{ kJ}$

第 349 问　瓦斯爆炸的基本条件是什么?

瓦斯爆炸的基本条件是以下 3 个,且缺一不可:

(1) 一定浓度的瓦斯。

(2) 一定浓度的引炸火源。

(3) 一定浓度的氧气。

第 350 问　瓦斯浓度与瓦斯爆炸有什么关系?

瓦斯爆炸是在一定瓦斯浓度范围内发生的。这个浓度范围叫做爆炸界限。最低浓度界限叫做爆炸下限,最高浓度界限叫做爆炸上限。在新鲜空气中瓦斯爆炸界限一般为 $5\% \sim 16\%$。

当瓦斯浓度低于 5% 时,遇火源不爆炸,只在火焰外围呈浅蓝色或淡青色燃烧层。

当瓦斯浓度高于 16% 时,遇火源既不燃烧也不会爆炸。但是,如果继续供给新鲜空气,将使瓦斯浓度降到爆炸界限以内,发生瓦斯爆炸。

瓦斯浓度达到 9.5% 时,瓦斯爆炸时混合气体中的氧气和瓦斯全部参与爆炸,爆炸威力最强。

但是,瓦斯爆炸界限与很多因素有关,例如,在混合气体中混入其他可燃气体和煤尘，或者混合气体的压力和温度升高，将使瓦斯爆炸界限扩大；如果混入惰性气体，还可以使爆炸界限缩小，甚至失去爆炸性。

第 351 问　什么叫引炸火源温度？煤矿井下主要引炸火源有哪几种？

点燃瓦斯所需要的最低温度叫做引炸火源温度。在一般情况下瓦斯引火温度为 650～750 ℃。

在煤矿井下，明火、煤碳自燃，电气火花、杂散电流、赤热的金属表面、撞击或摩擦等都是以瓦斯引炸火源。另外，火柴的明火温度可达 1 200 ℃，点燃香烟温度 600～800 ℃，它们也可以成为瓦斯引炸火源。

第 352 问　什么叫瓦斯爆炸引火延迟现象？什么叫感应期？

由于瓦斯爆炸是一个极其复杂的化学反应过程，爆炸的产生与形成需要一定的时间，所以即使瓦斯浓度达到了爆炸界限，但遇到高温火源也不会立即爆炸。这种需要延迟一个很短时间才能爆炸的现象叫做引火延迟现象。

瓦斯爆炸所需要的引火延迟时间叫做感应期。

第 353 问　感应期的长短与哪些因素有关？

感应期的长短与瓦斯浓度、引火温度的压力有关系。一般来说，瓦斯浓度越大，感应期越长；引火温度越高，感应期越短；压力越大，感应期越短。

第 354 问 瓦斯爆炸的感应期对煤矿 安全生产有什么重要作用?

瓦斯爆炸的感应期虽然很短,例如,当瓦斯浓度 6%、火温温度 700 ℃时,感应期约为 10.2 s,也就是说在这种条件下瓦斯不会发生爆炸,人们可以利用这 10.2 s 时间,做好安全工作。举例说明如下:

(1) 在井下爆破工程中,炸药爆炸的初温能达 2 000 ℃,爆炸产物温度高达 4 500 ℃,但是这种高温存在的时间通常很短,小于瓦斯爆炸的感应期,不会引起瓦斯爆炸。但如果使用劣质炸药或非煤矿安全炸药,高温存在的时间可能大于感应期,容易引起瓦斯爆炸。

(2) 矿用安全电气设备,在发生故障时能够迅速断电,其断电所需的时间小于感应期,也不会发生瓦斯爆炸。

第 355 问 氧气浓度与瓦斯爆炸有什么关系?

瓦斯爆炸界限与混合气体中氧气浓度密切相关。当氧气浓度降低时,瓦斯爆炸下限缓慢升高,而上限则急速降低,即瓦斯爆炸界限随氧气浓度的降低而变小。当氧气浓度降到 12%时,瓦斯混合气体就不会爆炸。

《煤矿安全规程》中规定,井下采掘工作面的进风流中,氧气浓度不低于 20%。所以,井下普遍存在着引炸瓦斯的氧气浓度。但是,如果对火区封闭不严,或启封火区时,由于新鲜空气不断流入,氧气浓度增加到 12%以上,就有可能发生瓦斯爆炸。

第 356 问　瓦斯爆炸产生的高温
对矿井安全和人体有什么危害?

瓦斯浓度为 9.5％时爆炸的瞬间温度，在自由空间内可达1 850 ℃，在封闭空间内最高可达 2 650 ℃。井下巷道呈半封闭状态，其爆炸温度将在 1 850～2 650 ℃之间。这样的高温灼热，不但人的皮肤和肌肉会被烧伤，就连呼吸器官和消化器官的黏膜也会遭到严重损伤；电气设备遭到毁坏，尤其是电缆和易燃材料，容易形成"二次火源"，引发火灾；还会引炸煤尘。

第 357 问　瓦斯爆炸形成的冲击波对矿井
安全和人体有什么危害?

在瓦斯爆炸过程中，气体温度骤然升高，引起气体压力的突然增大，据有关计算，爆炸后气体压力约为爆炸前的 9 倍。压力波发展产生冲击波。冲击波对巷道和巷道中的物体产生破坏作用。例如，移动和毁坏设备、巷道支护歪扭倾倒、顶板垮落、巷道断面变形、通风系统和通风设施遭到破坏。同时，冲击波通过时给人体带来创伤，甚至是致命的创伤。

第 358 问　什么叫瓦斯爆炸正向冲击?
什么叫瓦斯爆炸反向冲击?

瓦斯发生爆炸时，爆源附近的气体高速向外冲击，叫正向冲击。瓦斯爆炸发生时，由于正向冲击，加上爆炸后生成的一部分水蒸气很快凝聚，在爆源附近形成气体稀薄的低压区，于是被正向冲击的气体连同爆源周围气体又以高速从外向向爆源冲击，这种反向冲回爆源地的冲击叫做反向冲击。

第 359 问　为什么瓦斯爆炸反向冲击比正向冲击破坏力更大？

瓦斯爆炸反向冲击比正向冲击破坏力更大，主要表现在以下两个方面：

（1）瓦斯爆炸时产生的反向冲击力虽然比正向冲击力小，但是由于它是沿着被破坏的巷道反向破坏，所以损失更为惨重。

（2）如果反向冲击的空气中含有达到爆炸界限的瓦斯和氧气，而爆源附近引炸火源尚未熄灭，就容易引起"二次爆炸"。

第 360 问　瓦斯爆炸生成的有毒有害气体对人体有什么危害？

瓦斯爆炸后空气成分发生变化，氧气浓度下降到 6%～8%，生成大量的有毒有害气体，如二氧化碳浓度增加到 4%～8%，一氧化碳浓度增加到 2%～4%，致使人员因严重缺氧和吸入大量一氧化碳而窒息、中毒甚至死亡。多次爆炸事故证明，爆炸后的有毒有害气体的中毒是造成人员死亡的主要原因，占死亡总人数的 70%～80%。

第 361 问　瓦斯爆炸事故可分为哪几类？

瓦斯爆炸事故按照爆炸规模可分为以下 3 类：

（1）局部瓦斯爆炸。

局部瓦斯爆炸指的是瓦斯爆炸发生在采掘工作面、采空区或巷道的瓦斯积聚点，波及范围小，对人员伤害和矿井破坏不严重。

（2）大型瓦斯爆炸。

大型瓦斯爆炸指的是参与爆炸的瓦斯量大，波及范围广，对

131

人员的伤害和对矿井的破坏严重。

（3）瓦斯连续爆炸。

瓦斯连续爆炸指的是，当发生瓦斯爆炸后，接着发生第二次、第三次以至数十次爆炸，而间隔时间无规律可寻，对人员的伤害和对矿井的破坏十分严重。

第 362 问　什么叫瓦斯涌出？瓦斯涌出有哪两种形式？

当人们进行采掘活动时，煤体遭到破坏和影响，存留在煤体孔隙和裂隙中的瓦斯就会离开煤体而涌入采掘空间，这种现象叫做瓦斯涌出。

瓦斯涌出形式主要有普通涌出和特殊涌出两种。

第 363 问　什么叫瓦斯普通涌出？

瓦斯普通涌出指的是，瓦斯从采落的煤（岩）层的微小孔隙和裂隙，或者从煤（岩）层的暴露面上长时间、均匀地放出的形式。

瓦斯普通涌出是矿井瓦斯涌出的主要形式，涌出范围广、时间持续长、数量相对稳定。

第 364 问　什么叫瓦斯特殊涌出？

瓦斯特殊涌出包括瓦斯喷出和煤（岩）与瓦斯突出两种。在短时间内大量的瓦斯从煤（岩）体孔隙、裂隙、空洞或炮眼中异常涌出的现象叫喷出；如在喷出的同时，伴随有大量破碎的煤（岩）块被抛出的现象则叫突出。

瓦斯特殊涌出的范围是局部的，时间也较短，但瓦斯涌出的数量可能很大，而且由于突发性，往往造成极大的危害。

第365问　什么叫矿井瓦斯涌出量？
矿井瓦斯涌出量有哪两种计算方法？

矿井瓦斯涌出量指的是矿井中以普通涌出的形式涌出的瓦斯总和。

计算矿井瓦斯涌出量有绝对瓦斯涌出量和相对瓦斯涌出量两种方法。

第366问　什么叫矿井绝对瓦斯涌出量？
如何计算矿井绝对瓦斯涌出量？

矿井绝对瓦斯涌出量指的是，矿井在单位时间内涌出的瓦斯数量的总和。单位是 m^3/min 或 m^3/d。

$$q_绝 = Q \times C \times 60 \times 24$$

式中　$q_绝$——绝对瓦斯涌出量，m^3/d；

Q——矿井总回风巷风量，m^3/min；

C——矿井总回风巷的平均瓦斯浓度，%；

60×24——一天中的分钟数量。

第367问　什么叫矿井相对瓦斯涌出量？
如何计算矿井相对瓦斯涌出量？

矿井相对瓦斯涌出量指的是，矿井在正常生产情况下，平均每采1 t吨煤所涌出的瓦斯数量的总和。单位是 m^3/t。

$$q_相 = q_绝 / A$$

式中　$q_相$——相对瓦斯涌出量，m^3/t；

$q_绝$——绝对瓦斯涌出理，m^3/d；

A——矿井平均日产量，t。

第 368 问　影响矿井正常瓦斯涌出量的因素有哪几个？

影响矿井正常瓦斯涌出量主要因素有：煤层瓦斯含量、矿井开采规模、煤层开采程序、采煤方法、通风方式及地面大气压力等。

第 369 问　采煤方法对矿井正常瓦斯涌出量有什么影响？

采煤方法对矿井正常瓦斯涌出量的影响主要表现在以下几方面：

(1) 机械化采煤时，煤体破碎严重，瓦斯涌出量大。

(2) 回采率低的采煤工作面，瓦斯涌出量较大。

(3) 全部陷落法管理顶板时，瓦斯涌出量较大。

(4) 落煤工序使瓦斯涌出量较大。

(5) 采空区封堵不及时、不严密，会造成采空区瓦斯外涌；若对采空区瓦斯进行抽放，可降低其瓦斯外涌量。

第 370 问　地面大气压力对矿井 正常瓦斯涌出量有什么影响？

当地面大气压力突然降低时，矿井瓦斯涌出量会增大；当地面大气压力突然加大时，矿井瓦斯涌出量将减少。

第 371 问　矿井通风方式对矿井 正常瓦斯涌出量有什么影响？

当采取抽出式（负压）通风方式时，负压越高，矿井瓦斯涌出量就越大；当采取压入式（正压）通风方式时，风压较高，矿井瓦斯涌出量就越小。

第 372 问　什么叫煤（岩）与瓦斯（二氧化碳）突出？

在地应力和瓦斯（二氧化碳）压力的共同作用下，破碎的煤（岩）和瓦斯（二氧化碳）突然由煤体（岩体）内向采掘空间和巷道抛出的异常动力现象，叫做煤（岩）与瓦斯（二氧化碳）突出。

第 373 问　什么叫煤与瓦斯突出煤层？

在采掘过程中发生过煤与瓦斯突出的煤层叫做煤与瓦斯突出煤层。

第 374 问　什么叫煤与瓦斯突出矿井？

在采掘过程中发生过煤与瓦斯突出的矿井，叫做煤与瓦斯突出矿井。

第 375 问　煤与瓦斯突出有哪几种类型？

煤与瓦斯突出有以下三种类型：
（1）煤与瓦斯突然喷出（简称突出）。
（2）煤的压出伴随瓦斯涌出（简称压出）。
（3）煤的倾出伴随瓦斯涌出（简称倾出）。

第 376 问　煤与瓦斯突然喷出（突出）有哪些基本特征？

煤与瓦斯突然喷出（突出）有以下基本特征：
（1）突出的煤向外抛出的距离较远，具有分选现象。
（2）抛出的堆积角小于自然安息角。

（3）抛出的煤破碎程度较高，含有大量碎煤和一定数量手捻无粒感的煤粉。

（4）有明显的动力效应，如破坏支架、推倒矿车、损坏或移动安装在巷道内的设施等。

（5）有大量的瓦斯涌出，瓦斯涌出量远远超过突出煤的瓦斯含量，有时会使风流逆转。

（6）突出孔洞呈口小腔大的梨形、舌形、倒瓶形、分岔形以及其他形状。

第 377 问　煤的压出伴随瓦斯涌出（压出）有哪些基本特征？

煤的压出伴随瓦斯涌出（压出）有以下基本特征：

（1）压出有两种形式，即煤的整体位移和煤有一定距离的抛出，但位移和抛出的距离都较小。

（2）压出后，在煤层与顶板之间的裂隙中常留有细煤粉，整体位移的煤体上有大量的裂隙。

（3）压出的煤呈块状，无分选现象。

（4）巷道瓦斯涌出量增大。

（5）压出可能无孔洞或呈口大腔小的楔形、半圆形孔洞。

第 378 问　煤的倾出伴随瓦斯涌出（倾出）有哪些基本特征？

煤的倾出伴随瓦斯涌出有以下基本特征：

（1）倾出的煤就地按自然安息角堆积，无分选现象。

（2）倾出的孔洞多为口大腔小，孔洞轴线沿煤层倾斜或沿铅锤（厚煤层）方向发展。

（3）无明显动力效应。

（4）倾出常发生在煤质松软的急倾斜煤层中。

（5）巷道瓦斯涌出量明显增加。

第379问　岩石和二氧化碳（瓦斯）突出有哪些基本特征?

岩石与二氧化碳（瓦斯）突出有以下基本特征：

（1）在砂岩中进行爆破时，在炸药直接作用范围外，发生破碎的岩石被抛出的现象。

（2）有突出危险的砂岩岩层松软，呈片状、碎屑状，其岩芯呈凹凸片状，并具有较大的孔隙率和二氧化碳（瓦斯）含量。

（3）突出的砂岩中，含有大量的砂粒和粉尘。

（4）巷道二氧化碳（瓦斯）涌出量增大，并有明显的动力效应。

（5）在岩体中形成孔洞。

第380问　煤与瓦斯突出矿井（或煤层）的判定原则是什么?

煤与瓦斯突出矿井（或煤层）主要有以下三种判定原则：

（1）根据矿井实际发生的瓦斯动力现象制定。

确定矿井是否为突出矿井，主要以实际发生的瓦斯动力现象为依据。

（2）根据抛出煤炭的吨煤瓦斯涌出量判定。

当突出基本特征不明显时，抛出煤的吨煤瓦斯涌出量是判断煤与瓦斯突出的辅助指标。

（3）根据煤层突出危险性指标判定。

当根据（1）和（2）尚不能确定是否为突出现象时，应根据危险性指标，进行综合分析，加以判定。

第 381 问　瓦斯动力现象包括哪几方面内容？

瓦斯动力现象主要包括以下几方面内容：
(1) 孔洞形状及轴线与水平面夹角。
(2) 抛出的煤（岩石）量。
(3) 抛出煤的粒度及分选情况。
(4) 瓦斯动力现象发生地点附近围岩和煤层的破碎情况。
(5) 支架、巷道及设备破坏情况。
(6) 瓦斯动力现象发生前瓦斯压力及发生后的瓦斯涌出情况。
(7) 其他情况。

第 382 问　什么叫抛出煤炭的吨煤瓦斯涌出量？

瓦斯动力现象抛出煤炭的吨煤瓦斯涌出量指的是，瓦斯动力现象涌出的瓦斯量除以抛出的煤炭量，其单位为 m^3/t。

第 383 问　什么叫瓦斯动力现象涌出的瓦斯量？

当发生瓦斯动力现象时，回风巷中的瓦斯从升高开始，到恢复至瓦斯动力现象发生前状态的增量，叫做瓦斯动力现象涌出的瓦斯量。

第 384 问　什么叫瓦斯动力现象抛出的煤炭量？

当发生瓦斯动力现象时，抛出的煤炭量指的是堆积于原采掘工作面或巷道中的煤炭数量，其单位为 t。

第385问　如何计算瓦斯动力现象抛出的煤炭量？

瓦斯动力现象抛出的煤炭量，可以采取以下方法计算：

（1）实际清理出的煤炭量。

（2）按照煤炭的堆积体积计算，抛出煤炭的粒度差别较大时，可分别按照不同堆积密度计算，堆积煤炭的密度取值范围 $0.8 \sim 1.0 \ t/m^3$。

第二节　瓦斯等级鉴定及测量有关规定

第386问　什么叫瓦斯矿井？

《煤矿安全规程》中规定，一个矿井中只要有一个煤（岩）层发现瓦斯，该矿井即为瓦斯矿井。瓦斯矿井是低瓦斯矿井和高瓦斯矿井的总称。并且规定瓦斯矿井必须依照矿井瓦斯等级进行管理。

第387问　为什么要对矿井瓦斯进行分级管理？

矿井瓦斯是煤矿重大灾害之一。按照矿井瓦斯涌出量的大小及其危害程度，将瓦斯矿井分为不同的等级进行管理，其主要目的是为了做到区分对待，采取不同的有针对性的技术、管理和装备措施，对矿井瓦斯进行有效管理和事故防治，创造良好的井下作业环境，为矿井安全和人员生命安全提供保障。

第 388 问 矿井瓦斯等级是根据什么划分的?

矿井瓦斯等级,是根据矿井相对瓦斯涌出量、矿井绝对瓦斯涌出量和瓦斯涌出形式来划分的。

第 389 问 矿井瓦斯等级分为哪几级?

矿井瓦斯等级分为以下三级:
(1) 低瓦斯矿井。
(2) 高瓦斯矿井。
(3) 煤(岩)与瓦斯(二氧化碳)突出矿井。

第 390 问 什么是低瓦斯矿井?

低瓦斯矿井指的是,矿井相对瓦斯涌出量小于或等于 $10 \ m^3/t$ 且矿井绝对瓦斯涌出量小于或等于 $40 \ m^3/min$ 的矿井。

第 391 问 什么是高瓦斯矿井?

高瓦斯矿井指的是,矿井相对瓦斯涌出量大于 $10 \ m^3/t$ 或矿井绝对瓦斯涌出量大于 $40 \ m^3/min$ 的矿井。

第 392 问 采掘区具备什么条件时叫做瓦斯 (二氧化碳)喷出危险区域?

凡在 20 m 巷道范围内,瓦斯涌出量大于或等于 $1.0 \ m^3/min$,且持续时间在 8 h 以上时,该采掘区即定为瓦斯(二氧化碳)喷出危险区域。

第393问 什么叫高瓦斯区？

在低瓦斯矿井中，相对瓦斯涌出量大于 $10 \text{ m}^3/\text{t}$ 或有瓦斯喷出的个别区域（采区或工作面），叫做高瓦斯区。

高瓦斯区应按高瓦斯矿井管理。

第394问 为什么每年要对矿井瓦斯等级进行鉴定？

因为影响矿井瓦斯涌出量的因素很多，在生产过程中有很多因素是经常变化的。所以矿井瓦斯涌出量也是不断变化的，矿井瓦斯等级也有可能发生变化。经过矿井瓦斯等级鉴定，按矿井实际瓦斯等级供给所需风量，选用不同的机电设备，采取不同的措施加以管理，这样既能保证矿井安全生产，又避免不必要的人力物力浪费。因此，《煤矿安全规程》中规定，每年必须对矿井进行瓦斯等级和二氧化碳涌出量的鉴定工作。

煤矿必须严格按照《矿井瓦斯等级鉴定规范》（AQ1025—2006）的标准进行矿井瓦斯和二氧化碳涌出量测定工作，为煤矿瓦斯等级鉴定提供准确的基础数据。

第395问 矿井在设计前如何预测矿井瓦斯等级？

矿井在设计前可根据以下两种资料预测矿井瓦斯等级：

（1）地质勘探部门提供的煤层瓦斯含量。

（2）邻近生产矿井的瓦斯涌出量。

第396问 矿井瓦斯等级鉴定由哪些单位组织进行？

矿井瓦斯等级鉴定工作可由以下两个单位组织进行：

（1）煤矿企业组织鉴定。

（2）煤矿企业委托有资质的中介机构进行鉴定。

第397问　矿井瓦斯等级鉴定以什么为单位?

矿井瓦斯等级鉴定以自然井为单位。

第398问　矿井瓦斯等级鉴定报告必须报哪个单位审批和备案?

矿井瓦斯等级鉴定报告必须报省（自治区、直辖市）级负责煤炭行业管理的部门审批，并报省级煤矿安全监察机构备案。

第399问　矿井瓦斯等级鉴定应选择什么时间进行?

矿井瓦斯等级鉴定时间选择应符合以下要求：
（1）矿井瓦斯等级鉴定应在矿井正常生产条件下进行。
（2）矿井瓦斯等级鉴定应选择矿井绝对瓦斯涌出量最大的月份进行，一般选择 7 月份。
（3）在当月的上、中、下旬中间隔 10 天各取一天进行，如 5 日、15 日和 25 日三天。
（4）在一天安排三个班（或四个班）进行。
（5）在每一测定班中应选择生产正常的同一时刻进行。

第400问　矿井瓦斯等级鉴定测定内容是什么?

在进行矿井瓦斯等级鉴定时，测定内容主要包括以下"四量"：
（1）风量。
（2）风流中瓦斯和二氧化碳涌出量。
（3）瓦斯抽放量。

（4）月产煤量。

第401问 矿井瓦斯等级鉴定测点应如何选择？

由于确定矿井瓦斯等级时，按每一自然矿井、煤层、翼、水平和各采区分别计算相对瓦斯涌出量和绝对瓦斯涌出量，所以，测点应布置在每一通风系统的主要通风机的风硐、各水平、各煤层和各采区的进、回风道测风站内。如没有测风站，可选择断面规整并无杂物堆积的一段平直巷道作为测点。

第402问 基建矿井如何进行矿井瓦斯等级鉴定？

基建矿井瓦斯等级鉴定必须符合以下要求：

（1）正在建设的矿井每年也应进行矿井瓦斯等级的鉴定工作。

（2）在没有采区投产时，单条掘进巷道的绝对瓦斯涌出量大于 3 m^3/min，矿井应定为高瓦斯矿井。

（3）采区投产后，当采区相对瓦斯涌出量大于 10 m^3/t 时，矿井应定为高瓦斯矿井。

（4）在采掘过程中发生过煤（岩）与瓦斯（二氧化碳）突出时，矿井应定为煤（岩）与瓦斯（二氧化碳）突出矿井。

（5）除本题（2）、（3）和（4）情形外，矿井应定为低瓦斯矿井。

（6）如果鉴定结果与矿井设计不符，应提出修改矿井瓦斯等级的专门报告，报原设计单位同意。

第403问 矿井瓦斯等级鉴定使用哪些仪器仪表？
它们各有什么用途？

矿井瓦斯等级鉴定主要使用以下仪器仪表：

（1）风表（高、中、低三种）——测量风速。

（2）秒表——测量时间。

（3）瓦斯检定器——测量瓦斯和二氧化碳浓度。

（4）干湿温度计——测量空气温度、湿度。

（5）空盒气压计——测量大气压力。

（6）卷尺——测量长度。

第 404 问　矿井瓦斯检测仪器主要有哪几种?

矿井瓦斯检测仪器的种类很多。

（1）按检测参数分：有瓦斯、氧气和一氧化碳等。

（2）按检测功能分：有检测一种、两种及两种以上参数的。

（3）按工作方式分：有连续工作和间断工作的。

（4）按电路设计分：有一般型和智能型。

第 405 问　目前我国煤矿常用哪些瓦斯检测仪器?

目前我国煤矿常用的瓦斯检测仪器，主要有光学甲烷检定器、便携式瓦斯检测报警仪、智能式瓦斯检测报警记录仪、瓦斯氧气双参数检测仪和瓦斯报警矿灯等。

第 406 问　光学甲烷检测仪的用途是什么?

光学甲烷检测仪是煤矿井下用来测定瓦斯和二氧化碳浓度的主要仪器之一。

第 407 问　光学甲烷检测仪的特点是什么?

光学甲烷检测仪是一种便携式仪器，携带方便，操作简单，安全可靠，且有足够的精度。但是构造复杂，维修不方便。

第408问 光学甲烷检测仪测定的范围和精度是什么?

光学甲烷检测仪测定的范围和精度有以下两种:
(1) 测量瓦斯 0~10%,精度 0.01%。
(2) 测量瓦斯 0~100%,精度 0.1%。

第409问 光学甲烷检测仪的原理是什么?

光学甲烷检测仪以瓦斯与空气对光的的折射率不同为原理,当同一光源发出的两束光分别经过充有空气的参考气室与充有待测气样的气室时,两束光将产生干涉条纹,待测气样的瓦斯浓度不同,光干涉条纹的位置也不同,根据干涉条纹的位置可以测定瓦斯浓度。

第410问 光学甲烷检测仪有哪些优缺点?

(1) 光学甲烷检测仪的主要优点是:
①寿命长,除了电池和灯泡以外,没有易损易耗部件。
②可以用水柱压力法代替标准气样校正仪器,免除了配气的麻烦。
③测量范围宽。
(2) 光学甲烷检测仪的主要缺点是:
①选择性较差。被测气体中存在其他气体时,由于各种气体的折射率不同,对测定结果会产生干扰。
②当气样中气体组成成分发生变化时,气体的折射率也要改变,测量精度受湿度、气体成分、温度和压力的影响。
③读数不直观,不能自动测量和报警。

第411问　光学甲烷检测仪由哪几个系统组成?

光学甲烷检测仪由以下系统组成:
(1) 气路系统。
(2) 光路系统。
(3) 电路系统。

第412问　光学甲烷检测仪气路系统由哪些部件组成?

光学甲烷检测仪气路系统主要部件有:进气管、二氧化碳吸收管、水分吸收管、气室、吸收管、吸气橡皮球、毛细管等。

第413问　光学甲烷检测仪中的二氧化碳吸收管有什么作用?

光学甲烷检测仪中的二氧化碳吸收管装有颗粒直径为 $2 \sim 5$ mm 的钠石灰,当测定瓦斯浓度时,用于吸收混合气体中的二氧化碳,使之不能进入瓦斯室,以便能准确地测定瓦斯浓度。

第414问　光学甲烷检测仪中的水分吸收管有什么作用?

光学甲烷检测仪中的水分吸收管内装有氯化钙或硅胶,当测定瓦斯浓度时,用于吸收混合气体中的水分,使之不能进入瓦斯室,以便能准确地测定瓦斯浓度。

第415问　光学甲烷检测仪中的气室有什么作用?

光学四烷检测仪有两个气室,分别用于存储新鲜空气和含有瓦斯或二氧化碳的气体。

第416问　光学甲烷检测仪中的毛细管有什么作用？

光学甲烷检测仪中毛细管的外端连通大气，使存储新鲜空气的气室内的空气温度和绝对压力与被测地点（或存储瓦斯或二氧化碳的气室内）的空气温度和绝对压力相同，又使含瓦斯的气体不能进入存储新鲜空气的气室内。

第417问　如何检查光学甲烷检测仪药品性能？

检查光学甲烷检测仪药品性能应注意做到以下几点要求：
（1）吸收剂颜色发生变化，说明药品已经失效。
（2）药品颗粒过大时，不能充分吸收通过气体中的水分或二氧化碳，会影响测定结果。
（3）药品颗粒过小时，容易堵塞气流，甚至将药品粉尘吸入气室内，使测定数据不准确。

第418问　如何检查光学甲烷检测仪气路系统？

检查光学甲烷检测仪气路系统可以采用以下方法：
（1）检查吸气橡皮球是否漏气。其方法是用手捏扁吸气橡皮球，另一手捏住吸气橡皮球的胶管，然后放松吸气橡皮球，若吸气橡皮球不鼓起，说明不漏气。
（2）检查仪器是否漏气。其方法是将吸气橡皮球胶管同检测仪吸气孔连接，堵住进气管，捏扁吸气橡皮球，松手后球不鼓起，说明不漏气。
（3）检查气路是否畅通。其方法是放开进气管捏放吸气橡皮球，若吸气橡皮球扁、鼓自如则为不漏气。

第 419 问　如何检查光学甲烷检测仪光路系统？

检查光学甲烷检测仪光路系统可按以下步骤进行：

（1）按下光源电门，电目镜观察，并旋转目镜筒，调整到分划板刻度清晰为止。

（2）看干涉条纹，如果不清晰，取下光源盖，拧松光源灯泡后盖，调动灯泡后端小柄，并同时观察目镜内条纹，直至条纹清晰为止。

（3）拧紧光源灯泡后盖，装好仪器。

（4）如果电池无电，应及时更换新电池。

第 420 问　如何对光学甲烷检测仪进行校正？

国产光学甲烷检测仪的校正办法是，将光谱的第一条黑纹对在"0"上，如果第 5 条纹正在"7%"的数据上，表明条纹宽窄适当，可以使用；否则应调整光学系统。

第 421 问　如何清洁光学甲烷检测仪空气室？

光学甲烷检测仪空气室应定期进行清洗。在清洗空气室时，首先拆开后盖板，打开堵头，拔出毛细管，然后利用吸气橡皮球清洗空气室，使空气室经常保持新鲜空气。

第 422 问　使用光学甲烷检测仪测定瓦斯浓度的主要步骤是什么？

使用光学甲烷检测仪测定瓦斯浓度的主要步骤有以下二个：

（1）对零。

（2）测定。

第423问　为什么要在使用光学甲烷检测仪测定瓦斯浓度前进行对零工作？

光学甲烷检测仪的"对零"指的是，在待测瓦斯地点附近的进风巷道中，捏放吸气橡皮球数次，吸入新鲜空气清洗瓦斯室。这里的温度和绝对压力与待测瓦斯地点的温度和绝对压力相近，从而避免因温度和绝对压力的不同而引起零点"漂移"现象。当零点出现跑正或跑负时，测量的瓦斯浓度就不准确。为了保证光学甲烷检测仪测量的瓦斯浓度真正反映该地点的实际情况，在测定前必须对仪器进行"对零"工作。

第424问　如何对光学甲烷检测仪"对零"？

对光学甲烷检测仪"对零"步骤如下：

（1）对光学甲烷检测仪瓦斯室情况后，首先按下微读数按钮，观看微读数观测窗，并逆时针方向旋转微调螺旋，使微读数盘的零位刻度和指标线重合。

（2）按下光源按钮，观看目镜，打开主调螺旋盖，旋转主调螺旋，在干涉条纹中选定一条最明显的黑线作为基线，对准分划板的零位。

（3）最后盖好主调螺旋盖。在盖盖时要注意防止干涉条纹的移动（一边观看目镜，一边拧主调螺旋盖），同时盖盖后还要避免黑基线因碰撞而发生位置变化。

第425问　如何使用光学甲烷检测仪测定瓦斯浓度？

使用光学甲烷检测仪测定瓦斯浓度的步骤如下：

（1）在测定地点，将光学甲烷检测仪的进气管上安装二氧化碳吸收管，吸收二氧化碳，排除干扰，提高测量数据准确性。

（2）将光学甲烷检测仪的进气管送到待测位置。如果待测位置过高或过远，可在进气管上接长胶皮管，用竹木棍将胶皮管送到位。

（3）捏放橡皮吸气球5～10次，使含有瓦斯的待测混合气体吸入瓦斯室。

（4）按下光源按钮，由目镜中观察黑基线位移后最接近的整数数值，该整数数值即为测量瓦斯浓度整数的百分数。

（5）顺时针转动微调螺旋，使黑基线退到和该整数数值刻度相重合处，从微读数盘上观察小数位数值，该小数位数值即为测量瓦斯浓度小数的百分数。

（6）整数与小数相加，即为测量瓦斯浓度的数值。例如，从整数位读出数位1，微读数0.5，测量瓦斯浓度1.5%。

第426问　如何使用光学甲烷检测仪测定二氧化碳浓度？

使用光学甲烷检测仪测定二氧化碳浓度时，其"对零"和测定方法与测定瓦斯浓度相同。测定二氧化碳步骤如下：

（1）首先测量瓦斯浓度。

（2）取下仪器上接入于吸气管上的二氧化碳吸收管。

（3）捏放橡皮吸气球5～10次，测量二氧化碳和瓦斯混合气体的浓度。

（4）由混合浓度减去瓦斯浓度，即为二氧化碳浓度。

（5）当精确测定时，需将测得的二氧化碳浓度乘以校正系数0.955，但在一般情况下，由于二氧化碳和瓦斯折射率相关不大，故不作校正。

第427问　使用光学甲烷检测仪测量瓦斯和
二氧化碳浓度抽取气样位置有什么不同？

测量瓦斯和二氧化碳浓度时，应选择在瓦斯和二氧化碳容易积聚的位置抽取气样，即在瓦斯浓度和二氧化碳浓度高的位置抽取气样。因为瓦斯比重较空气轻，二氧化碳比重较空气重，所以瓦斯常积聚在巷道上部，二氧化碳常积聚在巷道下部，也就是说巷道上部瓦斯浓度较高，巷道下部二氧化碳浓度较高。所以，测量瓦斯浓度时，应在巷道上部抽取气样，而测量二氧化碳浓度时，应在巷道下部抽取气样，测量时应将二氧化碳吸收管和进气管分别置于巷道风流的上部边缘和下部边缘。

第 428 问　光学甲烷检测仪发生零点漂移有什么害处?

光学甲烷检测仪零点漂移后，检测瓦斯浓度时，测定结果会不准确。

第 429 问　光学甲烷检测仪发生零点飘移
的主要原因是什么?

光学甲烷检测仪发生零点飘移的主要原因有以下几方面:
（1）仪器空气室内空气不新鲜。
（2）对零地点与待测地点温度和气压不一样。
（3）瓦斯室气路不畅通。

第 430 问　如何解决光学甲烷检测仪
空气室内空气不新鲜的问题?

解决光学甲烷检测仪空气室内空气不新鲜的办法，除了定期清洗空气室以外，还要注意不得连班使用同一台光学甲烷检测仪，否则毛细管里的空气不新鲜，起不到毛细管的作用。

第 431 问　如何解决光学甲烷检测仪对零地点与待测地点温度与气压不一样的问题？

解决光学甲烷检测仪对零地点与待测地点温度和气压不一样的主要办法是，尽量在靠近待测地点、标高相差不大和温度相近的进风巷内对零。

第 432 问　如何解决光学甲烷检测仪气路不畅通的问题？

解决光学甲烷检测仪气路不畅通的主要办法是，要经常检查气路，如果发现气路有堵塞现象必须及时修理。

第 433 问　使用光学甲烷检测仪为什么要进行校正？

因为光学甲烷检测仪出厂时，是在温度 20 ℃、标准大气压力条件下标定刻度的。当被测地点空气温度和大气压力与标定刻度时的温度和大气压力相差较大时，测量的误差就大，必须对已测得的瓦斯或二氧化碳浓度值进行校正。

第 434 问　如何对光学甲烷检测仪的检测结果进行校正？

对光学甲烷检测仪校正的方法是，将已测得的瓦斯或二氧化碳浓度值乘以校正系数。

$$K' = 345.8\,\frac{T}{p}$$

式中　K'——校正系数；

　　　T——测定地点绝对温度，K。

$$T = t + 273$$

式中　t——测定地点摄氏温度，℃；

p——测定地点大气压力，Pa。

例如，测定地点温度 27 ℃、大气压力 86 645 Pa，测得瓦斯浓度值 2.0%，则

$$T=27+273$$

$$K'=345.8\frac{300k}{86\ 645}$$

$$=1.197$$

校正后瓦斯浓度为 2.0%×1.197=2.39%。

第 435 问　便携式甲烷检测报警仪有什么作用？

便携式甲烷检测报警仪是一种携式可连续测定空气中瓦斯浓度的电子仪器，当瓦斯浓度超过设定的报警值时，仪器能发出声、光报警信号。所以，便携式甲烷检测报警仪具有连续监测、自动报警的作用。

第 436 问　便携式甲烷检测报警仪有什么优缺点？

便携式甲烷检测仪报警仪具有体积小、质量轻、检测精度高、读数直观、连续检测、自动报警等优点，它便于携带，在煤矿井下应用很普遍。但是，它主要用来检测低浓度瓦斯，同时维修要求水平较高。

第 437 问　便携式甲烷检测报警仪如何分类？

目前，国内外尚无统一、明确的便携式甲烷检测报警仪的分类方法。在一般情况下，可按以下方法进行分类：

（1）按检测原理分类。

①热导式。

②热效式。

③半导体气敏元件式。

（2）按功能分类。

①检测仪。

②报警仪。

③测报仪。

（3）按电路结构及显示方法分类。

①数字式。

②模拟式。

（4）按工作方式分类。

①连续式。

②间断式。

（5）按用途种类分类。

①单用途。

②多用途。

第438问　便携式甲烷检测报警仪的测量范围是多少？

便携式甲烷检测报警仪的测量范围一般为 $0\sim40\%CH_4$ 或 $0\sim5.0\%CH_4$。

第439问　便携式甲烷检测报警仪为什么 不能测量高浓度瓦斯？如何实现这一要求？

为避免便携式甲烷检测报警仪中载体催化元件受高浓度瓦斯冲击后"激活"的问题，确保测定工作安全，所以规定仪器不能测量高浓度瓦斯。

为了实现这一要求，便携式甲烷检测报警仪没有保护功能，当瓦斯浓度大于 4%（或 5%）时，切断传感器供电电源，保护元件。

第 440 问　便携式甲烷检测报警仪测量误差是多少?

便携式甲烷检测报警仪的测量误差因测量范围不同而有所差别,总的来说,测量瓦斯浓度越高,测量误差越大,例如:

浓度 $0\sim1.0\%CH_4$ 时,误差 $\pm0.1CH_4$;

浓度 $1.0\%\sim2.0\%CH_4$ 时,误差 $\pm0.2CH_4$;

浓度 $2.0\%\sim4.0\%CH_4$ 时,误差 $\pm0.3CH_4$。

第 441 问　便携式甲烷检测报警仪不宜在哪些空气环境中使用?

便携式甲烷检测报警仪不宜在以下空气环境中使用:

(1) 含有 H_2S 的地区(对热效式而言)。

(2) 瓦斯浓度高于 4%(或 5%)时。

(3) 氧气浓度低于 15% 的地区。

(4) 含有硅蒸气的场所。

第 442 问　如何使用便携式甲烷检测报警仪测量瓦斯浓度?

使用便携式甲烷检测报警仪测量瓦斯浓度的步骤如下:

(1) 使用前必须充足电。

(2) 使用时在清洁空气中打开电源。

(3) 预热 15 min 后,观察指示是否为零,如有偏差,则需调整调零电位器使其归零。

(4) 测量时,用手将仪器的传感器部位举至或悬挂在待测地点,经十几秒钟的自然扩散,即可读取瓦斯浓度值。

第 443 问　使用便携式甲烷检测报警仪应注意哪些事项？

使用便携式甲烷检测报警仪应注意做到以下几点：

（1）要保护好仪器。在携带和使用过程中严禁摔打、碰撞、水淋或火烤。

（2）电压不足时使用将影响仪器的正常工作，并缩短电池使用寿命，因此，发现电压不足必须立即停止使用。

（3）对仪器的零点、测量精度和报警范围应定期校验，以便使仪器测量数据更加准确。

第 444 问　什么叫瓦斯报警矿灯？

矿灯上附加一个瓦斯报警电路，即为瓦斯报警矿灯。该仪器以矿灯电池为电源。

第 445 问　瓦斯报警矿灯有什么用途？

瓦斯报警矿灯具有矿灯的照明等作用，同时又具有瓦斯超限报警的功能。

第 446 问　瓦斯报警矿灯有哪些优缺点？

瓦斯报警矿灯具有体积小、质量轻、使用方便、价格低廉等优点；同时由于将矿灯功能和报警功能联在一起，携带了矿灯，就必然有报警装置，保证了工人的生命安全。

瓦斯报警矿灯的缺点是，其传感器为载体催化元件，每隔一周必须用校准气样标定一次，仪器没有显示部件，校正比较繁琐。

第 447 问　瓦斯报警矿灯主要分哪几种?

瓦斯报警矿灯现有数十种不同结构形式的产品,主要分以下几种:

(1) 按与头灯、矿帽的关系分类。

①一体式。

②分离式。

(2) 按报警方式分类。

①矿灯灯光闪烁。

②蜂鸣器和发光二极管报警。

(3) 按报警电路设置位置分类。

①头灯中。

②矿帽上。

(4) 按矿帽中报警电路安设部位分类。

①矿帽前方。

②矿帽后方。

③矿帽两侧。

第 448 问　一体式瓦斯报警矿灯和分离式瓦斯报警矿灯有什么区别?

一体式瓦斯报警矿灯和分离式瓦斯报警矿灯的主要区别在于以下几方面:

(1) 从报警方式看,一体式瓦斯报警矿灯为矿灯灯光闪烁;而分离式瓦斯报警矿灯为蜂鸣器和发光二极管报警。

(2) 从结构形式看,一体式瓦斯报警矿灯的报警电路与头灯或矿帽连为一体;而分离式瓦斯报警矿灯的报警电路与头灯或矿帽是可拆卸的。

(3) 从保管维护看,分离式瓦斯报警矿灯优于一体式。

（4）从使用效果看，一体式瓦斯报警矿灯与矿灯同时使用，不能自行将其拆除，所以使用效果优于分离式。

第449问　测量巷道风流中的瓦斯和 二氧化碳浓度应在哪些范围进行？

测量巷道风流瓦斯和二氧化碳浓度应在以下范围中进行：

（1）有支架的巷道，距支架和巷道底板各为 50 mm 的巷道空间内的风流中。

（2）无支架或用锚喷、砌碹支护的巷道，距巷道顶板、底板和两帮各为 200 mm 的巷道空间内的风流中。

第450问　测量矿井总回风、一翼回风和水平 回风巷道风流中的瓦斯和二氧化碳浓度应 在什么位置进行？

因为矿井总回风、一翼回风和水平回风都应设置测风站，所以在这些巷道风流中测量瓦斯和二氧化碳浓度时，都应选择在测风站内进行，因为这样测量的数据比较准确、可靠。

第451问　测量采区回风巷道风流中的瓦斯 和二氧化碳浓度应选择在什么位置进行？

测量采区回风巷道风流中的瓦斯和二氧化碳浓度时，其位置应选择在该采区全部回风流汇合后的风流中。

第452问　测量采煤工作面进风流中的瓦斯 和二氧化碳浓度应在哪些范围进行？

采煤工作面进风流中的瓦斯和二氧化碳浓度应在距采煤面煤

壁线以外 10 m 处的采煤工作面进风巷风流中进行测量。

采煤工作面进风流指的是采煤工作面进风巷道风流。

第 453 问　测量采煤工作面风流中的瓦斯和二氧化碳浓度应在哪些范围进行?

测量采煤工作面风流中的瓦斯和二氧化碳浓度时,应在距煤壁、顶板和底板各为 20 mm(小于 1 m 厚的薄煤层采煤工作面距顶板和底板各为 100 mm)和以采空区切顶线为界的采煤工作面空间风流中进行。

但是,采煤工作面回风上隅角及一段未放顶的巷道空间至煤壁线的范围空间中的风流,都按采煤工作面风流处理。

第 454 问　测量采煤工作面回风流中的瓦斯和二氧化碳浓度应在哪些范围进行?

采煤工作面回风流中的瓦斯和二氧化碳浓度应在距采煤面煤壁线 10 m 以外的采煤工作面回风巷风流中进行测量。

采煤工作面回风流指的是采煤工作面回风巷道风流。

第 455 问　采煤工作面测量瓦斯和二氧化碳浓度应在哪些位置设定测点?

采煤工作面测量瓦斯和二氧化碳浓度应在以下位置设定测点:

(1) 距采煤工作面煤壁线以外 10 m 处的进风巷道。

(2) 采煤工作面超前缺口处(上下缺口)。

(3) 采煤工作面下半部煤壁侧、输送机身和采空区侧三处。

(4) 采煤工作面上半部煤壁侧、输送机身和采空区侧三处。

(5) 采煤工作面上隅角。

（6）距采煤工作面煤壁线以外 10 m 外的回风巷道。

（7）采煤工作面回风流进入采区回风巷前 10～15 m 的回风巷道。

（8）巷道冒顶和工作面。

（9）回风流中电气设备附近 20 m 范围内的巷道。

第 456 问　什么叫掘进工作面风流？

掘进工作面风流指的是，掘进工作面迎头到局部通风机风筒出口巷道范围内的风流。

第 457 问　测量掘进工作面风流中的瓦斯和二氧化碳浓度应在哪些地点进行？

掘进工作面风流中的瓦斯和二氧化碳浓度的测量应在以下地点进行：

（1）在掘进工作面上部左、右角距顶板、巷帮、端面各 200 mm 处测量瓦斯浓度。

（2）在掘进工作面迎头第一架支架下部左、右柱窝距巷帮、底板各 200 mm 处测量二氧化碳浓度。

第 458 问　掘进巷道测量瓦斯和二氧化碳浓度应在哪些位置设定测点？

掘进巷道测量瓦斯和二氧化碳浓度应在以下位置设定测点：

（1）局部通风机附近 10 m 范围内的巷道。

（2）掘进工作面风流处。

（3）煤与半煤岩巷道回风巷每 100 m 处。

（4）掘进工作面回风流进入采区回风巷前 10～15 m 的回风巷道。

（5）回风巷内电气设备附近 20 m 范围内的巷道。

（6）掘进巷道冒顶处。

第 459 问　采煤工作面爆破地点哪些范围应测量瓦斯浓度?

采煤工作面爆破地点沿工作面煤壁方向两端各 20 m 范围内的采煤工作面风流，都必须测量瓦斯浓度。如果在此范围内瓦斯浓度超限，必须停止爆破工作。

第 460 问　掘进工作面爆破时哪些范围应测量瓦斯浓度?

掘进工作面爆破地点向外 20 m 范围内的巷道风流，都必须测量瓦斯浓度。如果在此范围内瓦斯浓度超限，必须停止爆破工作。

第 461 问　采掘工作面和巷道中的电动机及其开关哪些范围应测量瓦斯浓度?

采掘工作面和巷道中的电动机及其开关所在地点的上风流和下风流各 20 m 范围内的风流，都必须测量瓦斯浓度，并且取其最大值作为测量结果。

第 462 问　如何检查盲巷瓦斯和二氧化碳浓度?

盲巷内一般都会积聚瓦斯，有的甚至达到高浓度。进入盲巷检查瓦斯和二氧化碳浓度时必须注意做到以下几项安全事项：

（1）首先检查自己携带的矿灯、自救器和甲烷检测仪，确认完好可靠，方可进入盲巷。

（2）先检查盲巷入口处的瓦斯和二氧化碳浓度，其浓度均小于 3.0% 时，才能由外向里逐段检查。

（3）瓦斯和其他有毒有害气体浓度大时，必须 2 人同时进入盲巷内，一前一后，一人测量一人监护。

（4）发现盲巷瓦斯或二氧化碳浓度达到 3.0％或 3.0％以上时，必须立即停止测量，返回新鲜空气处。

（5）进入盲巷还应注意顶板掉矸，如果遇到盲巷内冒顶，必须停止前进。

（6）在盲巷测量瓦斯和二氧化碳浓度的同时，还应测量氧气和其他有毒有害气体浓度，防止引起窒息或中毒事故。

第 463 问　如何检查巷道高冒区的瓦斯浓度？

巷道高冒区由于通风不良，一般都会积聚瓦斯。测量高冒区瓦斯浓度时，人员不能进入高冒区或头部探进高冒区内，以防瓦斯窒息、中毒事故发生。可以采用接长胶皮管绑在竹、木棍上，伸到高冒区内进行抽气取样，由外向里逐段测量。

第 464 问　如何测量采煤机附近的瓦斯浓度？

测量采煤机附近瓦斯浓度的内容有以下两项：

（1）测量采煤机前后 20 m 范围内的瓦斯浓度，测量地点在距煤壁 300 mm、距顶板 200 mm 处。

（2）测量采煤机两滚筒间的瓦斯浓度，测量地点在滚筒间距煤壁 300 mm、距顶板 200 mm 处。

第 465 问　如何测量掘进机附近的瓦斯浓度？

测量掘进机附近瓦斯浓度的内容有以下两项：

（1）测量掘进机电动机附近 20 m 范围内的瓦斯浓度，测量地点在距顶板和距帮各 200 mm 处。

（2）测量掘进工作面端面至局部通风机风筒出风口范围内的

瓦斯浓度,测量地点在距顶板、巷帮和端面分别为 200 mm 处。

第 466 问　采掘工作面测量瓦斯和二氧化碳浓度的间隔时间有什么规定要求?

测量采掘工作面瓦斯和二氧化碳浓度的间隔时间要均匀,应做到以下要求:

(1) 采掘工作面每班检查 3 次时,其间隔时间一般为2~3 h。

(2) 采掘工作面每班检查 2 次时,其间隔时间一般为3~4 h。

(3) 停工的采掘工作面及其他地点,停工期间每班检查 1 次时,班与班检查间隔时间不能过大或过小。

第 467 问　为什么要取最大值作为瓦斯和二氧化碳浓度值?

在测量瓦斯和二氧化碳浓度时,一般要进行 3 次测量,并取其最大值作为瓦斯和二氧化碳浓度值。因为最危险的就是最大值,如果使用平均值就可能引起错觉,产生麻痹思想而导致瓦斯事故发生。

第 468 问　什么叫瓦斯检查"三对口"?

瓦斯检查"三对口"指的是,瓦斯检查工随身携带的瓦斯检查记录本、设在检查地点的瓦斯检查记录牌板和当班汇报本(设在地面通风区队)三者所填写的检查内容、检查结果必须齐全、一致。

第469问　如何填写瓦斯检查记录本?

瓦斯检查记录本必须做到检查 1 次立即填写 1 次,不得将全班检查的 2 次或 3 次结果一次性填写。否则,将追查为假检、漏检事故。

第470问　瓦斯检查记录牌板应填写什么内容?

瓦斯检查记录牌填写内容应包括:检查地点名称、瓦斯和二氧化碳浓度、其他有毒有害气体浓度、温度、检查日期、班次、时间、次序和瓦斯检查工姓名。

第471问　如何保管、爱护瓦斯检查记录牌板?

瓦斯检查记录牌板是重要的"一通三防"设施之一,必须妥善地加以保管、爱护。
(1) 牌板应吊挂在顶板完好无淋水地点。
(2) 牌板要保持板面干净,书写整洁、清楚。
(3) 任何人不得随意破坏牌板的完整性,不得随意涂改板上数据,不得随意移动牌板。
(4) 随着瓦斯检查地点的变化,由瓦斯检查工及时移动牌板,保证牌板吊挂到位。

第472问　瓦斯检查工为什么要实行交接班?

瓦斯检查工在井下指定地点实行交接班是煤矿"一通三防"管理的一项重要内容。其目的主要是以下两点:
(1) 防止瓦斯检查工由于迟到、早退、缺席而出现有的区域、路线瓦斯检查空岗状态。

（2）便于交接两班做到底数清楚、责任分明，避免出现由于情况不清而影响安全的理解。

第473问　瓦斯检查工交接班的主要内容是什么？

瓦斯检查工交接班的主要内容有以下几方面：

（1）分工范围内的通风、瓦斯和生产情况有无异常。通风、瓦斯出现异常应如何处理，还有哪些问题需要进一步处理和应采取的措施。

（2）分工范围内的"一道三防"设施、设备完好正常情况，是否需要进一步维修、增减。

（3）领导交给任务的落实情况，是否需要进一步处理。

接班人对交接班了解清楚后，交接班双方都必须在交接班手册上签名，以备后查。

第474问　如何采用地勘钻孔解吸法测定瓦斯含量？

采用地勘钻孔中直接测定煤层瓦斯含量，有时叫解吸法或直接法。瓦斯含量由实测的瓦斯解吸量、实测的瓦斯残存量和推算的瓦斯损失量等三部分组成。

测定瓦斯含量时具体步骤如下：

（1）采样。

（2）测定现场瓦斯解吸量。

（3）推算瓦斯损失量。

（4）测定实验室瓦斯残存量。

（5）计算煤层瓦斯含量。

第475问　如何在井下直接测定煤层瓦斯压力？

在井下选择合适地点对煤层进行钻孔，及时封孔并充入气体，利用煤层瓦斯的自然渗透作用使钻孔处与未钻孔处煤层瓦斯压力相对平衡，测定钻孔处煤层瓦斯压力即为煤层的瓦斯压力。

第 476 问　直接测定井下瓦斯压力时如何选择测定地点？

直接测定井下瓦斯压力时，测定地点应尽量选择在石门或岩巷中，并避开含水层、开采、抽放或其他人为影响的地点。

第 477 问　直接测定井下瓦斯压力时对钻孔有哪些规定要求？

测压钻孔应符合以下几方面的规定要求：

（1）钻孔的开孔位置应选择在岩石完整、岩性致密、支护良好的地点。

（2）钻孔长度应保证测压所需的封孔深度一般不大于 50 m。

（3）钻孔直径一般为 65～95 mm。

（4）钻孔应保证平直、孔形完整，穿层时应穿透煤层全厚，对于特厚煤层钻孔应钻入煤层 3 m。

（5）钻孔钻好后，应用压风或清水冲洗，保证孔内畅通。

第 478 问　直接测定井下瓦斯压力时对封孔有哪些规定要求？

测压钻孔的封孔工作应符合以下几方面的规定要求：

（1）封孔工作应在钻孔钻好后 24 小时内完成。

（2）钻孔为下扎方向时应将孔内积水清除掉。

（3）封孔深度视钻孔地点的岩性情况和封孔方法而定。一般来说，深度应大于钻孔巷道的影响区域。例如，胶囊—密封黏液封孔应不小于 10 m 深。

（4）穿层钻孔封孔深度不应进入被测煤层中。

（5）封孔材料视钻孔地点的岩性情况和钻孔长度而定，主要有注浆和胶囊—密封黏液两种。

第 479 问　直接测定井下瓦斯压力时如何确定测定间隔时间和周期？

在采用充入气体时应每天观测压力表 1 次，当煤层瓦斯压力小于 4 MPa，观测周期 5～10 天；大于 4 MPa，观测周期 10～20 天。在不充入气体时应至少 3 天观测 1 次，观测周期视煤层瓦斯压力及透气性大小的不同需 30 天以上，当压力变化连续 3 天小于 0.015 MPa/d 时，即可结束。

第 480 问　直接测量井下瓦斯压力时为什么要充入气体？充入气体的压力如何确定？

直接测量井下瓦斯压力时，为了加速瓦斯压力平衡，从而缩短测压所需要的时间，应向钻孔充入一定压力的气体，如 N_2 和 CO_2。

充入气体的压力应略高于预计的煤层瓦斯压力。

第三节　防止瓦斯超限作业措施

第 481 问　为什么把"瓦斯超限作业"列为煤矿重大安全生产隐患之一？

因为瓦斯超限是导致瓦斯事故的主要原因之一。为了预防因瓦斯超限时进行作业，产生引炸火源，而引起瓦斯事故的发生，国务院《关于预防煤矿生产安全事故的特别规定》中把"瓦斯超限作业"列为煤矿重大安全生产隐患之一。

第482问 有哪些情形时认定为"瓦斯超限作业"？

根据国家安全生产监督管理总局、国家煤矿安全监察局制定的《煤矿重大安全生产隐患认定办法（试行）》，有下列情形之一的，都认定为"瓦斯超限作业"：

(1) 瓦斯检查工配备数量不足的。

(2) 不按规定检查瓦斯，存在漏检、假检的。

(3) 井下瓦斯超限后不采取措施继续作业的。

第483问 瓦斯检查工数量如何配备？

瓦斯检查工必须按《煤矿安全规程》和实际工作需要配齐。瓦斯检查工的数量应充分考虑到井下瓦斯检查的实际需要。对《煤矿安全规程》要求配备专职瓦斯检查工的地点必须配齐专职瓦斯检查工，并保证煤矿井下其他作业地点和容易积聚瓦斯的地点，定人、定时进行瓦斯巡回检查的需要。在人员编制上，既要考虑到每班工作的需要，还要考虑到休假、培训及其他需要。确保煤矿有足够数量的瓦斯检查工，防止空班漏检。

第484问 高瓦斯矿井每班至少检查几次瓦斯？

高瓦斯矿井的所有采掘工作面、排放瓦斯尾巷、利用局部通风机通风的煤仓和巷道，每班至少检查3次瓦斯；机电硐室、已采区、无人工作区域和全负压通风的煤巷，每班至少检查1次瓦斯。

第485问 低瓦斯矿井每班至少检查几次瓦斯？

低瓦斯矿井的所有采掘工作面、利用局部通风机通风的煤仓和巷道，每班至少检查 2 次瓦斯；机电硐室、已采区、无人工作区域和全负压通风的煤巷，每班至少检查 1 次瓦斯。

第486问 采掘工作面在哪些条件下必须有
专人经常检查瓦斯，并安设甲烷断电仪？

具备以下条件之一的采掘工作面必须有专人经常检查瓦斯，并安设甲烷断电仪：
(1) 有煤（岩）与瓦斯突出危险的采掘工作面。
(2) 有瓦斯喷出危险的采掘工作面。
(3) 瓦斯涌出较大、变化异常的采掘工作面。

第487问 栅栏外和挡风墙外的瓦斯检查
次数是如何规定的？

《煤矿安全规程》中规定，井下停风地点栅栏外风流中的瓦斯浓度每天至少检查 1 次；挡风墙外的瓦斯浓度每周至少检查 1 次。

第488问 什么叫漏检瓦斯？什么叫假检瓦斯？

不按规定的地点和次数检查瓦斯叫漏检瓦斯。
检查瓦斯浓度不能真实反映该点瓦斯浓度情况，例如，没有到现场测量而随意编写瓦斯浓度或没有采取正确的测量方法而出现瓦斯浓度不准确等，叫做假检。

第489问 采掘工作面有哪些主要瓦斯检查地点?

采掘工作面主要瓦斯检查地点是以下各处:

(1) 采掘工作面主要检查工作面入风口、工作面风流、煤帮和上隅角、工作面回风口、尾巷等处。

(2) 掘进工作面主要检查工作面入风口、工作面风流、工作面回风口及分区回风距联络巷 30 m 等处。

(3) 采掘工作面所有爆破地点都必须实行"一炮三检",即装药前、爆破前和爆破后都要检查瓦斯。

第490问 如何检查煤仓瓦斯?

使用甲烷检测仪检查煤仓瓦斯时,以用胶皮管伸入煤仓内 2 m 处为准,瓦斯浓度达到 1.5% 时,附近 20 m 内停止电气设备运转。

第491问 矿井总回风巷或一翼回风巷中瓦斯浓度超过 0.75% 时应采取什么措施?

矿井总回风巷或一翼回风巷中瓦斯浓度超过 0.75% 时,必须立即查明原因,进行处理。

第492问 采区回风巷风流中瓦斯浓度超过 1.0% 时应采取什么措施?

采区回风巷风流中瓦斯浓度超过 1.0% 时,必须停止工作,撤出人员,采取措施,进行处理。

第493问 采掘工作面回风巷风流中瓦斯浓度
超过1.0%时应采取什么措施?

采掘工作面回风巷风流中瓦斯浓度超过1.0%时,必须停止工作,撤出人员,采取措施,进行处理。

第494问 采掘工作面及其他作业地点风流
中瓦斯浓度达到1.0%时应采取什么措施?

采掘工作面及其他作业地点风流中瓦斯浓度达到1.0%时,必须停止用电钻打眼。

第495问 爆破地点附近20 m以内风流中
瓦斯浓度达到1.0%时应采取什么措施?

爆破地点附近20 m以内风流中瓦斯浓度达到1.0%时,严禁爆破。

第496问 采掘工作面及其他作业地点风流
中瓦斯浓度达到1.5%时应采取什么措施?

采掘工作面及其他作业地点风流中瓦斯浓度达到1.5%时,必须停止工作,切断电源,撤出人员,进行处理。

第497问 电动机或其开关安设地点附近20 m以
内风流中瓦斯浓度达到1.5%时应采取什么措施?

电动机或其开关安设地点附近20 m以内风流中瓦斯浓度达到1.5%时,必须停止工作,切断电源,撤出人员,进行处理。

第498问 采掘工作面及其他巷道内，体积大于 0.5 m³ 的空间内积聚的瓦斯浓度达到 2.0%时应采取什么措施?

采掘工作面及其他巷道内，体积大于 0.5 m³ 的空间内积聚的瓦斯浓度达到 2.0%时，附近 20 m 内必须停止工作，撤出人员，切断电源，进行处理。

第499问 凡因瓦斯浓度超过规定被切断电源的电气设备，在什么条件下方可通电开动?

凡因瓦斯浓度超过规定被切断电源的电气设备，必须在瓦斯浓度降到 1.0%以下时，方可通电开动。

第500问 如何确定局部瓦斯积聚?

采掘工作面及其他巷道内，体积大于 0.5 m³ 的空间内积聚的瓦斯浓度达到 2.0%时，叫做局部瓦斯积聚。测定瓦斯浓度时应在距顶板 200 mm、距煤帮 300 mm 处进行。

第501问 受矿井停风影响的地点，恢复送电应采取什么措施?

恢复矿井正常通风以后，所有受到停风影响的地点，电动机及其开关安设地点附近 20 m 的巷道内，都必须检查瓦斯，只有瓦斯浓度符合《煤矿安全规程》的规定时，方可开启。

第502问 停工区内瓦斯浓度达到3.0%时 应采取什么措施?

临时停工的地点不得停风;否则必须切断电源,设置栅栏,提示警标,禁止人员进入,并向矿调度室报告。停工区内瓦斯浓度达到3.0%不能立即处理时,必须在24 h内封闭完毕。

第503问 恢复局部通风机正常通风应采取哪些措施?

局部通风机因故停止运转,在恢复通风前,必须首先检查瓦斯,只有停风区中最高瓦斯浓度不超过1.0%和最高二氧化碳浓度不超过1.5%,且符合局部通风机及其开关安设地点附近10 m以内风流中瓦斯浓度都不超过0.5%时,方可人工开启局部通风机,恢复正常通风。

第504问 设在回风流中的机电设备 硐室瓦斯浓度有什么限制?

井下个别机电设备硐室,可设在回风流中,但此回风流中的瓦斯浓度不得超过0.5%,并必须安装甲烷断电仪。

第505问 在排放瓦斯过程中应采取哪些安全措施?

在排放瓦斯过程中,排出的瓦斯与全风压风流混合处的瓦斯和二氧化碳浓度都不得超过1.5%,且采区回风系统内必须停电撤人,其他地点的停电撤人范围应在措施中明确规定。

第 506 问 矿井开拓新水平和准备新采区的回风 在引入生产水平的进风中时对瓦斯浓度有什么限制?

矿井开拓新水平和准备新采区的回风,在未构成通风系统前,可将回风引入生产水平的进风中,但是回风流中的瓦斯和二氧化碳浓度都不得超过 0.5%,并制定安全措施,报企业技术负责人审批。

第 507 问 采掘工作面采用串联通风时 对瓦斯浓度有什么限制?

井下采掘工作面采用串联通风时,进入被串联工作面的风流中瓦斯浓度和二氧化碳浓度都不得超过 0.5%,而且在该风流中安装甲烷断电仪。

第 508 问 采煤工作面专用排瓦斯巷内 风流中的瓦斯浓度有什么限制?

采煤工作面专用排瓦斯巷道内风流中的瓦斯浓度必须符合以下几方面规定要求:

(1) 专用排瓦斯巷内回风流中的瓦斯浓度不得超过 2.5%。

(2) 在专用排瓦斯巷道内进行巷道维修工作时,瓦斯浓度必须低于 1.5%。

(3) 专用排瓦斯巷内必须安设甲烷传感器,甲烷传感器应悬挂在距专用排瓦斯巷回风口 15 m 处,当甲烷浓度达到 2.5%时,能发出报警信号并切断工作面电源,工作面必须停止工作,进行处理。

第 509 问　井下临时抽放瓦斯泵站对瓦斯浓度有哪些限制?

井下临时抽放瓦斯泵站下风侧栅栏，必须安设甲烷断电仪或甲烷传感器。其报警浓度≥1.0%CH_4，断电浓度≥1.0 CH_4，断电范围是抽放瓦斯泵，复电浓度<1.0%CH_4。

第 510 问　利用瓦斯时，瓦斯浓度低于 30%应如何处理?

由于空气与瓦斯混合时，瓦斯浓度的爆炸上限是 16%，考虑到留一倍的安全系数，所以利用瓦斯时，瓦斯浓度不得小于30%，否则应查明原因，进行处理，禁止利用。

第 511 问　不利用瓦斯时采用干式抽放
瓦斯泵瓦斯浓度为什么不得低于 25%?

采用干式抽放瓦斯泵，不利用瓦斯时，因该抽放设备无水环安全封闭，有产生机械火花引爆瓦斯的可能性。因此，对它提出了更严格的要求，即瓦斯浓度不得低于 25%，高出瓦斯爆炸上限浓度 9%，以确保安全。

第 512 问　预防瓦斯爆炸有哪些措施?

预防瓦斯爆炸的主要措施有以下两方面：

(1) 防止瓦斯积聚。

①加强通风。矿井通风是防止瓦斯积聚的基本措施，只有供风稳定、连续、合理，才能保证及时冲淡和排除瓦斯。

②抽放瓦斯。瓦斯涌出量大，采用正常通风解决瓦斯问题仍达不到要求时，应提前对瓦斯进行抽放。

③严格检查。严格按照《煤矿安全规程》和有关规定对瓦斯

进行检查，严禁漏检、假检。

④及时处理。发现瓦斯积聚，必须及时采取措施进行排放和处理。

(2) 杜绝引爆火源。

对生产中可能出现的引炸火源，必须严加管理和控制。

第513问　在煤矿井下哪些地点容易发生瓦斯事故？

瓦斯事故在煤矿井下任何地点都有发生的可能性，但大部分瓦斯事故发生在采掘工作面。采煤工作面上隅角、采煤机割煤地点、掘进工作面巷道隅角、顶板冒落空洞内、低风速巷道的顶板附近、停风的盲巷中、综采工作面放顶煤的放煤口及采空区边界处等都是瓦斯事故容易发生的地点，特别是掘进工作面发生的瓦斯事故约占瓦斯事故总数的80%左右。

第514问　采掘巷道瓦斯超限的主要原因是什么？

据有关统计资料，掘进巷道的瓦斯超限原因比例如下：

(1) 局部通风机停电停风，占35%。

(2) 与停电无关的局部通风机停止运转，占13%。

(3) 风筒损坏，占9%。

(4) 局部瓦斯积聚，占22%。

(5) 其他，占21%。

第515问　目前我国煤矿掘进工作面停电停风状况如何？

由于目前我国煤矿现场管理上的漏洞和机电设备方面的缺陷，掘进工作面停电停风仍经常发生。据我国46个局矿资料统计，局部通风机计划停电停风每月100次以上的占11.1%，每月50~100次的占11.3%，无计划停电停风就更突出了。所以，加强局部通风机的通风管理是掘进工作面安全生产的重点之一。

第 516 问　掘进巷道经常在哪些地点积聚瓦斯？

掘进巷道经常发生瓦斯积聚的地点主要有以下几处：
(1) 掘进巷道空洞中。
(2) 掘进巷道顶板附近。
(3) 回风巷道中。
(4) 报废的风巷和采空区连接处。
(5) 钻孔中和打钻时的孔口附近。
(6) 掘进机切割煤体附近。
(7) 刮板输送机的底槽中。
(8) 通风能力不足的工作面迎头。

第 517 问　如何防止采煤机附近的瓦斯积聚？

为了防止采煤机附近的瓦斯积聚，主要措施是提供采煤机附近必需的风速。据有关资料，在采煤工作面采用上行通风时风速 3.0 m/s，下行通风时风速 1.0 m/s，即可消除采煤机附近的瓦斯积聚。

第 518 问　如何防止掘进机附近的瓦斯积聚？

为了防止掘进机截割部附近的瓦斯积聚，主要措施是截割部上方，安装使用 2 个水风式喷射器，使风流经截割部流动到工作面。总风量不小于 16 m³/min 时，即可消除掘进机附近的瓦斯积聚。如果瓦斯涌出量很大或瓦斯喷出时，应该用水风式喷射器建立水幕，防止掘进机附近瓦斯混合气体的引燃。

第519问 采煤工作面的瓦斯主要来源有哪些?

采煤工作面的瓦斯主要有以下3个来源:

(1) 采煤工作面煤壁和采落煤的瓦斯。

(2) 采空区中来自邻近煤(岩)层、遗煤和岩石的瓦斯。

(3) 进风巷和运输巷中来自输送机的煤炭和巷中的瓦斯。

第520问 进入停风巷道检查瓦斯应注意哪些安全事项?

在一般情况下,不应进入停风巷内进行瓦斯检查工作。若在特殊情况下,如发现自然发火隐患,确需进入停风巷道内检查瓦斯,为保证检查人员人身安全,应注意以下几方面的安全事项:

(1) 佩戴好自救器。

(2) 瓦斯检查工作由工人共同进行,前后保持3~5 m的距离,后者负责监护前者。

(3) 检查开始时,应由外向里逐段检查,切勿进入巷道深处太远。

(4) 在检查瓦斯同时,还应检查氧气浓度。

(5) 在检查过程中,当发现瓦斯浓度达到3%或3%以上其他有毒有害气体浓度超过规定或氧气浓度低于规定时,应立即停止检查,迅速返回到新鲜空气处。

第521问 采煤工作面上隅角常指哪些部位?

采煤工作面上隅角指的是以下各部位:

(1) 按作业规程规定回风巷最后一架棚靠冒落侧1 m处。

(2) 使用液压支架工作面上隅角。

(3) 单体液压支柱最后一根支柱。

(4) 垛式液压支架最后一架挡矸帘。

（5）掩护支架最后一架掩护梁上端。

（6）木垛靠冒落侧 1 m 处。

第522问　为什么说采煤工作面上隅角是瓦斯积聚的重点部位？

采煤工作面的瓦斯从工作面和采空区最后都汇聚在工作面上隅角。再加上现场管理不善，工作面上隅角经常出现宽度加大、煤矸物料堆积的问题，造成风速低、风量不足，不能有效地把高浓度瓦斯冲淡和排除，所以工作面上隅角是瓦斯积聚的重点部位。

第523问　如何防治采煤工作面上隅角瓦斯积聚？

防治采煤工作面的上隅角瓦斯积聚的方法主要有以下几种：

（1）改善工作面通风方式。

（2）在上隅角设置移动式引射器。

（3）在上隅角上风侧设置斜风板或风障。

（4）增设局部通风机专吹上隅角。

（5）设置专用排放瓦斯巷。

（6）抽放采空区瓦斯。

第524问　如何改善工作面通风方式防治上隅角瓦斯积聚？

采煤工作面的通风方式多种多样，必须根据上隅角瓦斯积聚的程度来合理地进行选择。例如，在采用通常的 U 形通风方式时，即使在采空区的瓦斯涌出 $2\sim3$ m³/min 时，在上隅角也常常形成局部瓦斯积聚。防治上隅角瓦斯积聚最好的通风方式是 Y 形和 W 形通风方式。Y 形通风方式是在采空区中维护回风巷，由于采空区向回风巷漏风，使采空区涌入工作面上隅角的瓦斯减少，加之上部的新鲜风流还可以冲淡并排除采空区进入回风巷的瓦斯，更降低了上隅角瓦斯浓度。

第 525 问　如何使用引射器防治采煤工作面上隅角瓦斯积聚？

在工作面上隅角至回风道一段距离内设置一台移动式引射器，专门抽排上隅角积聚的瓦斯。

第 526 问　如何采用斜风板或风障防治采煤工作面上隅角瓦斯积聚？

在采煤工作面上隅角的上风侧，斜着设置一道木板或帆布风障，迫使一部分风流改变流动方向，大部分风流流经工作面上隅角，将上隅角积聚的瓦斯冲淡并排除。

第 527 问　如何增设局部通风机防治采煤工作面上隅角瓦斯积聚？

在采煤工作面的进风上山或平行回风巷的巷道的新鲜风流中增设局部通风机，风筒经过工作面回风巷，直吹上隅角。利用局部通风机向工作面上隅角提供新鲜空气，由于它绕开了工作面直接进入上隅角，除冲淡上隅角积聚的瓦斯外，还减少了采空区的的瓦斯涌出。

第 528 问　如何利用专用排瓦斯巷防治采煤工作面上隅角瓦斯积聚？

在采煤工作面回风巷的采空区一侧，维护一段专为排放采空区瓦斯的尾巷,把工作面风流分成2部分,一部分风流将工作面涌出的瓦斯冲淡并清除;另一部分风流漏入采空区,冲淡上隅角附近瓦斯,并使上隅角瓦斯经回风尾巷排出。

此法适用于不易自燃煤层,而且要防止回风流中瓦斯超限。

第529问　在什么条件下采用抽放采空区瓦斯防治工作面上隅角瓦斯积聚?

当采空区瓦斯涌出量较大时,如果不仅采煤工作面上隅角瓦斯经常超限,而且工作面采空区边界和回风侧也出现瓦斯超限现象,就可采用抽放采空区瓦斯的方法,减少进入工作面的瓦斯,防治工作面上隅角瓦斯积聚。

第530问　为什么要搞好瓦斯排放工作?

因通风机停止运转而造成巷道内瓦斯积存的现象时有发生,为了防止瓦斯灾害事故,必须及时地、安全地排除这些积存的瓦斯。在排放瓦斯时,尤其是排放浓度超过3%、接近爆炸下限浓度的积存瓦斯时,一定要格外小心谨慎。必须制定针对该地点的专门安全排放措施,要严格执行。严禁"一风吹",否则可能造成重大瓦斯事故。所以,排放瓦斯是矿井瓦斯管理工作的重要内容之一,必须要搞好瓦斯排放工作。

第531问　煤矿井下哪些情况必须进行排放瓦斯工作?

煤矿井下凡遇下列情况都必须进行排放瓦斯工作:

(1)矿井因停电和检修,主要通风机停止运转或因巷道塌冒造成通风系统遭到破坏以后,在恢复通风前必须排放瓦斯。

(2)局部通风机因故停止运转,导致掘进巷道供风中断,在恢复掘进巷道通风前必须排放瓦斯。

（3）恢复已封闭的停工区或采掘工作面接近这些地点时，必须事先排除其中积聚的瓦斯。

（4）维修废旧报废老巷道时，必须提前将老巷中积存的瓦斯进行排放。

（5）瓦斯突出的孔洞中积聚大量瓦斯也必须进行排放。

第532问　为什么排放瓦斯要实行分级管理？

由于各种原因，不同条件下的巷道在停风后积存的瓦斯浓度也不尽相同，如果采取一个统一的管理方法，则显得较繁琐，没必要，甚至延误瓦斯排放时机，使瓦斯含量小迅速变成瓦斯含量大的状况，排放瓦斯更加困难，还会增加许多不安全因素。因此，为了及时、安全排放瓦斯，将排放瓦斯实行分级管理以区别对待是非常必要的。

第533问　瓦斯排放根据停风区中的瓦斯浓度分为哪两级？

根据停风区中的瓦斯浓度，瓦斯排放分为以下两个级别：

（1）一级排放：停风区中瓦斯浓度超过1%但不超过3%。

（2）二级排放：停风区中瓦斯浓度超过3%。

第534问　一级排放瓦斯有哪些规定要求？

一级排放瓦斯时，必须采取安全措施，控制风流排放瓦斯。因为停风区中瓦斯浓度不是很大，只要认真采取控制风流措施，完全可以做到安全排放的。所以，在一般情况下不必制定专门排放瓦斯的安全措施，但是必须有瓦斯检查工、安监工和电钳工等有关人员在现场值班，并严格控制风流。

第535问　二级排放瓦斯有哪些规定要求？

二级排放瓦斯时，因为停风区中瓦斯浓度比较大，必须制定安全排放瓦斯措施，并报矿技术负责人批准。在瓦斯排放工作中，必须由通风部门或矿山救护队负责实施，安监部门现场监督，如果由通风部门负责实施，现场必须有矿山救护队值班。

第536问　编制、贯彻和实施排放瓦斯措施应注意哪些安全事项？

瓦斯排放安全技术措施必须做到以下几方面规定要求：

（1）需要编制的瓦斯排放安全技术措施，必须具有极强的针对性，严禁使用"通用"措施，更不准几个地点共用一个措施。

（2）瓦斯排放安全技术措施应由通风部门负责编制。矿山救护队负责实施时，还需另外制定行动计划。

（3）瓦斯排放安全技术措施必须由生产、机电和安监等部门审鉴，并由矿技术负责人或总工程师进行批准。

（4）批准的瓦斯排放安全技术措施必须由有关领导负责贯彻，凡参加贯彻的人员必须亲自签名。

（5）排放瓦斯过程中，必须严格按照瓦斯排放安全技术措施实施，严禁"一风吹"。

第537问　瓦斯排放安全技术措施应包括哪些内容？

瓦斯排放安全技术措施应包括以下几方面内容：

（1）排放瓦斯的具体地点和时间安排。

（2）计算排放瓦斯量，预计排放所需时间。

（3）明确风流混合处的瓦斯浓度，制定控制送入独头巷道风量的方法。

（4）明确排放出的瓦斯所流经的路线，标明通风设施和电气设备的位置。

（5）明确撤人范围，并指定警戒人员位置。

（6）明确停电范围和停电地点及断、复电的执行人。

（7）明确检查瓦斯的地点和复电的执行人。

（8）明确排放瓦斯的负责人和实施人员名单及其分工。

（9）必须附有排放瓦斯示意图。图中应标明通风设施、电气设备、风流路线，以及警戒、瓦斯传感器和检查瓦斯的位置。

第538问　排放瓦斯前应注意哪些安全事项？

排放瓦斯前应做到以下几方面安全事项：

（1）必须检查局部通风机及其开关安设地点附近 10 m 以内风流中的瓦斯浓度，其浓度都不超过 0.5% 时方可人工启动局部通风机。

（2）严禁局部通风机出现循环风现象。

（3）停风瓦斯积聚巷道的回风流所经过的路线（包括受排放瓦斯风流影响的硐室、巷道和被排放瓦斯风流切断安全出口的采掘工作面等），必须切断电源，撤出人员。同时还应派出警戒人员，禁止一切人员通行。

第539问　瓦斯排放时应注意哪些安全事项？

瓦斯排放时应做到以下几方面安全事项：

（1）人工启动局部通风机向停风瓦斯积聚巷道吹入一定的有限风量，逐步排除巷道积聚的瓦斯。

（2）排放瓦斯时，应安排专人检查停风瓦斯积聚巷道回风流与全风压风流混合处的瓦斯浓度。

（3）当停风瓦斯积聚巷道回风流与全风压风流混合处的瓦斯浓度达到 1.5% 或 1.5% 以上时，应通知调节风量人员，减少向停风瓦斯积聚巷道吹入的风量，确保混合处的瓦斯和二氧化碳浓度不超限。

第540问　排放瓦斯后应注意哪些安全事项?

排放瓦斯后应做到以下几方面安全事项:

(1) 排放瓦斯后，经检查证实，整个停风瓦斯积聚巷道内风流中的瓦斯浓度不超过 1%、氧气浓度不低于 20% 和二氧化碳浓度不超过 1.5%，且稳定在 30 min 后瓦斯浓度没有变化时，说明瓦斯排放完毕，才可以恢复局部通风机正常通风。

(2) 停风瓦斯积聚巷道恢复正常通风后，必须由电钳工对巷道内的电气设备进行逐一检查，证实完好后，方可人工恢复局部通风机供风巷道的一切电气设备的电源。

(3) 在巷道回风系统内，解除警戒，撤除警戒人员，并恢复因排放瓦斯切断的电源。

第541问　如何控制排放风流中的瓦斯浓度?

在排放瓦斯过程中，为了使停风瓦斯积聚巷道风流与全风压风流处混合处的瓦斯浓度不超过 1.5%，一般都是采用限制吹入巷道的风量的方法，来控制混合处的瓦斯浓度。

目前，我国煤矿大多数采用以下几种方法来限制风量:

(1) 采用"智能性排放瓦斯器"。

(2) 采用风筒增阻法。

(3) 采用局部通风机外增阻法。

(4) 采用风筒接头错开法。

(5) 采用"卸压三通"调风法。

第542问 什么叫"智能性排放瓦斯器"排放法?

利用高速变频原理,调节局部通风机的转速和风量,改变排放瓦斯巷出口高浓度瓦斯的混合风流流量,使回风巷混合处的瓦斯浓度按排放瓦斯安全技术措施所规定的限制进行排放,从而实现自动、安全可靠地排放瓦斯。

第543问 如何采用风筒增阻法控制风量?

采用风筒增阻法控制风量的方法是,在局部通风机风筒上捆上绳索通过紧、松绳索调节风筒通过风流断面,从而控制局部通风机的风量。

第544问 如何采用局部通风机外增阻法控制风量?

采用局部通风机外增阻法控制风量的方法是,在局部通风机前用木板将局部通风机进风口档住一部分,根据需要逐渐移开木板位置,改变进风断面,从而控制局部通风机的风量。

第545问 如何采用错开风筒接头法控制风量?

采用错开风筒接头法控制风量的方法是,将局部通风机风筒接头断开,改变风筒相对空隙的面积大小,控制局部通风机的风量。

第546问 如何采用"卸压三通"控制风量?

采用"卸压三通"控制风量的方法是,在局部通风机的第一节风筒上设置"卸压三通",即增加一个旁支短节风筒,用绳索调节"卸压三通"的出风口断面的大小，来控制局部通风机吹入巷道的风量。

第 547 问　为什么要使用逐段法排放瓦斯？

停风瓦斯积聚巷道内，一般都没有敷设风筒，在排放瓦斯时，必须首先要敷设好风筒。如果采用一次性将风筒全部敷设到位的方法，不但敷设困难，工作量较大，而且作业人员要在无风的高浓度瓦斯巷道中操作，危险性也较大。所以，通常采用逐段法排放瓦斯。

第 548 问　什么叫逐段法排放瓦斯？

在停风瓦斯积聚巷道中，先接上一节风筒，对巷道中积聚的瓦斯进行排放，风筒前方的一段巷道的风流中的瓦斯浓度暂时降低，然后迅速地接上第二节风筒，接着排放前方巷道中积聚的瓦斯……如此一段一段前进的方法叫做逐段法排放瓦斯。

第 549 问　如何使用逐段法排放瓦斯？

使用逐段法排放密闭内积聚瓦斯的步骤如下：

（1）准备好足够的风筒和一根短节风筒（长约 5 m）。

（2）检查密闭处的瓦斯浓度，只有在瓦斯不超限的情况下才能开始进行排放密闭里的瓦斯工作。

（3）使用铜制工具打开密闭上角一小洞。

（4）启动局部通风机，先使风筒偏离洞口，然后逐渐靠近，同时检查瓦斯浓度。

（5）移动风筒出风口位置，利用进入洞内风量的大小来控制回风流中的瓦斯浓度。

（6）当回风流中的瓦斯浓度不超限时，再慢慢将洞扩大，直至将风筒顺利敷设到密闭内进行瓦斯排放。

（7）密闭前后瓦斯浓度不超过 1.5%时，全部打开密闭，排放人员进入密闭内。

（8）风筒出风口附近瓦斯浓度下降后，将风筒口扎小，加大出风射程，排出风筒口前方瓦斯。

（9）当风筒口前方瓦斯浓度不超过 1.5%时，及时接上短节风筒再对积聚瓦斯进行排放。

（10）当巷道中瓦斯浓度不超限的距离达 10 m 时，及时将短节风筒换上正常风筒。

（11）如此逐节接长风筒，逐段排放瓦斯，将全部巷道长度范围内的积聚瓦斯排放到规定安全值。

第 550 问　如何根据瓦斯涌出量计算瓦斯积聚量？

瓦斯积聚量与瓦斯涌出量和瓦斯涌出时间有关。

$$Q_{积}＝Q_{绝}×t_{停}$$

式中　$Q_{积}$——瓦斯积聚量，m^3；

　　　$Q_{绝}$——绝对瓦斯涌出量，m^3/min；

　　　$t_{停}$——巷道停电停风时间，min。

第 551 问　如何根据巷道规格计算瓦斯积聚量？

巷道中瓦斯积聚量与巷道中平均瓦斯浓度和巷道的规格有关。

$$Q_{巷}＝C_{均}×L×S$$

式中　$Q_{巷}$——巷道中瓦斯积聚量，m^3；

　　　$C_{均}$——巷道中平均瓦斯浓度，%；

　　　L——巷道长度，m；

　　　S——巷道面积，m^2。

第 552 问　如何排除巷道高冒处积聚的瓦斯？

巷道高冒处积聚瓦斯的排除方法主要有以下几种：
(1)"三通"排除法。
(2)压风排除法。
(3)风障排除法。
(4)充填排除法。

第 553 问　如何使用"三通"排除巷道高冒处积聚的瓦斯？

在巷道高冒处附近，从风筒接出"三通"，对着冒落空洞吹风，以排除洞内积聚的瓦斯。

第 554 问　如何使用压风排除巷道高冒处积聚的瓦斯？

在巷道高冒处附近，从压风管路上接出一个或几个分支风管，利用压风将积聚在巷道高冒处的瓦斯排除。如果巷道冒落高度不大，也可以根据冒落长度，在压风管路上打若干个小孔，利用小孔中射出的压风排除巷道高冒处积聚的瓦斯。

第 555 问　如何使用风障排除巷道高冒处积聚的瓦斯？

在巷道高冒处前方，设置向着巷道风流方向倾斜的风障，下端位于巷道风流中，上端斜插入巷道高冒空洞内，利用风障将巷道内一部分风流导引到巷道高冒空洞中，排除其中积聚的瓦斯。风障可用木板或风筒布做成。

第 556 问　如何使用充填法排除巷道高冒处积聚的瓦斯?

在巷道高冒处的下口架高棚梁，棚梁上铺木板或水泥板，上方空洞内充填黄土或砂子一类的不燃材料，或注入化学材料，将空洞中的瓦斯挤出，以达到排除其中积聚瓦斯的目的。

第 557 问　两个串联通风的采掘工作面排放
瓦斯的顺序应如何确定?

两个串联通风的采掘工作面排放瓦斯时，必须严格遵守排放顺序，严禁同时排放。首先应从进风方向第一台局部通风机开始排放，只有第一台局部通风机供风巷道排放瓦斯结束后，被串联的后一台局部通风机方可送电，启动局部通风机对瓦斯实施排放工作。

第 558 问　什么叫盲巷? 为什么矿井要
加强对盲巷的安全管理?

盲巷指的是只有一个通道且未通风的巷道。

盲巷内一般都积聚大量瓦斯和其他有毒有害气体，如果管理不善，极容易发生人员窒息或瓦斯爆炸事故。所以，盲巷的安全管理是矿井瓦斯管理中不可缺少的工作，必须加强对盲巷的安全管理。

第 559 问　如何减少盲巷的产生?

减少盲巷产生主要从以下几方面入手:

(1) 矿井生产、技术部门要把好设计、部署及现场施工等环节，做到巷道一开始施工就必须掘进到位，不得中途停工，尽快形成全风压通风系统，为减少盲巷产生创造有利条件。

（2）临时停工的地点不得停风。

（3）采取有效措施保证局部通风机正常运转，杜绝或减少掘进巷道的无计划停风。

第 560 问　如何加强对盲巷的安全管理？

矿井一旦出现盲巷，必须从以下几方面加强对盲巷的安全管理：

（1）盲巷内的瓦斯或二氧化碳达到 3.0% 或其他有毒有害气体超过规定时，不能立即处理的，必须在 24 小时内密闭完毕。

（2）密闭前 5 m 范围内都必须切断通向盲巷内的所有管线、铁道和切断电源。

（3）临时停风的盲巷当班必须在巷道口 2 m 以内设置临时栅栏，下班改永久栅栏，密闭前也要设置永久栅栏，并要揭示警标，禁止人员入内。

（4）盲巷必须进行定期检查。进入盲巷内进行检查必须制定专门的安全措施。

（5）盲巷管理要做到现场牌板、台帐、采掘工程图和通风系统图四对号。

第 561 问　栅栏设置的规格是什么？

栅栏的规格应符合以下几方面要求：

（1）当巷道高度小于或等于 1.8 m 时，应对巷道全断面设置栅栏。

（2）当巷道高度大于 1.8 m 时，栅栏设置高度不小于 1.8 m。

（3）栅栏孔格的规格尺寸不大于 200 mm×200 mm。

（4）栅栏必须设置牢固可靠。

（5）栅栏以外 5 m 范围内巷道支架完好，地面无淤煤（矸）及杂物积水。

第 562 问　盲巷管理台账应包括哪些内容？

盲巷管理台账应包括巷道名称、类别、断面、长度、形成时间、处理方法、检查时间及情况、检查人、存在的问题和整改负责人、整改完成时间、消除时间等。

第 563 问　设置密闭的盲巷应如何进行检查？

设置密闭的盲巷，每天至少检查 1 次。

检查的内容主要是密闭和栅栏的完好情况、密闭至巷道口巷道范围内的瓦斯和二氧化碳浓度，以及密闭前文明生产、清洁卫生等情况。

第 564 问　设置栅栏的盲巷应如何进行检查？

设置栅栏的盲巷，每班至少检查 1 次。

检查的内容主要是栅栏的完好情况、栅栏内侧 1 m 处至巷道口巷道范围内的瓦斯和二氧化碳浓度，以及栅栏前文明生产、清洁卫生等情况。

栅栏内的所有巷道每周至少检查 1 次。其检查内容主要是巷道内瓦斯、二氧化碳和其他有毒有害气体浓度。

第 565 问　为什么把"高瓦斯矿井未建立瓦斯抽放系统"列为煤矿重大安全生产隐患之一？

瓦斯抽放系统指的是，为了减少和解除矿井瓦斯对煤矿安全生产的威胁，利用机械设备造成的负压，将煤层中存在或释放出来的瓦斯，用管道输送到地面或其他安全地点的专门系统。

因为高瓦斯矿井瓦斯涌出量较大，如果管理不善，往往使人窒息中毒，甚至发生死亡，遇到火焰还会引发瓦斯爆炸事故。所以必须建立瓦斯抽放系统，对矿井高浓度瓦斯进行抽放，减少和消除瓦斯威胁，保证煤矿生产安全和人员生命安全。否则，将成为煤矿重大安全生产隐患之一。

第 566 问　有哪些情形时认定为 "高瓦斯矿井未建立瓦斯抽放系统"？

根据国家安全生产监督管理总局、国家煤矿安全监察局制定的《煤矿重大安全生产隐患认定办法（试行）》，有下列情形之一的，都认定为"高瓦斯矿井未建立瓦斯抽放系统"：

（1）1 个采煤工作面的瓦斯涌出量大于 5 m^3/min 或 1 个掘进工作面的瓦斯涌出量大于 3 m^3/min，用通风方法解决瓦斯问题而未建立瓦斯抽放系统的。

（2）矿井绝对瓦斯涌出量达到以下条件时而未建立抽放瓦斯系统的：

①大于或等于 40 m^3/min。

②年产量 1.0～1.5 Mt 的矿井，大于 30 m^3/min。

③年产量 0.6～1.0 Mt 的矿井，大于 25 m^3/min。

④年产量 0.4～0.6 Mt 的矿井，大于 20 m^3/min。

⑤年产量小于或等于 0.4 Mt 的矿井，大于 15 m^3/min。

（3）开采有煤与瓦斯突出危险煤层的，未建立瓦斯抽放系统的。

第 567 问　瓦斯抽放有哪些作用？

瓦斯抽放实质就是把瓦斯抽放出来，并加以综合利用，变害为利。其作用主要有以下几点：

（1）瓦斯抽放可以减少煤矿开采时瓦斯涌出量，从而能有效地减少和消除瓦斯隐患和各种瓦斯事故，提高矿井的安全可靠程度。

（2）瓦斯抽放可以降低矿井通风费用，同时还能解决单纯利用通风稀释瓦斯技术和经济不合理的难题。

（3）瓦斯抽放到地面可以加以综合利用，既充分利用能量，又减少排放到大气中造成环境污染问题。

第568问 矿井瓦斯抽放方法如何分类?

矿井瓦斯抽放方法多种多样，一般有以下三种分类：

（1）按抽放瓦斯的来源分类

①开采层瓦斯抽放。

②邻近层瓦斯抽放。

③采空区瓦斯抽放。

（2）按抽放与采掘的时间关系分类

①采前抽放（又叫预抽）。

②采中抽放（又叫边采边抽、边掘边抽）。

③采后抽放（又叫旧区抽放）。

（3）按施工工艺分类

①巷道抽放法。

②钻孔抽放法。

③混合抽放法。

第569问 矿井瓦斯抽放到地面有什么用途?

矿井瓦斯抽放到地面加以利用，变成一种宝贵的洁净能源，特别是当前人类面临资源危机和环境危机，综合利用瓦斯将取得显著的经济和社会效益。瓦斯主要用途如下：

（1）瓦斯作为燃料，既可用于民用，又可用于工业锅炉。

（2）瓦斯作为原料，可以生产炭黑，又可制取甲醛。

（3）瓦斯可直接作为发电厂的燃料。

（4）瓦斯可作为汽车的动力。

（5）其他用途，如瓦斯还是炼焦、烧砖、玻璃和陶瓷工业较理想的燃料。

第570问 井下临时抽放瓦斯泵站设置位置应如何选择？

井下临时抽放瓦斯泵站设置位置应从以下几方面考虑进行选择：

（1）泵站应设在抽放瓦斯地点附近。

为尽量缩短抽放管路负压段的长度，减少阻力，提高作用到钻孔或管口的抽放负压，从而增大抽放能力，临时抽放瓦斯泵站应设在抽放瓦斯地点的附近。

（2）泵站应设在新鲜风流中。

因为临时抽放瓦斯泵站是由电动机、抽放泵和开关等电气设备组成的，为防止处在正压管路中的瓦斯偶然泄漏而引起瓦斯事故，临时抽放泵站应设在新鲜风流中。

第571问 井下临时抽放瓦斯泵站排放的
瓦斯浓度有哪些规定？

临时抽放瓦斯泵站排放的瓦斯浓度应符合以下要求：

（1）泵站排出的瓦斯引入矿井总回风巷、一翼回风巷时，稀释后的风流中瓦斯浓度不得超过 0.75%。

（2）泵站排出的瓦斯引入采区回风巷时，稀释后的风流中瓦斯浓度不得超过 1.0%。

（3）泵站排出的瓦斯直接引入永久抽放系统的管路中，则必须保证永久抽放系统管路中的瓦斯浓度不得低于 25%（干式抽放设备或 30% 利用瓦斯时）

第572问 井下临时抽放瓦斯泵站应采取哪些安全措施?

为了防止临时抽放瓦斯泵站排出的较高浓度的瓦斯,在与回风巷风流均匀混合的过程中,发生熏人至死,或遇有火源进入导致瓦斯爆炸。必须采取以下安全技术措施,确保瓦斯抽放工作安全进行:

(1) 在排放瓦斯管路两个出口处,都必须设置栅栏、悬挂警戒牌等,两栅栏之间禁止任何作业。

(2) 考虑抽放泵排出的高浓度瓦斯与回风巷风流均匀混合的风流长度,一般不超过 30 m,(逆风扩散肯定范围更小,约 5 m 以内)。栅栏设置的位置应在上风侧距管路出口 5 m、下风侧距管路出口 30 m。

(3) 在下风侧栅栏外必须设置甲烷断电仪或矿井安全监控系统的甲烷传感器,巷道风流瓦斯浓度达到 1%时,自动切断临时抽放瓦斯泵的电源。复电瓦斯浓度<1%。

第573问 在容易自燃和自燃煤层的
采空区抽放瓦斯为什么要注意防火?

在抽放自燃和易自燃煤层的采空区进行瓦斯抽放时,由于抽放负压的作用,容易导致向采空区漏风,使采空区内遗煤氧化自燃而形成火灾。所以,必须经常检查一氧化碳浓度和气体温度等有关参数的变化,发现有自燃发火征兆时,必须立即采取措施。

第574问 瓦斯抽放有哪几种方法?

瓦斯抽放主要有以下三种方法:

(1) 利用地面钻井进行瓦斯抽放(煤层气开发)。

利用地面钻井进行瓦斯抽放(煤层气开发)指的是,在井田范围内，由地面钻井穿透煤系地层，采取降压释放瓦斯技术，通过水力压裂对煤层游励进行一定时间瓦斯抽放，达到降低煤层和围岩瓦斯含量的目的。

（2）利用地面永久抽放瓦斯系统进行瓦斯抽放。

利用地面永久抽放瓦斯系统进行瓦斯抽放指的是，在地面设置抽放瓦斯泵房，利用瓦斯泵造成的负压将瓦斯从煤层中抽出，并且通过管路安全输送到地面，达到降低煤层和围岩瓦斯含量的目的。

（3）利用井下临时瓦斯抽放系统进行瓦斯抽放。

当井下局部地点积聚瓦斯涌出量较大时，可采用移动式瓦斯抽放泵对该地点进行瓦斯抽放。抽出的瓦斯进入总回风巷或矿井永久抽放瓦斯系统的管路中，排到地面，达到降低该地点煤层和围岩瓦斯含量的目的。

第575问　煤矿瓦斯治理的十二字方针是什么?

煤矿瓦斯治理的十二字方针是：

（1）先抽后采。

先抽后采指的是，利用一切可利用的条件和一切能够采用的技术手段，将煤层瓦斯预抽到有关规定的指标以下后，再进行煤炭开采。

（2）以风定产。

矿井通风是有效遏制瓦斯事故的重要途径。以风定产指的是，按照《煤矿通风能力核定办法（试行）》每年进行一次矿井通风能力核定工作，根据核定的矿井通风能力科学合理地组织生产，严禁超通风能力进行生产。

（3）监测监控。

监测监控指的是，采用瓦斯检测、控制仪器和装备，及时掌握瓦斯涌出异常情况，并加以断电控制。监测监控的目的就是预防发生瓦斯超限和积聚等隐患，从而控制瓦斯事故。

第576问　为什么把"未建立瓦斯监控系统，或者瓦斯监控系统不能正常运行的"列为煤矿重大安全生产隐患之一？

为了防止瓦斯事故，必须了解和掌握瓦斯涌出情况，及时发现和处理瓦斯超限或积聚等，加强瓦斯的检测和监控是煤矿治理瓦斯工作最重要的措施之一。如果未建立瓦斯监控系统，或者瓦斯监控系统不能正常运行，将不能对矿井瓦斯更好地实行监测和控制，容易导致矿井发生瓦斯熏人、燃烧和爆炸事故，所以成了煤矿重大安全生产隐患之一。故《煤矿安全规程》中规定，所有矿井必须装备矿井安全监控系统。

第577问　有哪些情形时认定为"未建立瓦斯监控系统，或者瓦斯监控系统不能正常运行"？

根据国家安全生产监督管理总局、国家煤矿安全监察局制定的《煤矿重大安全生产隐患认定办法（试行）》，有下列情形之一的，都认定为"未建立瓦斯监控系统，或者瓦斯监控系统不能正常运行"？

（1）矿井没有装备矿井安全监控系统。

（2）未配备专职人员对矿井安全监控系统进行管理、使用和维护的。

（3）传感器设置数量不足、安设装置不当、调校不及时，瓦斯超限不能断电并发出声光报警的。

第578问　为什么低瓦斯矿井也必须装备矿井安全监控系统？

低瓦斯矿井装备矿井安全监控系统的目的是，提高矿井安全装备和管理水平，确保矿井安全生产，其理由主要有以下几点：

（1）瓦斯是成煤过程中的一种伴生产物，所有煤矿的各个煤层都含有瓦斯等有毒有害气体，只不过瓦斯涌出量大小不同而已，只要有瓦斯涌出，都会对煤矿安全生产形成威胁。

（2）在低瓦斯矿井中，瓦斯涌出量经常发生变化，有的瓦斯浓度增加，特别是当煤层赋存条件发生变化时或遇到地质构造复杂地带，有可能出现高瓦斯区域，这些情况对矿井安全生产的威胁都会变大。

（3）在低瓦斯矿井中，一般人们思想上重视不够，管理不严，容易出现无风、微风现象，造成局部地点瓦斯积聚，达到爆炸浓度界限。

（4）从瓦斯爆炸实例来看，我国煤矿低瓦斯矿井发生爆炸事故次数约占总爆炸事故次数约 70%，有的还发生了重特大瓦斯爆炸事故。

第 579 问　什么叫煤矿安全监控系统？

凡具有模拟量、开关量、累计量采集、传输、存储、处理、显示、打印、声光报警、控制等功能，用于监测甲烷浓度、一氧化碳浓度、风速、风压、温度、烟雾、馈电状态、风门状态、风筒状态、局部通风机开停、主通风机开停，并实现甲烷超限声光报警、断电和甲烷风电闭锁控制，由主机、传输接口、分钻、传感器、断电控制器、声光报警器、电源箱、避雷器等设备组成的系统，叫做煤矿安全监控系统。

第 580 问　什么叫煤矿安全监控系统的分站？ 井下分站应设置在什么位置？

煤矿安全监控系统中用来接收传感器的信号，并按预先约定的复用方式远距离传送给传输接口，同时，接收来自传输接口多路复用信号的装置，叫做分站。

井下分站应设置在便于人员观察、调试、检验及支护良好、无滴水、无杂物的进风巷道或硐室中，安装时应垫支架，或吊挂在巷道中，使其距巷道底板不小于 300 mm。

第 581 问　什么叫甲烷传感器？甲烷传感器应设置在什么位置？

煤矿安全监控系统中连续监测矿井环境气体中及抽放管道内甲烷浓度的装置，叫做甲烷传感器。它一般具有显示及声光报警功能。

甲烷传感器应垂直悬挂，距顶板（顶梁、屋顶）不得大于 300 mm，距巷道侧辟（墙壁）不得小于 200 mm，并应安装维护方便，不影响行人和行车。

第 582 问　如何对使用中安全监控设备进行调校？

安全监控设备在使用中，由于受到环境因素和自然条件的影响，灵敏度下降，准确性变差，所以必须定期调校。其调校周期是：

（1）安全监控设备中一般设备在安装完成后，应全面标调 1 次，以后每月至少进行 1 次调试，校正。

（2）采用载体催化元件的甲烷检测设备，旧系统每 7 d，新系统每隔 10 d 必须使用校准气样和空气样调校 1 次。

（3）安全监控设备中甲烷超限断电闭锁和甲烷风电闭锁功能必须每隔 10 d 进行 1 次测试。

（4）低浓度甲烷传感器遭受大于 4% 甲烷的冲击后，应及时进行调校或更换。

（5）安全监控设备发生故障时，必须及时处理，在处理期必须采取人工监测等安全措施。

第 583 问　如何对安全监控设备进行巡检维护?

井下安全监测工必须 24 h 值班。每天由专职人员（经过培训合格，并取得安全操作资格证）检查安全监控设备及电缆是否正常。使用便携式甲烷检测报警仪或便携式光学甲烷检测仪与甲烷传感器进行对照，并将记录和检查结果报监测值班员；当两者读数误差大于允许误差时，先以读数较大者为依据，采取安全措施并必须在 8 h 内对 2 种设备调校完毕。煤矿安全监控系统的分站、传感器等装置在井下连续运行 6～12 个月，必须升井检修。

第 584 问　采用 U 形通风方式的采煤工作面甲烷传感器如何设置?

当采用 U 形通风方式时，采煤工作面在上隅角、回风巷距工作面上出口≤10 m 处，回风巷距采区回风上山 10～15 m 处各设置 1 个甲烷传感器。如果煤与瓦斯突出矿井还应在进风巷距工作面下出口≤10 m 处设置 1 个甲烷传感器；如果采用串联通风，被串联工作面在进风巷距采区进风上山 10～15 m 处设置 1 个甲烷传感器。

采煤工作面上隅角甲烷传感器报警浓度≥$1.0\%CH_4$，断电浓度≥$1.5\%CH_4$，复电浓度<$1.0\%CH_4$，断电范围为工作面及其回风巷内全部非本质安全型电气设备。

第 585 问　如何在掘进工作面设置甲烷传感器?

煤巷、半煤岩巷和有瓦斯涌出岩巷的掘进工作面应在以下地点设置甲烷传感器，并实现瓦斯风电闭锁：

（1）在掘进工作面混合风流处，即距工作面迎头≤5 m 处。

（2）在掘进工作面回风流中，即距采区回风上山 10～15

m 处。

（3）采用串联通风的掘进工作面，被串联工作面局部通风机前 3～5 m 处。

被串联掘进工作面局部通风机前的甲烷传感器报警浓度≥ $0.5\%CH_4$，断电浓度≥ $0.5\%CH_4$，复电浓度＜ $0.5\%CH_4$，断电范围为被串联掘进巷道内全部非本质安全型电气设备；若包括局部通风机在内，则断电浓度为≥ $1.5\%CH_4$。

第四节　防治煤与瓦斯突出措施

第 586 问　为什么把"煤与瓦斯突出矿井，未依照规定实施防突措施的"列为煤矿重大安全生产隐患之一？

因为煤与瓦斯突出是一种异常的动力现象。突出所产生的高速瓦斯流（含有煤粉或岩粉）能造成对矿井安全和井下人员安全极大的危害。因此，煤与瓦斯突出是煤矿生产中危险性甚大的自然灾害之一，必须实施防突措施。国务院《关于预防煤矿生产安全事故的特别规定》中把"煤与瓦斯突出矿井，未依照规定实施防突措施的"列为煤矿重大安全生产隐患之一。煤与瓦斯突出危害主要是：

（1）能够摧毁巷道、支架和设施，破坏矿井通风设施，甚至造成风流逆转。

（2）喷出的瓦斯由几百到几万、甚至几十万立方米，能够使采掘工作面、巷道和硐室充满高浓度瓦斯，造成井下人员窒息，引起瓦斯燃烧或爆炸。

（3）抛出来的煤（岩）由几千吨到万吨以上，能够淤埋巷道、设备和人员。

（4）猛烈的动力效应还可能导致冒顶和火灾事故的发生。

第587问　有哪些情形时认定为"煤与瓦斯突出矿井，未依照规定实施防突措施"？

根据国家安全生产监督管理总局、国家煤矿安全监督局制定的《煤矿重大安全生产隐患认定办法（试行）》，有下列情形之一的，都认定为"煤与瓦斯突出矿井，未依照规定实施防突措施"：

（1）未建立防治突出机构并配备相应专业人员的。

（2）未装备矿井安全监控系统和抽放瓦斯系统，未设置采区专用回风巷的。

（3）未进行区域突出危险性预测的。

（4）未采取防治突出措施的。

（5）未进行防治突出措施效果检验的。

（6）未采取安全防护措施的。

（7）未按规定配备防治突出装备和仪器的。

第588问　申报改定突出矿井性质的基本条件是什么？

原定的突出矿井或突出煤层，在生产建设过程中未采取任何防突措施，连续5年以上再未发生突出，可以申报改定突出矿井性质。

第589问　矿井或煤层初次发生瓦斯动力现象后应如何进行鉴定申请？

矿井以自然井为单位或煤层初次发生瓦斯动力现象后进行鉴定申请应做到以下几点：

（1）瓦斯动力现象发生后，煤矿企业应及时向当地煤炭行业主管部门和煤矿安全监察机构报告。

（2）保留发生瓦斯动力现象的现场，并实时监测瓦斯动力现象影响区域的瓦斯浓度、风量及其变化情况等。

（3）委托具有煤与瓦斯突出危险性鉴定资质的鉴定，如实提供相关资料，准备有关设备、材料，密切配合鉴定工作。

（4）在鉴定报告提供后，煤矿企业应及时向省（自治区、直辖市）煤炭行业主管部门提出审批申请。

第 590 问　为什么开拓新水平的井巷
第一次揭露煤层要探明瓦斯状况？

在一般情况下，矿井瓦斯含量是随着煤层埋藏深度的增加而增大，有的低瓦斯矿井可能变为高瓦斯矿井。达到一定深度还可能变为煤与瓦斯突出矿井。所以，当矿井进行开拓延深时，必须对第一次揭露的煤层进行探明瓦斯赋存状态，以确保新水平开拓的安全。

第 591 问　开拓新水平时如何探明
第一次揭露煤层的瓦斯状况？

开拓新水平时探明第一次揭露煤层通常采用的方法是打前探钻孔。为了防止误揭突出煤层，钻孔位置应在与煤层垂直距离 10 m 以外，且终孔位置超前工作面的距离不得小于 5 m。开凿立井时，在立井工作面至少布置 3 个穿透煤层全厚的钻孔，孔径不小于 75 mm，扇形布置。新水平开拓时，在掘进工作面至少布置 2 个同样钻孔。

第 592 问　开采有瓦斯或二氧化碳喷出的煤
（岩）层时应采取哪些安全技术措施？

开采有瓦斯或二氧化碳喷出的煤（岩）层时，必须采取打前钻孔或抽排钻孔,并加大喷出危险区域的风量以稀释瓦斯浓度,同时将喷出的瓦斯或二氧化碳直接引入回风巷或接管路进行瓦斯抽放。

第593问 掘进巷道防突钻孔应超前工作面多少米? 孔径为多少毫米?

掘进巷道防突钻孔应超前工作面 5 m 及其以上。孔径 75 mm。

第594问 煤与瓦斯突出危险等级是如何划分的?

煤与瓦斯突出危险等级按以下方法划分为:
(1)按突出危险性划分。
(2)按动力现象基本特征划分。
(3)按突出强度划分。

第595问 按突出危险性如何划分煤与瓦斯突出危险等级?

按突出危险性划分煤与瓦斯突出危险等级如下:
(1)突出煤层经区域预测后划分为:
①突出危险区。
②突出威胁区。
③无突出危险区。
(2)采掘工作面经预测后划分为:
①突出危险区。
②无突出危险区。

第596问 按突出强度如何划分煤与瓦斯突出危险等级?

突出强度指的是每次瓦斯动力现象时，抛出的煤（岩）量或喷出的瓦斯量。

按突出强度可划分为：

（1）小型突出：<100 t。

（2）中型突出：≥100 t～<500 t。

（3）大型突出：≥500 t～<1000 t。

（4）特大型突出：≥1000 t。

第597问 煤与瓦斯突出有哪两种预兆?

煤与瓦斯突出有声预兆和无声预兆两种。

第598问 煤与瓦斯突出有哪些有声预兆?

煤与瓦斯突出的有声预兆有以下几种：

（1）煤炮（指的是深部岩层或煤层的劈裂声）响声。

（2）支架变形，如支柱、顶梁折断或位移的声音。

（3）煤（岩）开裂、片帮或掉矸、底鼓发出的响声。

（4）瓦斯涌出异常，打钻喷瓦斯、喷煤，出现响声、风声和蜂鸣声。

（5）气体穿过含水裂隙的嘶嘶声。

第599问 煤与瓦斯突出有哪些无声预兆?

煤与瓦斯突出的无声预兆有以下几种：

（1）煤层结构变化，层理紊乱、煤层变软、煤层厚度变大、倾角变陡、煤层由湿变干、光泽暗淡。

（2）煤层构造变化、挤压褶曲、波状起伏、顶底板阶梯凸起、出现新断层。

（3）瓦斯涌出量变化、瓦斯浓度忽大忽小、煤尘增大、气温变冷、气味异常。

第600问　当发现煤与瓦斯突出预兆时，瓦斯检查工应采取哪些措施？

开采突出煤层或石门揭穿突出煤层时，每个采掘工作面必须设置专职瓦斯检查工，随时检查瓦斯浓度，掌握突出预兆。当发现煤与瓦斯突出预兆时，瓦斯检查工有权停止采掘工作面作业，并协助班组长立即组织人员按避灾路线撤出，同时及时向矿调度室报告。

第601问　煤与瓦斯突出的基本规律是什么？

煤与瓦斯突出的基本规律如下：
（1）突出危险性随矿井开采深度增加而加大。
（2）突出危险性随煤层厚度和倾角增加而加大。
（3）突出危险性随地质构造变化而加大。
（4）突出煤层瓦斯含量和瓦斯压力一般都比较高。
（5）突出多发生在掘进工作面，特别是石门揭穿煤层掘进。
（6）突出多发生在生产过程诱发因素出现时，特别是爆破落煤工序。
（7）突出发生前会出现某种预兆。

第602问　什么是"四位一体"综合防突措施？

"四位一体"综合防突措施指的是，突出危险性预测、防治突出措施、防治突出措施的效果检验和安全防护措施。

第 603 问 为什么开采突出煤层要采取 "四位一体"综合防突措施?

煤与瓦斯突出既有危险性,又有突发性,目前在很大程度上具有不可知性,所以要预防和预知它的产生还是难以实现的。在目前技术条件下,要防治突出事故带来的人员伤亡,首先要弄清它发生的地区、范围、再采取必要的可行防治措施,以使其不突然发生,降低突出强度,保证作业人员的安全,必须采取"四位一体"综合防突措施。

第 604 问 为什么要对煤与瓦斯突出进行预测?

通过对煤与瓦斯突出危险性进行预测,根据突出危险性预测结果和对突出危险程度的划分,指导选择应采取的不同防突措施,可以使防突措施具有科学性、可靠性和合理性,所以,对煤与瓦斯突出进行预测是"四位一体"综合防突措施的第一个环节。

第 605 问 煤与瓦斯突出危险性预测分为哪两种?

煤与瓦斯突出危险性预测分为以下两种:
(1) 区域突出危险性预测,即预测矿井、煤层和煤层区域的突出危险性。
(2) 工作面突出危险性预测,即预测采掘工作面突出危险性。

第 606 问 区域突出危险性预测有哪几种方法?

区域突出危险性预测主要有以下方法:

208

（1）单项指标法。

（2）瓦斯地质统计法。

（3）综合指标法。

第 607 问 工作面突出危险性预测有哪几种方法？

工作面突出危险性预测主要有以下方法：

（1）综合指标法。

（2）钻屑指标法。

（3）钻孔瓦斯涌出初速度法。

（4）其他经试验证实有效的方法。

第 608 问 什么叫钻屑指标法？如何采用钻屑指标法 预测采掘工作面突出危险性？

钻屑指标法指的是，根据钻屑指标预测采掘工作面突出危险性的方法。

采用钻屑指标法预测采掘工作面突出危险性时，首先根据实测数据确定最大钻屑量等各项指标的突出危险临界值；如果没有实测资料，可参考相关数据。当实测得到的最大钻屑量等任一指标值大于临界指标时，该采掘工作面即预测为突出危险工作面。

第 609 问 防治突出措施分为哪两类？

防治突出措施按作用范围分为以下两类：

（1）区域性防突措施，即能起到大面积防突作用，即包含了煤层或煤层群大区域的措施。

（2）局部性防突措施，即起到局部范围防突作用的措施。

第 610 问　区域性防突措施有哪几种方法?

区域性防突措施主要有以下几种:
(1) 开采保护层。
(2) 预抽煤层瓦斯。
(3) 煤层注水。

第 611 问　在突出矿井中什么叫保护层?

在突出矿井中保护层指的是,为消除或削弱相邻煤层的突出危险性而首先开采的煤层。

第 612 问　在突出矿井中什么叫被保护层?

由于首先开采保护层,相邻煤层的突出危险性得到消除或削弱,从而达到防止煤与瓦斯突出的目的。这些煤层叫做被保护层。

第 613 问　开采保护层为什么能有效防治突出?

首先开采保护层,被保护煤层在一定范围内地应力降低、煤体卸压、变形,透气性增加,瓦斯得以不断排放,瓦斯压力有所下降,煤体强度增加,从而有效地防治突出。

第 614 问　选择保护层应遵循哪些原则?

选择保护层应遵循以下原则:
(1) 优先选择无突出危险煤层作为保护层,否则起不到保护的作用。如果矿井中所有煤层都有突出危险时,应选择突出危险性较小的煤层作为保护层。

（2）优先选择上保护层。位于被保护层上部的保护层叫上保护层，相反叫下保护层。如果必须选择下保护层时，不得破坏保护层的开采条件。

保护层与上部被保护层不致破坏的最小层间距应根据矿井开采经验确定。如果没有实测资料时，也可采用以下公式确定：

当 $\alpha \leqslant 60°$ 时，$H = KM\cos\alpha$

当 $\alpha > 60°$ 时，$H = KM\sin\alpha$

式中　H——允许采用的最小层间距，m；

　　　M——保护层的开采厚度，m；

　　　α——煤层倾角，°；

　　　K——顶板管理方法系数，全部冒落法管理顶板时，$K=$ 10；充填法管理顶板时，$K=6$。

第 615 问　开采保护层时应注意哪些安全事项？

开采保护层时应做到以下几点：

（1）开采保护层时，采空区内不得留有煤柱，以免在煤柱对应范围的未被保护层内，发生高强度的煤与瓦斯突出。在特殊情况下必须留设煤柱时，必须报上级管理部门批准，并在被保护层的瓦斯地质图上，标出煤柱的位置、尺寸及其影响范围。

（2）开采保护层与其他保护层层间距较小（10 m 以内）时，必须采取安全技术措施，以防止被保护层初期卸压瓦斯突然涌入保护层采掘工作面，还必须采取误穿突出煤层的安全技术措施。

（3）开采保护层应同时抽放被保护层的瓦斯。

第 616 问　如何确定开采突出煤层被保护范围？

开采突出煤层被保护范围应根据矿井实际有关参数确定，如果没有实测数据可参考下面的方法：

(1) 有效层间距的确定。

有效层间距指的是，能够起到有效保护作用的煤层间垂直距离。有效层间距与保护层的厚度、倾角、采煤工作面长度、顶板管理方法及开采深度等因素均有关系。在现有开采深度（H≤550 m）与采煤工作面长度（L≤120 m）的条件下，急倾斜煤层有效层间距为上保护层＜60 m、下保护层＜80 m；缓倾斜和倾斜煤层有效层间距为上保护层＜50 m、下保护层＜100 m。

(2) 沿倾斜保护范围的确定。

开采保护层时，对被保护层的保护范围可按卸压角确定。卸压角与煤层倾角、开采深度、地层岩性等因素有关。在不同的地质和开采条件下，其卸压角应实测，如果没有实测数据，可参照有关数据。

(3) 沿走向保护范围的确定。

正在开采的保护层采煤工作面，必须超前于被保护层的掘进工作面，其超前距不得小于保护层与被保护层垂距的 2 倍，并不得小于 30 m。对已停采的保护层采煤工作面，停采至少 3 个月，并卸压比较充分，该采煤工作面的始采线、采止线处，沿走向的被保护范围可按卸压角 50°～60°确定。

第 617 问　什么是预抽煤层瓦斯？它的适用条件是什么？

预抽煤层瓦斯指的是，在突出煤层内布置一定数量的钻孔，对煤层内瓦斯进行抽放，使煤层瓦斯含量减少，煤体卸压，煤强度增加，消除突出危险。

预抽煤层瓦斯是一种有效防治突出的方法，它应用在单一突出危险煤层和无保护层可开采的突出煤层群中，特别是在区域性防突工作中得到广泛应用。

第618问　预抽煤层瓦斯防突时应如何布置钻孔?

采取预抽煤层瓦斯防突时,其钻孔有两种布置方式:

(1) 沿层钻孔时。在采煤工作面从运输巷往上钻孔,或者从回风巷往下钻孔,要求钻孔长度能控制采煤工作面整个长度;孔径一般为 75~100 mm;孔间距一般为 7~15 m;封孔长度应≥5 m。

(2) 穿层钻孔时,对于严重突出煤层,打钻有一定的危险性,当有围岩巷道时,应采用穿层钻孔。钻孔间距一般为10 m×10 m。封泥长度应≥3 m。

(3) 石门揭煤时,预抽钻孔应布置到石门周界外3~5 m的煤层内;孔径一般为75~100 mm;钻孔孔底间距 2~3 m。

第619问　为什么对煤层注水能降低或消除煤层的突出危险性?

通过钻孔向煤体注水,使煤层湿润,增加煤的可塑性,开采煤层时,可减小工作面前方的应力集中,当水进入煤层内部的裂缝和孔隙后,可使煤体瓦斯逸散速度放缓。因此,煤层注水可以减缓煤体弹性潜能及瓦斯潜能的突然释放,降低或消除煤层的突出危险性。

第620问　煤层注水防突时钻孔的方式和有关参数是什么?

煤层注水钻孔应从回风巷沿煤层倾斜方向打全阶段长,直到运输巷以下 5 m。

钻孔孔径 50~100 mm;孔间距 5~15 m;封孔长度应大于巷道卸压圈 5 m。

一般情况下,钻孔的注水量应使注水后煤的水分不小于

5%。注水压力应大于煤层瓦斯压力，小于 75% 的地层静压力（rH）。注水后的保持时一般为一个月。使煤层均匀湿润。

第 621 问　局部性防突措施有哪几种方法?

局部性防突措施主要有以下几种：
(1) 超前钻孔。
(2) 排放钻孔。
(3) 水力冲孔。
(4) 水力冲刷。
(5) 松动爆破。
(6) 金属骨架。
(7) 卸压槽。

第 622 问　什么叫松动爆破?

松动爆破指的是在采掘生产过程利用炸药在钻孔中爆破，使煤体松动、破碎、产生裂隙，集中应力区移向煤体深处，以防止突出。

采掘工作面的松动爆破，适用于煤质较硬、围岩稳定性较好，突出强度较小的煤层。

第 623 问　什么叫卸压槽?

卸压槽指的是，沿巷道两帮预先切割出一定宽度的缝槽，保持一定的超前距，使巷道前方一段距离内的煤体与煤层母体部分脱离。在卸压槽的保护范围内掘进，可以避免煤与瓦斯突出。

第624问 为什么石门揭穿煤层必须采取综合防突措施?

在石门揭穿突出煤层时,由于煤层内的原始应力平衡状态遭到破坏,最容易发生煤与瓦斯突出,而且突出的强度很大,造成的破坏巨大,严重时可使瓦斯逆流数千米,构成整个矿井处于危险环境中。所以,《煤矿安全规程》中规定,石门揭穿突出煤层前,必须编制设计,采取综合防治突出措施。

第625问 石门揭穿煤层防突措施包括哪两个阶段?

石门揭穿煤层时包括由底板穿过煤层进入顶板的全过程。具体来说,分为以下两个阶段:

(1) 石门位于煤层底板阶段。当石门距煤层底板垂距 10 m 时就开始探明煤层的位置、产状、煤层突出危险性,制定和实施防突措施,在经措施效果检验有效后,石门一直掘进到距煤层底板垂距 1.5(缓倾斜煤层)～2.0 m(急倾斜煤层)处。

(2) 石门位于煤层中阶段。当石门距煤层底板垂距 1.5～2.0 m 开始,直到突出煤层全部被掘完,进入顶板为止。

第626问 石门揭穿突出煤层前必须遵守哪些规定?

石门揭穿煤层前,必须遵守以下规定:

(1) 在工作面距煤层底板垂距 10 m,地质构造复杂、岩石破碎区域 20 m 以外,至少打 2 个前探钻孔,掌握煤层赋存条件、地质构造和瓦斯情况等。

(2) 在工作面距煤层底板垂距 5 m 以外,至少打 2 个穿煤全厚或见煤深度不少于 10 m 的钻孔,测定煤层瓦斯压力或预测煤层突出危险性。测定煤层瓦斯压力时,钻孔应布置在岩层比较完整的地方。对近距离煤层群,层间距小于 5 m 或层间岩石破碎时，可测定煤层群的综合瓦斯压力。

（3）工作面与煤层之间的岩柱尺寸应根据防治突出措施要求、岩石性质、煤层倾角等确定。工作面距煤层底板垂距的最小值为：抽放或排放钻孔 3 m，金属骨架 2 m，水力冲孔 5 m，震动爆破揭穿（开）急倾斜煤层 2 m、倾斜和缓倾斜煤层 1.5 m。如果岩石松软、破碎，还应适当加大垂距。

第 627 问　突出煤层掘进上山时为什么不应采取松动爆破、水力冲孔、水力疏松等措施？

在突出煤层中掘进上山，危险性极高，防治突出相当困难。由于突出煤层强度小，在掘进上山时受煤体自重影响，很容易发生垮塌，并诱发突出。同时，在突出煤层中掘进上山，一旦发生垮塌或出现突出预兆，现场人员很难迅速撤离，容易导致人员伤亡。所以，在突出煤层中掘进上山应首先采取增加煤层稳定性的防突措施，而松动爆破，水力冲孔或水力疏松等措施会破坏煤体的稳定性，对防突工作不利，故不应采用。使用爆破作业时，应采用深度小于 1.0 m 的炮眼远距离全断面一次爆破。

第 628 问　在急倾斜突出煤层掘进上山时应采取哪些安全技术措施？

因为急倾斜突出煤层掘进上山时，突出危险程度大，突出后果严重，必须慎而又慎对待。《煤矿安全规程》中规定，应采取以下安全技术措施：

（1）采用双上山掘进，其主要目的是增加安全出口。2 个上山之间应开联络巷，联络巷间距不得大于 10 m。采用上山与联络巷掘进巷道时，只准 1 个工作面作业。

（2）采用人为倾斜上山掘进，其主要目的是降低煤体自重对突出或冒顶的影响，有利于作业人员安全撤离。

（3）采用直径在 300 mm 以上的钻孔先行打穿突出煤层的整个阶段高度，形成通风系统。再刷大到所需要的断面。

（4）加强支护，其主要目的是保持支架牢固可靠，提高煤体的稳定性。

（5）局部通风机应采用阻燃抗静电的硬质风筒。

第 629 问　为什么在突出煤层采煤工作面应尽量采用刨煤机或浅截式采煤机采煤？

由于刨煤机或浅截式采煤机采煤时，浅深浅，引发煤层应力的变化率和强度都较低，应力重新恢复平衡所需时间也较短。每次切割煤体都是在卸压带中进行，对煤体震动破坏较小，不容易引发突出。而爆破落煤瞬时对煤体的影响较大，容易引发突出。所以，应尽量采用刨煤机或浅截式采煤机采煤。

第 630 问　在急倾斜突出煤层采煤工作面应如何选择采煤方法？

在急倾斜突出煤层采煤工作面突出危险性大，发生突出后人员伤亡惨重，必须给予高度重视。在选择采煤方法时应注意以下几点：

（1）当急倾斜突出煤层厚度大于 0.8 m 时，应优先采用伪倾斜正台阶、掩护支架采煤法等。因为这些采煤法能消除或降低煤体自重对突出的影响，一旦发生突出，作业人员撤离现场比较方便。

（2）据有关资料表明，工作凸出部分，是集中应力较高的地点，也是最容易发生顶板、煤壁垮落或突出的部位，为了改善倒台阶工作面煤层受力情况，采用倒台阶采煤法时应尽量加大台阶的垂高，并尽量缩小台阶的宽度。每个台阶的底脚必须背紧背严，落煤后，必须及时紧贴煤壁支护。

第 631 问　为什么在突出孔洞附近 30 m 范围内采掘工作面必须加强支护?

煤与瓦斯突出是一种能量释放过程。但是在突出孔洞内的应力释放了,在突出孔洞周围又会形成新的能量聚集地带。在有的情况下,突出孔洞断面往往大于巷道断面,孔洞空间也大,所以在突出孔洞周围应力集中程度高于巷道,突出危险性也大于巷道。一般来说,突出强度在 100 t 以下,突出孔洞的影响范围可达 30 m;当突出强度大于 100 t 时,突出孔洞的影响范围可达 60 m 以上。为了防止巷道垮塌、冒顶或片帮,防止发生突出,在孔洞附近 30 m 范围内采掘工作面必须加强支护,强化综合防突措施。所以,《煤矿安全规程》中规定,在过突出孔洞及在其附近 30 m 范围内进行采掘作业时,必须加强支护。

第 632 问　在突出煤层中维修巷道应注意哪些安全事项?

由于维修巷道时支架失去了支撑作用,其上方煤体在已被压碎的情况下,容易发生垮塌,而煤体的冒落极易引发突出,所以在巷道维修时,必须采取一切有效技术措施防止煤体垮塌,例如,在进行更换支架时,必须先支护好巷道再回撤原支架,插背严实,支架牢固可靠。

第 633 问　远距离和极薄保护层的保护效果如何进行效果检验?

保护层的开采厚度等于或小于 0.5 m,上保护层与突出煤层间距大于 50 m 或下保护层与突出煤层间距大于 80 m 时,都必须对保护层的保护效果进行检验。检验应在被保护层中掘进巷道时进行。若各项测定指标都降到该煤层突出危险临界值以下，则认为保护层开采有效；反之，认为无效。

第 634 问　预抽煤层瓦斯防突措施如何进行效果检验？

对预抽煤层瓦斯防突措施的检验应在煤巷掘进时进行，其有效性指标应根据矿井实测资料确定。如果没有实测数据，可依据下列指标之一确定：

（1）预抽煤层瓦斯后，突出煤层残余瓦斯含量应小于该煤层始突深度的原始瓦斯含量。

（2）煤层瓦斯预抽率（即钻孔抽放瓦斯量与钻孔控制范围内煤层瓦斯储量的比值）大于 30%。

第 635 问　采掘工作面防突措施如何进行效果检验？

采掘工作面防治突出措施实施后，应采用钻屑指标法等方法检验防治突出措施的效果。采掘工作面检验钻孔应打在措施孔之间。煤巷掘进工作面检验钻孔孔深应小于或等于措施孔。石门揭煤工作面检验钻孔孔数 4 个，其中 1 个在石门中间并位于措施孔之间，其他 3 个孔位于石门上部和两侧，终孔位置应位于措施孔控制范围的边缘线上。采掘工作面防突措施检验的结果都在该煤层突出危险临界值以下，则认为防突措施有效；反之，认为防突措施无效。

第 636 问　为什么在综合防治突出措施中必须包括安全防护措施？

由于煤与瓦斯突出的原因至今仍未清楚掌握，防止突出措施也很难完全彻底地有效预防突出的发生。所以，必须具有一整套完善的安全防护措施，在一旦突出发生后，能够保证现场作业人员的生命安全。故安全防护措施是综合防突措施中的最后一个环节。

第 637 问　在突出煤层中作业有哪些安全防护措施？

在井巷揭穿突出煤层和在突出煤层中进行采掘作业时，安全防护措施包括以下两类：

（1）尽量减小爆破影响和作业人员远离爆破地点。采掘工作面爆破作业对煤体的破坏、震动和影响最大，也是采掘过程诱发突出的最重要的一个因素。一方面要采用震动性爆破，减小爆破的影响，使其不致于发生突出；另一方面采取远距离爆破，使作业人员远离爆破，即使引发突出，可以保证人员生命安全。

（2）建立完整的生命保证系统。例如：设置安全避灾路线和避难硐室、构筑反向风门、安装压风自救装置，佩戴隔离式自救器等。一旦发生突出，井下现场作业人员可利用生命保证系统，实行自救互救，得以安全避险和逃生。

第 638 问　在防突中采用震动爆破时应遵守哪些规定？

震动爆破就是要诱发突出，是一项技术性很强，危险性很大的工作，稍有不慎就可能引发事故。所以，《煤矿安全规程》对震动爆破做出了以下规定：

（1）震动爆破工作面必须有独立、可靠、畅通的回风系统。爆破时回风系统内必须切断电源，严禁人员作业和通过。

（2）震动爆破工作面进风侧巷道中，必须设置 2 道坚固的反向风门。

（3）震动爆破后待 30 min 后，矿山救护队方可进入工作面进行检查。

（4）震动爆破必须使用铜脚浅的毫秒电雷管。爆破母线必须采用专用电缆，应尽量采用遥控发爆器。

（5）应采用挡栏设施降低震动爆破诱发突出的强度。

（6）震动爆破一次全断面揭穿或揭开煤层。

（7）采取金属骨架措施揭穿煤层后，严禁拆除或回收骨架。

（8）对所有钻孔和孔洞在震动爆破前必须严密封闭孔口，孔内注满水砂或黄土。

第 639 问　在突出危险区设置反向风门（防突风门）应遵守哪些规定？

《煤矿安全规程》中规定，在突出矿井的突出危险区，掘进工作面进风侧必须设置至少 2 道牢固可靠的反向风门。反向风门应遵守以下规定：

（1）反向风门必须设在掘进工作面的进风侧，以控制突出时的瓦斯逆流进入进风侧风流中。

（2）反向风门位置和组数，应根据掘进工作面通风系统和预计的突出强度确定。

（3）爆破时两道反向风门必须关闭，对通过门垛的风筒必须设隔断装置。爆破后，矿山救护队队员进入检查时，必须把风门打开，并牢固顶住。

第 640 问　什么叫金属骨架？金属骨架有什么作用？金属骨架适用条件是什么？

金属骨架指的是，插入预先打在石门断面周边钻孔内的钢管或铁轨。它是一种超前支架。

金属骨架的主要作用是，增加石门揭穿煤层时巷道上方煤层的稳固性和排除煤体中的瓦斯。

金属骨架主要适用于揭开急倾斜、厚度不大，且松软的突出煤层。

第641问 如何架设金属骨架？

在突出煤层中架设金属骨架步骤如下：

（1）在距煤层 2～3 m 时，在石门上部和两侧周边 0.5～1.0 m 范围内布置骨架钻孔。

（2）骨架钻孔穿过煤层并进入煤层顶（底）板至少 0.5 m，钻孔间距不得大于 0.3 m，对于软煤要架两排金属骨架，钻孔间距不得大于 0.2 m。

（3）采用 8 kg/m 的钢轨、型钢或直径不小于 50 mm 的钢管，一端插入孔底，另一端伸出孔外用金属框架支撑或砌入碹内。

第642问 在石门揭煤和煤巷掘进时，
如何实施远距离爆破？

石门揭煤采用远距离爆破时，必须制定包括爆破地点、避灾路线及停电、撤人和警戒范围等专门措施。

煤巷掘进工作面采用远距离爆破时，爆破地点必须设在进风侧反向风门之外的全风压通风的新风中或避难硐室内，距工作面的距离不小于 300 m；回风系统中必须停电撤人，爆破 30 min 后，方可进入工作面进行检查。

第五节 防止杂散电流和爆破火花措施

第643问 什么叫杂散电流？杂散电流有什么危害？

电路的电流方向和电流量都不是固定不变的电流，叫做杂散电流。

杂散电流可以通过沿井巷的导电体，如管路和铁轨造成电路，电机车启动时牵引网路杂散电流高达数十安培，运行时也达十几至数十安培。该杂散电流如与潮湿煤、岩壁接触，可形成煤、岩壁导电，漏电电源之一相与另一漏电电源之一相接触，就可能引起瓦斯、煤尘爆炸发生，造成人员伤亡、生产整顿和国家财产损失。还可能引起爆炸材料早爆事故。

第644问　杂散电流是如何产生的?

杂散电流主要来源于以下几方面：
（1）直流电流的漏电。
（2）动力和照明交流电流的漏电。
（3）大地自然电流。
（4）雷电感应电流。
（5）磁辐射感应电流。

第645问　如何降低井下杂散电流?

井下杂散电流的主要来源是电机车牵引网路的漏电。

为了降低电机车牵引网路产生的杂散电流，可采取用电线连接两轨间的接头（或将两根铁轨相焊接），形成轨道电路，降低网路的电阻值的办法。

第646问　如何加强瓦斯检查防止爆破火花引爆瓦斯?

井下爆破作业是煤矿生产的一项十分重要的工序，直接影响到工人的人身安全和矿井安全生产，所以加强瓦斯检查，防止爆破火花引爆瓦斯，是实现煤矿安全生产的重要环节。
（1）认真执行"一炮三检制"。

必须在工作面装药前、爆破前和爆破后都检查爆破地点附近20 m范围内的瓦斯浓度，当瓦斯浓度超过1.0%时，不准使用煤电钻打眼，不准装药。

（2）严格执行"三人连锁爆破制"

现场班长、瓦斯检查工和爆破工等3人在爆破作业全过程中都要密切配合，并执行换牌制度。

第647问　采掘工作面爆破时为什么必须坚持使用水炮泥？

当炸药爆炸后，水炮泥中的水在爆炸气体冲击波的作用下会形成一层水幕，它不仅可起到降低爆温、缩短爆炸火焰延续时间，从而减小了瓦斯煤尘爆炸的可能性，而且还能起到防尘和吸收炮烟中有毒气体的作用，水炮泥是一种安全可靠的炮眼充填材料，必须坚持使用水炮泥。

第648问　什么叫"糊炮"？什么叫"明炮"？

"糊炮"指的是把爆破材料放在被爆煤岩的表面，用黄泥等物把药包盖上进行放炮的方法。

"明炮"指的是直接把爆破材料放在被爆煤岩的表面进行放炮的方法。

第649　为什么井下严禁放"糊炮"和"明炮"？

采用"糊炮"和"明炮"时，实质上是在煤岩表面进行放炮（尽管"糊炮"上盖了一部分黄泥等物），爆炸的火焰直接暴露在矿井巷道和工作面中，如果空气中瓦斯浓度达爆炸界限，极易引发瓦斯爆炸。

《煤矿安全规程》中对炮眼深度和炮眼的封泥量进行了严格的要求，同时明确规定，无封泥、封泥不足或不实的炮眼严禁

224

爆破。

第650问 用放炮方法处理卡在溜煤（矸）眼中的煤、矸时应注意哪些安全事项？

处理卡在溜煤（矸）眼中的煤、矸时，如果确无爆破以外的方法，可爆破处理，但必须遵守下列规定：

（1）必须使用符合标准要求的刚性被筒炸药。

（2）每次放炮只准使用一个电雷管和不超过 450 g 炸药。

（3）爆破前必须洒水。

（4）爆破前必须检查溜煤（矸）眼中堵塞部位的上部和下部空间的瓦斯。

第651问 为什么煤矿井下爆破时要选用煤矿许用炸药？

根据瓦斯氧化反应和炸药爆炸引燃瓦斯的机理，煤矿许用炸药具有以下几方面特点：

（1）根据炸药的安全等级限制炸药的爆热、爆温和爆压。

（2）炸药配比应接近于零氧平衡。

（3）爆炸后无灼热固定产物。

（4）爆炸反应安全。

（5）炸药或爆炸产物中不含有促进瓦斯连锁反应的成分。加入消焰剂，从根本抑制瓦斯引火。

（6）排放的有毒气体符合国家标准。

（7）有较好的起爆感度和传爆能力，保证稳定爆轰。

第652问 煤矿井下爆破为什么会引起瓦斯煤尘爆炸？

煤矿井下爆破作业主要因为以下三方面的作用引起瓦斯煤尘爆炸：

（1）冲击波的作用。

爆炸形成的空气冲击波具有很大的压力，使瓦斯气体温度升高，瓦斯煤尘爆炸浓度界限扩大。

（2）炽热固体颗粒的作用。

炸药爆炸时，通常有反应不完全的炽热固体颗粒或燃烧着的固体颗粒向外飞出，当它们飞入瓦斯气体混合物介质中时，会继续发生分解反应或被空气介质氧化而燃烧，具有很高的温度，很可能引起瓦斯煤尘爆炸。

（3）爆炸高气温和二次火焰的作用。

炸药爆炸时空气温度高达 1 800～3 000 ℃，大大地超过了瓦斯煤尘的爆炸温度。

二次火焰指的是炸药爆炸后，尤其是爆炸不完全时，将产生可燃气体氢气、一氧化碳、甲烷等，与空气中的氧化合后所生成的火焰。二次火焰的温度可达 1 600～2 000 ℃。

第 653 问　《煤矿安全规程》中规定井下爆破作业必须使用什么品种的爆破材料？

《煤矿安全规程》中规定，井下爆破作业必须使用煤矿许用炸药和煤矿许用电雷管。

爆破材料新产品，经国家授权的检验机构检验合格，并取得煤矿矿用产品安全标志后，方可在井下试用。

第 654 问　井下常用的煤矿许用炸药有哪些品种？

按照是否允许在井下有瓦斯和煤尘爆炸危险的采掘工作面使用，可分为煤矿许用炸药和非煤矿许用炸药两类。

煤矿井下常用的煤矿许用炸药主要有以下品种：

（1）煤矿铵梯炸药（包括抗水煤矿铵梯炸药）。

（2）煤矿水胶炸药。

（3）煤矿乳化油炸药。

（4）离子交换型安全炸药。

（5）被筒炸药。

第 655 问　什么叫被筒炸药？

被筒炸药指的是，以 2 号煤矿铵梯炸药的药卷做药芯，装入直径 42 cm 的石蜡纸筒内，在药卷与纸筒间填满粉状食盐，再封口成单个药卷。

第 656 问　被筒炸药有什么优点？
被筒炸药主要有什么用途？

被筒炸药消焰剂含量可高达药芯重量的 50％，当被筒炸药爆炸时，被筒内的食盐变成一层细粉状的帷幕，将爆炸点笼罩起来，使之与瓦斯隔离，具有相当高的安全性，可用于高瓦斯矿井和煤与瓦斯突出矿井中。

但是，由于被筒炸药价格高，威力小，所以仅多数应用于爆炸堵塞的溜煤（矸）眼和煤仓。

第 657 问　什么叫离子交换炸药？

离子交换炸药指的是，以硝酸钠和氯化铵的混合物为主要成分，再加敏化剂硝化甘油而成的煤矿许用炸药。硝酸钠和氯化铵叫做离子交换盐。

第 658 问　离子交换炸药有什么优点？
离子交换炸药主要有什么用途？

当离子交换炸药爆炸时，硝酸钠和氯化铵就会发生化学反应，进行离子交换，生成氯化钠和硝酸铵。在爆炸瞬间产生的雾状氯化钠，作为消焰剂，高度弥散在爆炸点周围，起到降低爆温和抑制瓦斯燃烧的作用；同时，生成的硝酸铵作为氯化剂继续参与爆炸反应。

离子交换炸药是目前我国煤矿安全性能最好的煤矿许用炸药，特别适用于有煤与瓦斯突出危险的工作面。

第 659 问　食盐在煤矿安全炸药中起什么作用？

食盐是一种惰性物质，不参加炸药的爆炸反应。当炸药爆炸时，食盐被溶化，能吸收爆热、降低爆温，起到抑制爆炸的消焰剂和阻化剂的作用。在煤矿铵梯炸药中，加入不同量的食盐，就成为不同品种的煤矿许用炸药。例如：2 号煤矿铵梯食盐含量 $(15\pm1.0)\%$，3 号煤矿铵梯炸药食盐含量则为 $(20\pm1.0)\%$。

第 660 问　煤矿许用炸药按其瓦斯等级共分为哪几级？

煤矿许用炸药按其瓦斯等级共分为 1、2、3、4 和 5 级共 5 级。

第 661 问　1 级煤矿许用炸药的合格标准是什么？

1 级煤矿许用炸药用于低瓦斯矿井（相对瓦斯涌出量 $\leqslant 10\ m^3/t$，绝对瓦斯涌出量 $< 40\ m^3/min$）。炸药量 100 g 发射白炮检定合格。

第 662 问　2 级煤矿许用炸药的合格标准是什么？

2 级煤矿许用炸药一般可用于高瓦斯矿井（相对瓦斯涌出量 $> 10\ m^3/t$，绝对瓦斯涌出量 $\geqslant 40\ m^3/min$）。炸药量 150 g 发射臼炮检定合格。

第 663 问　3 级煤矿许用炸药的合格标准是什么?

3 级煤矿许用炸药一般可用于煤(岩)与瓦斯(二氧化碳)突出的矿井。炸药量 450 g 发射臼炮检定合格或炸药量 150 g 悬吊检定合格。

第 664 问　4 级煤矿许用炸药的合格标准是什么?

4 级煤矿许用炸药的合格标准是,炸药量 250 g 悬吊检定合格。

第 665 问　5 级煤矿许用炸药的合格标准是什么?

5 级煤矿许用炸药的合格标准是,炸药量 450 g 悬吊检定合格。

第 666 问　煤矿铵梯炸药按其瓦斯等级共分为哪几个品种?

煤矿铵梯炸药按其瓦斯等级共分为以下 5 个品种:
(1) 2 号煤矿铵梯炸药。
(2) 3 号煤矿铵梯炸药。
(3) 2 号抗水煤矿铵梯炸药。
(4) 3 号抗水煤矿铵梯炸药。
(5) 被筒炸药。

第 667 问　煤矿铵梯炸药适用哪些条件?

煤矿铵梯炸药组成按 2 号、3 号和被筒炸药的顺序硝酸铵含量递减、食盐含量递增，所以按其对瓦斯的安全性是递增，而爆力是递减的。

2号炸药属于I级安全炸药，可用于低瓦斯矿井中的岩石掘进工作面。而3号炸药属于II级安全炸药，可用于低瓦斯矿井中的煤层采掘工作面。被筒炸药可用于高瓦斯矿井和煤与瓦斯突出矿井。

第668问 《煤矿安全规程》中规定采掘工作面必须使用哪几种电雷管？

《煤矿安全规程》中规定，在采掘工作面必须使用煤矿许用瞬发电雷管或煤矿许用毫秒延期电雷管。

第669问 什么叫煤矿许用瞬发电雷管？

通入足够的电流，能在瞬间立即起爆的电雷管叫做瞬发电雷管。即瞬发电雷管由通电到爆炸的时间间隔一般不超过10毫秒，也就是无延期过程。

瞬发电雷管又可分为普通瞬发电雷管和煤矿许用瞬发电雷管两种。煤矿许用瞬发电雷管指的是，可用于高瓦斯煤矿或有瓦斯煤尘爆炸危险的采掘工作面，以及有煤与瓦斯突出危险的工作面的瞬发电雷管。

第670问 为什么煤矿许用瞬发电雷管能有效地预防瓦斯爆炸？

煤矿许用瞬发电雷管在副起爆药（猛炸药）中加入了1%～6%的氯化钾作为消焰剂，在发生爆炸时，可以起到降低爆炸温度、消除或减弱爆炸火焰和使瓦斯和爆炸火焰隔离的作用，从而有效地预防瓦斯爆炸。

第671问 什么叫延期电雷管？延期电雷管分哪几种？

凡通入足够的电流，并不能在瞬间立即起爆，而是要以一定间隔时间延期爆炸的电雷管，叫做延期电雷管。

延期电雷管按延期的间隔时间，可分为秒延期电雷管（间隔时间为1秒）、半秒延期电雷管（间隔时间为半秒）和毫秒延期电雷管（间隔时间为若干毫秒）三种。

第672问 为什么秒或半秒延期电雷管不能用于有瓦斯或煤尘爆炸危险的采掘工作面？

由于秒或半秒延期电雷管的间隔时间长达1 s或0.5 s，当前段雷管爆炸后，瓦斯浓度很容易逐渐涌出达到爆炸界限，后段雷管的爆炸火焰就很容易引燃瓦斯；同时，秒或半秒延期电雷管内的延期药燃烧时，要从电雷管排气孔中喷出火焰和高温气体，成为引燃瓦斯的危险因素。所以，秒或半秒延期电雷管不能用于有瓦斯或煤尘爆炸危险的采掘工作面。

第673问 为什么使用煤矿许用毫秒延期电雷管时，最后一段的延期时间不得超过130 ms？

因为经过在高瓦斯矿井煤层中测定，爆破后从新的自由面和崩落煤块中涌出的瓦斯浓度，160 ms时为0.3%～0.5%，260 ms时为0.3%～0.95%，360 ms时为0.35%～1.6%，而360 ms时瓦斯浓度比瓦斯爆炸下限（5%）少83%～86%，130 ms却只有360 ms的三分之一多一点，因而在130 ms内，瓦斯浓度远没有达到爆炸限度，各段毫秒延期电雷管已经全部爆炸结束，所以有足够的安全系数。而且煤矿许用毫秒延期电雷管不存在从排气孔中喷出火焰和高温气体的问题。因而在最后一段的延期时间不超过 130 ms 时，使用毫秒延期电雷管是不会引起瓦斯爆炸的。

第674问 各段毫秒延期电雷管延期时间与标志色是什么？

煤矿许用毫秒延期电雷管的延期时间与标志色如下表所示：

段别	延期时间（ms）	脚线颜色
1	13	灰红
2	25±10	灰黄
3	50±10	灰兰
4	75±18	灰白
5	110±15	绿红

第675问 为什么不能使用潮湿炸药？

当铵梯炸药水分含量超过 0.5％时，容易产生残爆、爆燃或拒爆，而且爆燃极易引燃和引爆瓦斯。同时，炸药的爆力和猛度大大降低，爆炸气体中一氧化碳含量提高，因而不能使用潮湿炸药。

第676问 什么叫发爆器？井下放炮使用发爆器有什么优点？

发爆器指的是用来供给电爆网路上的电雷管起爆电能的器具，俗称"炮机"。

目前井下放炮大多数采用防爆型电容式发爆器。MFBB型发爆器的特点是：当母线产生虚接、断路和短路等故障时，发爆器即不能充电，从而避免发生爆前火花、丢炮和由于电源连线不良等造成瞎炮；向爆破网路输送的电能与负载相适应，从而避免了大马拉小车引起的高温火花和丢炮等不安全因素；采用了快速接线端子及弹簧压紧结构，接线简单可靠，端子清洁，减少了接触电阻，而且不能用接线端子短路作母线打火导通试验，从而可防止因发爆器火花引起的瓦斯燃烧和爆炸事故；通电时间为 4 ms，即使网路炸断或裸露线路相碰也不会产生放电火花，更能可靠地防止爆后火花，避免引发瓦斯煤尘事故的发生。所以，《煤矿安全规程》中规定，井下爆破必须使用发爆器。

第 677 问　什么叫正向起爆？什么叫反向起爆？它们对瓦斯煤尘的安全性有什么区别？

正向起爆指的是，起爆药包位于柱状装药的外端，靠近炮眼口，雷管底部朝向炮眼底的起爆方法。

相反，反向起爆指的是，起爆药包位于柱状装药的里端，位于炮眼底，雷管底部朝向炮眼口的起爆方法。

由于反向起爆时，炸药的爆轰波和固体颗粒的传递与飞射方向是向着炮眼口的，当这些爆轰波和微粒通过预先被气态爆炸产物所加热的瓦斯时，很容易引起瓦斯爆炸。而正向起爆时正相反，炸药的爆轰波和固体颗粒的传递与飞射方向是向着炮眼底的，不容易引爆瓦斯。所以，从对瓦斯煤尘的安全性来分析，正向起爆比反向起爆较安全。

第 678 问　《煤矿安全规程》对采用反向起爆有什么规定要求？

《煤矿安全规程》中规定，在高瓦斯矿井、低瓦斯矿井的高瓦斯区域的采掘工作面，采用毫秒爆破时，若采用反向起爆，必须制定安全技术措施。

第679问 为什么下井人员严禁穿化纤衣服?

当化纤衣料与人体,或者衣料与衣料之间发生摩擦时,可能产生静电,其放电能量可达 0.4 mJ,而静电点燃瓦斯浓度 8.5% 的混合气体时,只需要 0.32 mJ。因此,穿化纤衣服遇到瓦斯超限时,就可能引发瓦斯爆炸事故。另外,化纤衣服容易引燃,引燃后还容易粘结而烫伤人员。

第六节 构建煤矿瓦斯综合治理工作体系和安全质量标准化考核

第680问 为什么说瓦斯事故是煤矿安全"第一杀手"?

瓦斯是煤矿井下五大自然灾害之首。"瓦斯事故"已经成为煤矿安全的"第一杀手"。截至 2005 年,全国煤矿瓦斯事故的死亡人数占全国煤矿死亡总人数的比例仍然最大,约 36.0%。特别是在一次死亡 10 人及其以上的较大事故中,瓦斯事故占 40.69%。例如:2005 年 2 月 14 日,辽宁省阜新矿务局孙家湾煤矿发生一起特别重大瓦斯爆炸事故,死亡 214 人,受伤 30 人,直接经济损失高达 4 968.9 万元。

第681问 进一步加强煤矿瓦斯治理工作的指导思想是什么?

根据《国务院安委会办公室关于进一步加强煤矿瓦斯治理工

作的指导意见》（安委办［2008］17号）的精神，今后进一步加强煤矿瓦斯治理工作的指导思想是：

深入贯彻党的十七大精神，落实科学发展观，坚持"以人为本"和"安全发展"，以有效防范和遏制重特大瓦斯事故、大幅度降低瓦斯事故总量为目标，坚持"安全第一、预防为主、综合治理"的安全生产方针，进一步加强领导、落实责任、增加投入、依靠科技、严格监管、强化监察，着力构造"通风可靠、抽采达标、监控有效、管理到位"的煤矿瓦斯综合治理工作体系，推动煤矿瓦斯治理工作再上新水平。

第682问　进一步加强煤矿瓦斯治理
工作的工作目标是什么？

根据《国务院安委会办公室关于进一步加强煤矿瓦斯治理工作的指导意见》（安委办［2008］17号）的精神，今后进一步加强煤矿瓦斯治理工作的工作目标是：

到2010年，全国煤矿瓦斯事故死亡人数比2007年下降20％以上，重特大瓦斯事故得到有效遏制；煤层气（煤矿瓦斯）抽采总量突破100亿立方米；建成100个瓦斯治理示范矿井和100个瓦斯治理示范县，煤矿瓦斯综合治理工作体系建设取得明显成效，为实现煤矿安全生产状况明显好转，根本好转奠定基础。

第683问　为什么要着力构建"通风可靠、
抽采达标、监控有效、管理到位"
的煤矿瓦斯综合治理工作体系？

2006年、2007年全国煤矿瓦斯治理工作取得了显著成绩，瓦斯事故起数和死亡人数比2005年平均下降17％和25％。2008年1～6月同比分别下降43％和48.3％。其中重大事故起数和死亡人数分别下降53.9％和56.3％，没有发生特大事故。全国煤矿百万吨死亡率从 2005 年的 3.08 下降到 2007 年的 1.485。2008 年 1～6 月又降到 1.05。

但是，我国煤矿瓦斯事故多发仍是制约煤炭工业安全发展和可持续发展，影响全国安全生产状况稳定好转的主要矛盾和突出问题，全国煤矿安全生产形势依然严峻。

（1）重特大瓦斯事故尚未得到有效遏制。2007 年全国煤矿共发生重特大瓦斯事故 22 起，死亡 460 人，分别占煤矿同等级事故的 78.6% 和 80.3%。2008 年 1～6 月发生瓦斯事故 81 起，死亡 294 人，分别占煤矿事故的 9.6% 和 22.5%。

（2）"一通三防"工作不落实，瓦斯隐患仍然相当严重。一些煤矿企业"一通三防"欠账尚未全部补还。特别是一些小煤矿，通风系统不可靠，通风安全没保证。2007 年四季度发生的 2 起特大瓦斯事故（贵州省纳雍县群力煤矿"11·8"事故死亡 35 人，山西省洪洞县瑞之原煤矿"12·5"事故死亡 105 人），都是由于通风系统不健全、风量不足、违章作业所造成。

（3）抽采抽放仍有较大差距。国有重点煤矿的 348 处高突矿井，目前大多数没能达到《煤矿瓦斯抽采基本指标》规定的标准。多数高突矿井的地方小煤矿尚未开展瓦斯抽采工作。国家扶持煤矿瓦斯抽采利用的相关政策，在一些地方尚未全部落实。

（4）监测监控失效。目前全国所有高瓦斯矿井和 92.5% 的低瓦斯矿井已安装了监测监控系统。但一些煤矿监测监控系统运转不正常，一些小煤矿虽然安装了瓦斯监测监控系统，但形同虚设，不能发挥应有的作用。

（5）现场基础管理工作薄弱。一些煤矿"一通三防"规章制度不健全、特别是一些小煤矿，井下层层转包、以包代管，工人未经培训就下井，现场管理混乱，"三违"现象随时随处可见。

"通风可靠、抽采达标、监控有效、管理到位"是煤矿瓦斯治理实践经验的概括总结，是我们对瓦斯治理规律认识的深化，是针对当前瓦斯治理存在的问题，今后一个时期治理防范瓦斯灾害的基本要求。是把瓦斯治理工作推向新水平的重要举措。为了把煤矿瓦斯治理攻坚战扎实有效地推向深入有效治理煤矿瓦斯灾害，防范遏制重特大瓦斯事故，促进煤矿安全生产形势进一步稳定好转，必须着力构建"通风可靠、抽采达标、监控有效、管理到位"的煤矿瓦斯综合治理工作体系。

第684问　为什么在煤矿瓦斯综合治理工作体系中必须包括"通风可靠"内容？

通风是治理瓦斯的基础。因为瓦斯客观存在于煤炭采掘过程中。矿井通风系统可靠稳定，采掘工作面有足够的新鲜风流，瓦斯不聚积、不超限，就不会发生瓦斯事故。所以必须把矿井和采掘工作面通风，作为重要的基础性工作来抓，矿井和采掘工作面必须建立可靠稳定的通风系统。

第685问　在煤矿瓦斯综合治理工作体系中"通风可靠"的基本要求是什么？

在煤矿瓦斯综合治理工作体系中"通风可靠"的基本要求是：

（1）系统合理。

系统合理指的是，矿井和采掘工作面必须具备独立完善的通风系统。

（2）设施完好。

设施完好指的是，矿井通风设施位置合理、完好无损，通风巷道有足够的断面积。

（3）风量充足。

风量充足指的是矿井、采掘工作面及其他场所供风量满足安全生产的要求。

（4）风流稳定。

风流稳定指的是，用风地点风向、风量、风速持续均衡稳定。

第 686 问　如何使通风系统合理确保"通风可靠"?

矿井必须具备独立完善的通风系统,并不断优化,适应矿井延深和采掘接替的变化,保持通风系统的简单、稳定和可靠。

(1) 各煤矿企应根据矿井实际情况,按规定进行通风阻力测定,明确通风系统合理的通风线路、通风阻力和阻力分布比例。通风系统不合理时,应当进行系统改造,矿井通风阻力必须符合《煤矿井工开采通风技术条件》(AQ1028~2006) 的规定,否则应采取降阻措施。

(2) 矿井的生产水平和采区必须实行分区通风,采区进、回风巷必须贯穿整个采区,严禁一段为进风巷,一段为回风巷。高瓦斯矿井、煤与瓦斯突出矿井的每个采区,低瓦斯矿井开采煤层群和分层开采采用联合布置的采区、开采易自燃煤层的采区,必须设置专用回风巷。

(3) 回采工作面通风方式的选择,必须满足治理瓦斯的需要。严禁无风、微风作业和采取不合理的串联通风。

第 687 问　如何使通风设施完好确保"通风可靠"?

煤矿企业要保持通风机、风门、风筒、密闭、风窗和风桥等井下通风设施及构筑完好。

(1) 矿井主要通风机和局部通风机要按规定检测、检修和维护,实行挂牌管理,专人负责并持证上岗。按规定进行反风演习,保证通风设施完好、正常运行。

(2) 要加强对风门、风筒、密闭、风窗和风桥等井下通风设施及构筑物设置的管理,明确构筑标准和验收程序。已有设施要建立检查和维护制度,定期检查其完好情况,保持通风设施完好可靠,防止风流短路、系统紊乱和有害气体涌出。

（3）总回风巷、主要回风巷不得设置风流控制设施，采区应尽量减少通风构筑物，减少漏风，提高有效风量率。

（4）要加强通风巷道维护。保证通风所需要的巷道断面，并且通风巷道无维修现象。

第688问　如何使通风风量充足确保"通风可靠"？

矿井总风量、采掘工作面和供风场所的配风量，必须满足安全生产的要求，风速、有害气体浓度等必须符合《煤矿安全规程》规定。不能满足用风需要时，应当进行系统改造。否则必须按实际供风量核定矿井和采区产量，严禁超通风能力组织生产。

（1）矿井主要通风机应当双机同能力配备，实现双回路供电。

（2）矿井开拓、准备采区以及采掘作业前，要准确预测瓦斯涌出量，制定通风风量计算和配风标准，编制通风设计，保证采掘面配风充足。

（3）硐室配风量要满足设备降温、空气质量符合规定、有害气体不超限的要求。

（4）矿井有效风量率应达到87%以上。

（5）矿井风量应当在满足井下各工作地点、通风巷道和硐室等用风的前提下，加强通风能力配备、具备充足、合理的富裕系数，提高矿井抗灾能力。

（6）开采易自燃和自燃煤层的矿井和采区，风量配备要在满足防治瓦斯的前提下进行有效控制，满足防范自然发火的要求。

第689问　如何使通风风流稳定确保"通风可靠"？

煤矿要严格按照《煤矿安全规程》建立和执行测风制度，对井下用风地点和通风巷道定期测定风量，并根据生产变化及时对通风系统和供风量进行调整，保证采掘工作面及其他供风地点风流稳定可靠。

（1）废弃巷道、盲巷和与采空区联通的巷道要及时进行封闭。

（2）要尽量减少角联通风，对无法避免的角联通风巷道要进行有效控制，确保风向、风速稳定，严禁在角联通风网络内布置采掘工作面。

（3）掘进工作面必须采用局部通风机通风或全风压通风。

（4）要根据采掘进度及施工永久通风设施，杜绝通风工程亏欠，并确保风流稳定，控制可靠。

（5）高突矿井掘进工作面必须实行"三专两闭锁"，采用"双风机、双电源"，并实现运行风机和备用风机自动切换，保持通风机连续、均衡供风，风流稳定。

（6）低瓦斯矿井的煤与煤岩掘进工作面要积极推广使用的"双风机、双电源"，确保供风稳定、可靠。

第 690 问　为什么在煤矿瓦斯综合治理工作体系中必须包括"抽采达标"内容？

抽采抽放是防范瓦斯事故的重要手段。因为瓦斯治理必须坚持标本兼治，重在治本。通过抽采抽放降低煤层中的瓦斯含量，从根本上治理防范瓦斯灾害。所以，要加大瓦斯抽采力度，提高抽采率和利用率，努力实现抽采达标。

第 691 问　在煤矿瓦斯综合治理工作体系中"抽采达标"的基本要求是什么？

在煤矿瓦斯综合治理工作体系中"抽采达标"的基本要求是：

（1）多措并举。

多措并举指的是，地面抽采与地下抽采相结合。因地制宜、因矿制宜，把矿井（采区）投产前的预抽采，采动层抽采、边开采边抽采，老空区抽采等措施结合起来，全面加强瓦斯抽采抽放。

（2）应抽尽抽。

应抽尽抽指的是，凡是应当抽采的煤层，都必须进行抽采，把煤层中的瓦斯最大限度地抽采出来，降低煤层瓦斯含量。

（3）抽采平衡。

抽采平衡指的是，矿井瓦斯抽放能力与采掘布局相协调、相平衡，使采掘生产活动始终在抽采达标的区域内进行。

（4）效果达标。

效果达标指的是，通过抽采，使吨煤瓦斯含量、煤层的瓦斯压力、矿井和工作面瓦斯抽采率、采煤工作面回采前的瓦斯含量，达到《煤矿瓦斯抽采基本指标》规定的标准。

第692问　如何采取多措并举确保"抽采达标"？

煤矿要加强生产全过程的瓦斯抽采，因地制宜、因矿制宜，坚持地面与井下抽采相结合，邻近层与本煤层抽采相结合，采前抽采与边抽边采、采空区抽采相结合，利用一切可能的空间和条件抽采煤层的瓦斯。

（1）要准确掌握开采水平和回采区域煤层的瓦斯压力、瓦斯含量和煤层透气性等参数，科学确定抽采方式，并根据采掘工作面瓦斯涌出情况，合理选择抽采系统、抽采方法和抽采工艺。

（2）要积极采用密集钻孔，大直径钻孔、水平长距离钻孔和专用巷道等抽采工艺，强化抽采措施。

（3）要优先选择高负压大流量水环或真空泵，瓦斯抽采泵和管网的能力要留有足够的富余系数，泵的装机能力应为需要抽采能力的 2～3 倍。

（4）具备条件的矿井，应分别建立高、低浓度两套抽采系统，满足煤层预抽、卸压抽采和采空区抽采的需要。

第693问　如何坚持应抽尽抽；可保尽保确保"抽采达标"？

所有应进行抽采的矿井要建立完善的地面永久瓦斯抽采系统，最大限度地把煤层中的瓦斯抽采出来，降低煤层的瓦斯含量，实现抽采达标。

（1）水平接续、采区接续都要保证瓦斯预抽达标和整个抽采作业过程的安全技术要求，实现先抽后采。

（2）煤与瓦斯突出矿井具备开采保护层条件的，必须优先选择开采保护层，实施超前预抽瓦斯等区域防突措施，并强化"四位一体"防突措施的落实。要充分认真考察被保护层保护范围和保护效果，并确保保护效果有效。保护层开采过程中要避免煤柱留设，并积极推广沿空留巷无煤柱开采技术，取消阶段煤柱。

（3）煤与瓦斯突出矿井不具备开采保护条件的，应采用煤层顶底板巷道和穿层钻孔、顺层长钻孔等措施预抽煤层瓦斯。突出危险区域煤层掘进工作面应在预抽钻孔的掩护下进行作业，严重突出危险煤层尽可能选择地面钻井预抽或穿层钻孔预抽。

（4）石门揭穿突出煤层前必须编制设计，严格突出危险性预测和防突效果检验，留设足够的岩柱尺寸，认真实施抽采瓦斯、水力冲孔等综合防突措施。

第694问　如何保持抽采平衡确保"抽采达标"？

煤矿企业要组织编制瓦斯抽采中长期规划和年度实施计划，并加强对实施情况的考核，保证矿井瓦斯抽采能力与采掘布局协调平衡。

（1）煤层瓦斯抽采工程要做到与采掘工程同步设计，超前施工、超前抽采，超前预抽时间要满足煤层预抽效果达标的要求。

（2）矿井企业生产计划的编制应以矿井瓦斯抽采达标煤量为

限，计划开采煤量不得超过瓦斯抽采达标煤量。

（3）应抽采瓦斯的矿井生产安排必须与瓦斯抽采达标煤量禁止匹配，保持抽采达标煤量和生产准备及回采煤量相平衡，使采掘生产活动始终在抽采达标的区域内进行。

第 695 问　如何实现效果达标确保"抽采达标"？

瓦斯抽采要以满足采掘工作面安全生产要求为前提。

（1）煤矿企业要建立瓦斯抽采达标考核办法，加强对瓦斯抽采效果的评估考核。

（2）要针对煤层瓦斯赋存条件，试验模索实现抽采达标的系统、设备和工艺参数，建立抽采设计和评估考核标准。

（3）煤层经抽采瓦斯后，采掘工作面瓦斯抽采率、煤的可解及瓦斯含量和回风流瓦斯浓度要达到《煤矿瓦斯抽采基本指标》（AQ1026－2006）的要求。

（4）所有突出矿井必须实施区域预抽，突出煤层突出危险区域的采掘工作面经预抽后，瓦斯含量和瓦斯压力要达到《煤矿瓦斯抽采基本指标》（AQ1026－2006）的规定要求，否则严禁组织采掘作业。

※　如何使监测监控系统装备齐全确保"监测监控"？

所有煤矿都必须按照《煤矿安全监控系统及检测仪器使用管理规范》（AQ1029－2007）的要求安装煤矿安全监控系统。

（1）安全监控系统的中心站、分站和传输电缆等设备要齐全，数量和安装位置要符合规定。

（2）中心站应双回路供电，并双机或多机备份。备份主机能在 5 min 内投入工作。

（3）有不小于 2 h 在线或不间断电源，有接地、防雷装置及录间电话。

（4）矿调度室内有主机或显示终端。

（5）联网主机有防火墙等网络安全设备。

（6）井下分站应设置在进风巷道或硐室中。

（7）井下设备之间使用专用阻燃电缆或光缆连接。

第 696 问　为什么在煤矿瓦斯综合治理工作体系中必须包括"监测监控"内容？

监测监控是防范瓦斯事故的有效保障。监测监控就是利用先进的技术手段，及时掌握井下瓦斯含量和瓦斯浓度，在瓦斯超限等异常情况发生时，及时采取措施，化解风险，杜绝事故。所以，必须做到监测准确，监控有效。

第 697 问　在煤矿瓦斯综合治理工作体系中"监测监控"的具体要求是什么？

在煤矿瓦斯综合治理工作体系中"监测监控"的具体要求是：

（1）装备齐全。

装备齐全指的是，监测监控系统的中心站、分站、传感器等设备齐全，安装位置符合规定要求，系统运作不间断、不漏报。

（2）数据准确。

数据准确指的是，瓦斯传感器必须按期调校，其报警位、断电值、复电值要准确合理，监测中心能适时反映监控场所瓦斯的真实状态。

（3）断电可靠。

断电可靠指的是，当瓦斯超限时，能够及时切断工作场所的电源，迫使停止采掘等生产活动。

（4）处置迅速。

处置迅速指的是，按照瓦斯事故应急预案，当瓦斯超限各类异常现象出现时，能够迅速作出反应，采取正确的应对措施，使事故得到有效控制。

第 698 问　如何使监测监控系统
数据准确确保"监测监控"？

要健全完善各种规章制度，确保安全监控系统正常运行。监测监控数据准确可靠。

（1）要制定安全监控岗位责任制、操作规程、值班制度、维护调校等规章制度，完善图纸台账，配备足够的管理、维护、检修、值班人员，并经培训合格持证上岗。

（2）监控主机能显示所有传感器的真实信息，监控中心能适时反映监控场所和对象的真实状态。

（3）甲烷传感器必须按照规定的报警、断电和复电值以及断电范围进行设置，必须采用新鲜空气和标准气样用正确的方法调校。

（4）没有能力对系统和传感器进行维护、调校的小煤矿，要与技术服务机构签订协议，及时维护、定期调校，保证系统运行稳定、数据准确可靠。

第 699 问　如何使监测监控系统断
电可靠确保"监测监控"？

要正确选择监控设备的供电电源和连线方式，保证监控系统的断电和故障闭锁功能。

（1）监控设备的供电电源必须取自被控开关的电源侧。

（2）每隔 10 d 必须对甲烷超限断电闭锁和甲烷风电闭锁功能进行测试，保证甲烷超限断电、停风断电功能和断电范围的准确可靠。

（3）中心站应正确显示报警断电及馈电的时间、地点。

（4）采掘工作面等作业地点瓦斯超限时，应声光报警、自动切断监控区域内全部非本质安全型电气设备的电源并保持闭锁状态。

第700问 如何使监测系统处置迅速确保"监测监控"？

各地和煤矿企业要建立和完善瓦斯事故应急预案，落实应急措施。

（1）各地要加快监控系统区域联网和技术服务体系建设，完善网络中心和服务机构非正常处置程序和应急预案等，确保网络和系统正常运行并发挥其监测、控制和预警作用。

（2）煤矿企业要加强监控中心的值班和值守，明确值班和带班人的责任，当瓦斯超限和各类异常现象出现时，要迅速做出反应，采取正确的应对措施，及时处理瓦斯异常问题。

（3）大型煤矿要建立救援队伍，配足救援装备。

（4）不具备建立救援队伍条件的小型煤矿要与周边专业救援队伍签订协议，保证事故的及时抢险和救助。

（5）新建矿井和具备条件的生产矿井要建设井下应急避难所，具备为遇险人员提供氧（风）、通讯、食品和饮水等功能。

第701问 为什么在煤矿瓦斯综合治理工作体系中必须包括"管理到位"？

管理是瓦斯治理各项措施得到落实的关键。因为管理是企业永恒的主题。管理不到位，再完善的系统，再先进的装备也难以发挥应有作用。特别是当前一些煤矿管理松弛，特别是一些小煤矿无章可循、有章不循、三违严重，给瓦斯治理带来极大的危害。所以，必须做到管理到位。

第702问　在煤矿瓦斯综合治理工作体系中"管理到位"的具体要求是什么?

在煤矿瓦斯综合治理工作体系中"管理到位"的具体要求是:

(1) 责任明确。

责任明确指的是,把瓦斯治理和安全生产的责任细化,分解落实到煤矿各个层级、各个环节和各个岗位,上至董事长、总经理和总工程师,下至作业现场的每个职工,都有自己明确的具体职责。

(2) 制度完善。

制度完善指的是,建立健全瓦斯防治规章制度,把对各个环节、各个岗位的工作要求,全部纳入规范化、制度化轨道,做到有章可循,并根据井下条件的变化和随时出现的新情况、新问题,不断修改、充实、完善规章制度,不断改进和加强瓦斯治理的各项措施,使管理工作常抓常新,科学有效。

(3) 执行有力。

执行有力指的是,加大贯彻执行力度,在抓落实上狠下功夫。坚持从严要求,一丝不苟,严格执行规章制度,严厉惩处违章指挥、违章作业和违反劳动纪律的行为。落实岗位责任,实现群防群治。

(4) 监督严格。

监督严格指的是,建立强有力的监督机制,加强监督检查。煤矿各级干部必须切实履行安全生产职责。各级煤炭管理部门要加强行业管理和指导,安全监管监察机构要加大监管监察力度,确保国家安全生产法律法规、上级安全生产指示指令在各类煤矿得到切实认真的贯彻落实。

第 703 问 如何做到责任明确确保"管理到位"?

煤矿企业要健全以煤矿企业及所属矿井主要负责人对本单位瓦斯治理工作全面负责的责任制体系,保障瓦斯治理规划、目标和措施的制定实施以及体系,机构和投入的落实。

(1) 要细化瓦斯治理和安全生产责任,并分解落实到煤矿企业各个层级、各个环节和各个岗位,上至董事长、总经理和总工程师(技术负责人),下至作业现场的每个职工,都要明确具体的岗位职责。

(2) 要健全以总工程师(技术负责人)为核心的技术管理体系,设立由总工程师(技术负责人)直接管理的科研、设计、地测、生产技术"一通三防"等技术部门和机构。

(3) 高瓦斯、煤与瓦斯突出矿井必须按要求设立通风、防突、抽采、安全监控等专业队伍,并配备专业技术人员。

(4) 矿井必须设专职通风副总工程师,提倡设通风副矿长、实现技术与行政管理责任分离。

(5) 煤与瓦斯突出矿井应设专职地测副总工程师。

(6) 涉及瓦斯治理的矿井开拓部署、采掘巷道布置和生产系统调整,技术规范、标准和措施的制定,以及新技术、新装备和新工艺的推广应用等重大技术问题,必须由总工程师(技术负责人)负责决策。

第 704 问 如何做到制度完善确保"管理到位"?

煤矿企业要建立健全瓦斯防治规章制度,把通风、抽采、监控、防尘和防火等各个环节、各个岗位的工作要求,全部纳入规范化、制度化轨道,做到有章可循。

(1) 要根据井下条件的变化和随时出现的新情况和新问题,不断修改、充实、完善规章制度和各项措施。

（2）要建立隐患排查制度，及时排查治理瓦斯等隐患。

（3）要建立瓦斯等有害气体的检查制度，配备足够的瓦斯检查人员，落实巡回检查和专人检查规定。

（4）要树立"瓦斯超限就是事故"的理念，建立瓦斯超限追查制度，查找和清除事故隐患。

（5）要建立排放瓦斯管理制度，落实安全排放措施，确保瓦斯排放安全。

（6）要建立通风系统调整管理制度，明确程序、分级审批和专人指挥；改变全矿井通风系统时，必须由煤矿企业总工程师（技术负责人）进行审批。

（7）要建立巷道贯通管理制度，保证贯通两巷的正常通风和系统稳定、瓦斯不超限。

（8）要建立机电设备使用管理制度，加强矿用设备安全标志管理以及机电设备和供电系统维护，按规定定期检测检验，及时淘汰国家明令禁止使用的设备，坚决杜绝失爆，保障供电安全。

第705条　如何做到执行有力确保"管理到位"？

煤矿企业要加强对干部、职工的培训，保证对规章制度的正确理解和掌握，自觉遵守各项规章制度，提高执行力。

（1）要对煤矿企业主要负责人、安全管理人员、特种作业人员以及其他从业人员进行煤矿瓦斯综合治理意识、知识和操作技能的教育培训，使他们认识到瓦斯治理的必要性。瓦斯事故形成的成因和治理瓦斯的措施，从而自觉、有效地投入到瓦斯综合治理工作中来。

（2）要将瓦斯治理的责任贯彻到每个矿井、区队和班组，落实到每个环节和每道工序。

（3）要建立瓦斯治理定期研究和推进机制，明确工作标准、工作程序和执行标准，煤矿企业及所属矿井主要负责人每月至少组织专题研究1次瓦斯治理工作，定目标、定责任、定进度、及时研究解决瓦斯治理工作中的突出问题，确保职责和制度的落实。

（4）要坚持从严要求，一丝不苟，严格执行规章制度，严励惩处违章指挥、违章作业和违反劳动纪律的行为。

（5）要积极发挥党、政、工、团、妇联和群众的监督作用，实现群防群治。

第706问　如何做到监督严格确保"管理到位"?

煤矿企业必须强化对瓦斯治理的监督管理工作。

（1）煤矿企业及所属矿井要认真落实岗位责任，建立严格的监督检查和考核奖励制度，加强对安全生产规章制度、规程、标准和规范的执行情况的监督检查。

（2）煤矿各级干部必须切实履行职责，强化和完善领导干部下井带班制度，加强对重点部位、关键环节的巡视、检查和监督，研究解决井下存在的突出问题，增强下井带班效果。

（3）要加强瓦斯治理目标和责任制落实情况的监督考核，实行"一票否决"。

第707问　如何强化瓦斯治理行业管理?

煤碳管理部门要加强对瓦斯治理的行业管理和指导工作。

（1）按规定组织开展所辖煤矿的瓦斯等级鉴定，严把审核批准关，严格按标准和规范确定矿井瓦斯等级。

（2）要严肃认真地搞好矿井生产能力核定工作，把构建瓦斯综合治理工作体系的要求，特别是矿井通风和瓦斯抽采能力等作为生产能力核定的重要内容和约束指标。

（3）要积极推进辖区内煤矿企业瓦斯综合治理工作体系的建设，努力建成一批瓦斯治理县和矿井。

（4）煤矿新建和改扩建项目，瓦斯治理工程不配套的，不得立项建设。

（5）存在重大瓦斯隐患难以治理的小煤矿，要予以关闭。

（6）要督促煤矿企业认真排查治理重大瓦斯隐患、落实瓦斯治理各项措施，切实做好从业人员安全教育培训，提高防范瓦斯灾害的技能。

第 708 问　如何强化瓦斯治理监察工作?

煤矿安全监察机构要依法履行国家监察职责把煤矿瓦斯治理情况作为监察重点。

（1）要把瓦斯治理列入重点监察计划，开展定期监察、专项监察和重点监察。

（2）严格煤矿建设项目"三同时"，对通风系统、瓦斯抽采、安全监控等瓦斯治理工程不配套的矿井，不得通过安全设施设计审查和竣工验收。

（3）严把煤矿安全许可关，对存在重大瓦斯隐患没有整改的煤矿，要依法暂扣安全生产许可证或不得换发安全生产许可证。

（4）对存在系统不完善、管理不到位、抽采不达标等问题仍然组织生产的，必须责令停产整顿。

（5）对瓦斯隐患严重、排查治理不力的，要予以行政处罚或停产整改；造成事故的，要依法从严追究责任。

（6）对存在重大瓦斯隐患难以治理的煤矿，特别是煤与瓦斯突出严重矿区，生产能力在 30 万 t/a 以下的煤矿，应提请地方政府对该煤矿治理灾害的能力进行专家论证，并决定是否予以关闭。

第 709 问　如何进一步深化瓦斯隐患排查治理工作?

要把瓦斯治理贯穿于隐患排查治理的全过程，务求在治理瓦斯隐患、防范重特大瓦斯事故上见实效。

（1）对煤矿"一通三防"工作，包括通风系统、瓦斯抽采、监测监控以及思想认识、机构队伍、规章制度、安全投入和现场管理等方面存在的隐患和问题，进行全面彻底的排查和治理。

（2）要建立健全煤矿瓦斯重大安全隐患排查、治理和报告制度，落实煤矿企业隐患治理的主体责任。

（3）对瓦斯隐患的治理，要做到整改项目、资金、责任和进度"四落实"。

（4）要建立隐患分级监控制度，对矿井通风、抽采、监控、防火和防尘等系统存在的重大安全隐患，实行政府部门挂牌督办，重点治理。

（5）要建立健全瓦斯排查治理长效机制，推动排查工作的经常化和制度化。

第 710 问　在"瓦斯管理"安全质量标准化考核时，对瓦斯超限作业和瓦斯积聚应如何进行检查评分？

在"瓦斯管理"安全质量标准化考核时，应对采掘工作面和其他工作地点的瓦斯超限作业和瓦斯积聚等情况进行井下检查，并检查有关记录。

该小项总得分为 20 分。当井下检查发现 1 处不合格扣 20 分，检查有关记录发现 1 处不合格扣 10 分，扣完小项分为止。

第 711 问　在"瓦斯管理"安全质量标准化考核时，对瓦斯检查情况应如何进行检查评分？

在"瓦斯管理"安全质量标准化考核时，应对瓦斯检查次数、地点、交接班及计划等情况进行井下任意选点抽查和有关记录的检查。

该小项总得分为 20 分。发现 1 处不符合标准的扣 10 分。

第712问 在"瓦斯管理"安全质量标准化考核时，对停风地点应如何进行检查评分？

在"瓦斯管理"安全质量标准化考核时，应对临时停风地点和长期停风区进行井下选点检查和检查记录。

该小项总得分为 15 分。临时停风地点未断电撤人，设备栅栏和揭示警标和长期停风区未在 24 h 内封闭完毕的，每发现 1 处扣 10 分，检查记录每发现 1 处不符合标准的扣 5 分。

第713问 在"瓦斯检查"安全质量标准化考核时，对瓦斯排放应如何进行检查评分？

在"瓦斯管理"安全质量标准化考核时，应对瓦斯排放的专门措施和有关记录进行检查。

该小项总得分为 15 分。没有排放瓦斯专门措施、未严格执行措施或排放瓦斯措施未经批准的，每发现 1 处扣 10 分。没有瓦斯排放记录的每发现 1 处扣 5 分。

第714问 在"瓦斯管理"安全质量标准化考核时，对瓦斯检查三对口和通风瓦斯日报应如何进行检查评分？

在"瓦斯管理"安全质量标准化考核时，对瓦斯检查三对口及通风瓦斯日报上报审阅等情况进行井下抽查和有关记录的检查。

该小项总得分为 20 分。瓦斯检查时未做到井下牌板、检查记录手册和瓦斯台账三对口，或者通风瓦斯日报未做到每日上报矿长、总工程师审阅的，每发现 1 处扣 5 分，扣完小项分为止。

第 715 问　在"瓦斯管理"安全质量标准化考核时，对矿井瓦斯管理机构和人员应如何进行检查评分？

在"瓦斯管理"安全质量标准化考核时，应对矿井通风瓦斯管理机构和人员的配备情况进行有关资料的检查。

该小项总得分为 10 分。发现无专门瓦斯管理机构的不得分，人员配备不符合有关规定的，扣 5 分。

第 716 问　在"防治煤与瓦斯突出"安全质量标准化考核时对开采解放层和进行瓦斯抽放应如何进行检查评分？

在"防治煤与瓦斯突出"安全质量标准化考核时，应对开采解放层和抽放瓦斯等情况进行井下抽查和检查有关记录。

该小项总得分为 20 分。进行开采解放层和瓦斯抽放的得满分，未进行的不得分。

第 717 问　在"防治煤与瓦斯突出"安全质量标准化考核时对预测预报应如何进行检查评分？

在"防治煤与瓦斯突出"安全质量标准化考核时，对在突出煤层进行采掘作业的工作面的预测预报工作应进行现场抽查和查阅有关资料的检查。

该小项总得分为 10 分。发现 1 个工作面未预测的扣 5 分。

第 718 问　在"防治煤与瓦斯突出"安全质量标准化考核时对采掘作业防突情况应如何进行检查评分？

在"防治煤与瓦斯突出"安全质量标准化考核时，对采掘工作面按批准的防治突出措施进行作业的情况，检查防突措施、图纸、记录等有关资料，并进行现场抽查。

该小项总得分为 20 分。发现 1 个采掘工作面不符合标准要求的不得分。

第 719 问　在"防治煤与瓦斯突出"安全质量标准化考核时对效果检验应如何进行检查评分？

在"防治煤与瓦斯突出"安全质量标准化考核时应对采取防治突出措施后采掘工作面的效果检验进行现场抽查和查阅有关资料的检查。

该小项总得分为 10 分。只要有一个采掘工作面在采取防治突出措施后未进行效果检验，即不得分。

第 720 问　在"防治煤与瓦斯突出"安全质量标准化考核时对防护措施应如何进行检查评分？

在"防治煤与瓦斯突出"安全质量标准化考核时应对采掘工作面经批准的防护措施进行现场检查和查阅有关资料的检查。

该小项总得分为 20 分。在突出煤层作业的采掘工作面，没有经批准的防护措施的，发现 1 个工作面扣 5 分。

第 721 问　在"防治煤与瓦斯突出"安全质量标准化考核时对防突机构和队伍应如何进行检查评分？

在"防治煤与瓦斯突出"安全质量标准化考核时应对专门的防突机构、防突施工队伍及管理进行现场抽查和查阅有关资料的检查。

该小项总得分为 10 分。开采突出煤层的矿井没有由工程技术人员和有实践经验的人员组成的专门防突机构的不得分，防突施工队伍人员配备不符合规定的扣 5 分，资料不全或不能正常开展工作的扣 5 分。

第 722 问　在"防治煤与瓦斯突出"安全质量标准化考核时对井巷揭穿突出煤层应如何进行检查评分?

在"防治煤与瓦斯突出"安全质量标准化考核时，应对井巷揭穿突出煤层的安全技术措施和探测突出煤层的有关参数，进行现场抽查和查阅有关资料的检查。

该小项总得分为 10 分。在井巷揭穿突出煤层时，没有采取经县级以上煤炭行业管理部门批准的安全技术措施的不得分。

第 723 问　在"瓦斯抽放"安全质量标准化考核时对建立瓦斯抽放系统应如何进行检查评分?

在"瓦斯抽放"安全质量标准化考核时，对建立地面永久抽放瓦斯系统或井下临时抽放瓦斯系统进行井下现场抽查，并检查抽放记录和有关资料。预抽矿井还要检查预抽期。

该小项总得分为 10 分。凡不按规定抽放瓦斯的采掘工作面，每发现 1 个扣 5 分。

第 724 问　在"瓦斯抽放"安全质量标准化考核时，对定期测定瓦斯抽放系统应如何进行检查评分?

在"瓦斯抽放"安全质量标准化考核时，应对抽放系统定期测定瓦斯流量、负压、浓度与参数，每小时检查泵站 1 次，干支架和抽放钻孔每周检查 1 次和对抽放钻孔有关参数及时调节等情况进行现场检查和查阅有关记录的检查。

该小项总得分为 15 分。如果未进行定期测定不得分。发现 1 处未按规定时间测定扣 2 分，1 处未按时测，缺少或误测 1 个数据扣 1 分，扣完小项分为止。

第 725 问　在"瓦斯抽放"安全质量标准化考核时，对专门的抽放队伍和人员应如何进行检查评分？

在"瓦斯抽放"安全质量标准化考核时，对专门的抽放队伍和人员进行查阅有关记录的检查。

该小项总得分为 10 分。进行瓦斯抽放的矿井没有专门的队伍不得分；人员配备不能满足抽放瓦斯（打钻、观测等）的需求，或者不能完成抽放工作要求各项任务的扣 5 分。

第 726 问　在"瓦斯抽放"安全质量标准化考核时，对抽放管路的完好和安装应如何进行检查评分？

在"瓦斯抽放"安全质量标准化考核时，对抽放管路的完好和安装等情况进行现场任意抽查和查阅记录的检查。

该小项总得分为 15 分。无记录可查不得分，抽放管路出现破损、泄漏、积水，或未吊高或垫高至离地面高度大于 0.3 m 的，抽放检测仪表不齐全或不定期校正的，每发现 1 个扣 1 分。

第 727 问　在"瓦斯抽放"安全质量标准化考核时，对抽放钻场（钻孔）应如何进行检查评分？

在"瓦斯抽放"安全质量标准化考核时，应对抽放钻场（钻孔）的观测记录牌板和各种记录、台账进行现场抽查和查阅有关资料的检查。

该小项总得分为 10 分。发现 1 处不合格的扣 5 分。

第728问　在"瓦斯抽放"安全质量标准化考核时对瓦斯抽放工程施工应如何进行检查评分?

在"瓦斯抽放"安全质量标准化考核时应对瓦斯抽放工程施工,包括钻场、钻孔、管路、瓦斯巷等情况进行检查计划,设计图纸和施工有关记录,并进行现场抽查。

该小项总得分为 15 分。无计划或无批准的专门设计施工的不得分;计划未完成按完成计划比例扣分,但不得超过 5 分;未按设计施工每发现 1 处扣 5 分。

第729问　在"瓦斯抽放"安全质量标准化考核时对抽放瓦斯和抽放瓦斯设施应如何进行检查评分?

在"瓦斯抽放"安全质量标准化考核时,对抽放瓦斯的有关规定和抽放瓦斯设施的有关要求进行现场检查。

该小项总得分为 5 分。发现 1 处不合格扣 5 分。

第730问　在"瓦斯抽放"安全质量标准化考核时,对井下临时抽放瓦斯泵站应如何进行检查评分?

在"瓦斯抽放"安全质量标准化考核时,对井下临时抽放瓦斯泵站的有关规定进行现场检查和查阅有关资料的检查。

该小项总得分为 10 分。每发现 1 条不符合规定的扣 5 分。

第731问　在"瓦斯抽放"安全质量标准化考核时,对瓦斯抽放量应如何进行检查评分?

在"瓦斯抽放"安全质量标准化考核时,对完成瓦斯抽放量进行查阅抽放记录、报表和进行现场实测的检查。

该小项总得分为 10 分。瓦斯抽放矿井，应按时完成抽放量计划，每一个地面抽放站的年度瓦斯抽放量不小于 100 万 m^3。预抽方式，矿井抽放率不小于 20%，邻近层抽放，矿井抽放率不小于 35%；采用混合抽放方式，矿井抽放率不小于 25%。在检查中发现抽放量每小于计划 1%的扣 1 分；年抽放量小于 100 万 m^3 的，每小于 1%扣 2 分；有一项抽放率小于标准规定指标的扣 0.5 分。

第三章

矿 尘 防 治

第一节　矿尘防治基础知识

第732问　什么叫矿尘?

矿尘指的是,在矿井生产和建设过程中所产生的,并能在空气中悬浮一定时间的各种矿物细微颗粒的总称。

第733问　矿尘是怎样产生的?

煤矿井下矿尘的来源主要有以下几条途径:

(1) 采掘工作面破碎、装载煤(岩)过程,如电钻、风锤打眼,爆破,采掘机械切割煤(岩),人工装载和机械装载等。

(2) 采空区处理过程,如人工回柱放顶、液压支架移架和放顶煤开采的放顶煤作业工序等。

(3) 煤(岩)的运输和转载过程,如煤(岩)的自溜运输、输送机运输、转载、卸载、煤仓口放煤和翻笼翻煤等。

(4) 喷浆过程,在喷浆作业时会产生大量的水泥和矿粒粉尘。

第734问　矿井自然条件对矿尘的产生有哪些影响?

自然条件对矿尘产生的影响主要有以下几方面:

(1) 地质构造情况。地质构造复杂,断层褶皱发育,受地质构造运动破坏强烈地区,开采时矿尘产生量较大,反之则产尘量较小。

(2) 煤层的赋存条件。在同样的技术条件下,开采薄煤层比开采厚煤层矿尘产生量要大，因为在同样的产尘环境中，薄煤层比厚煤层空间小，使矿尘浓度增加；开采缓倾斜煤层比开采急倾斜矿尘产生量要小。

（3）煤（岩）的物理学性质。在一般情况下，煤（岩）体节理发育、结构疏松、水份较低，煤（岩）质坚硬且脆性大时，在采掘过程矿尘产生量较大，反之则产生量较小。

第735问　矿井生产条件对矿尘的产生有哪些影响？

生产条件对矿尘产生的影响主要有以下几方面：

（1）采掘机械化程度。随着采掘机械化程度的提高，矿尘的产生量也随之增大。如没有采取防尘措施时，炮采产尘量 $300\sim500$ mg/m^3，机采产尘量 $1\ 000\sim3\ 000$ mg/m^3，综采产尘量 $4\ 000\sim8\ 000$ mg/m^3，炮掘产尘量 $1\ 300\sim1\ 600$ mg/m^3，机掘产尘量 $2\ 000\sim3\ 000$ mg/m^3。

（2）生产的集中化程度。生产集中化程度的提高，使采掘工作面推进速度加快，同时风量越来越大，扬起矿尘，使较小的空间内产生较多的矿尘。

（3）采煤方法。如采用不同的采煤方法时产尘量也不相同，如急倾斜煤层采用倒台阶采煤法比采用水平分层采煤法煤尘产生量要大；缓倾斜煤层采用放顶煤开采比采用倾斜分层开采煤尘产量要大得多；全部垮落法管理顶板比充填法管理顶板产尘量也大。

（4）采掘机械。采掘机械截出形状排别、牵引速度、截割速度、截割深度等也影响煤（岩）的产尘量和颗粒大小。

第736问　采掘工作面通风状况对煤尘的产生有哪些影响？

通风状况对采掘工作面的煤尘产生的影响主要有以下几

方面：

（1）通风方式。如下行通风方式比上行通风方式产尘量要小；串联通风方式比分区通风方式产尘量要大。

（2）风速。风速与和矿尘的关系比较密切，通过合适的风速，风流中矿尘浓度最小，并将矿尘排出矿井。风速过小，影响对矿尘的冲淡和排除；风速过大，会将已经沉降的矿尘吹扬起来，增加空气中的矿尘。据研究资料，采煤工作面最佳排尘风速 1.2～1.6 m/s，掘井工作面最佳排尘风速 0.25～0.5m/s。

第 737 问　矿尘有哪些危害？

矿尘对人体健康和矿井安全存在着严重危害，主要表现在以下几方面：

（1）对人体健康的危害。长期吸入大量的矿尘，轻者引起呼吸道炎症，重者导致尘肺病。同时，皮肤沾染矿尘，阻塞毛孔，能引起皮肤病或发炎，矿尘还会刺激眼膜。

（2）煤尘爆炸。煤尘在一定条件下可以爆炸，煤尘爆炸是煤矿五大灾害之一。对于瓦斯矿井，发生瓦斯爆炸时煤尘也有可能同时参与爆炸，使爆炸破坏程度加剧。

（3）污染作业环境。矿尘增大，会降低作业场所和巷道能见度，不仅影响劳动效率，还容易导致误操作、误判断，往往造成作业人员伤亡。

（4）对机械设备的危害。矿尘能加速机械磨损，缩短使用寿命，增加人员对设备的维修工作量。

第 738 问　矿尘如何进行分类？

矿尘的分类方法很多，目前我国煤矿对矿尘主要有以下分类方法：

（1）按矿尘的成分分类

①煤尘：直径小于 1 mm 煤炭颗粒。

②岩尘：直径小于 5 μm 岩石颗粒

（2）按矿尘中游离 sio_2 的含量分类

①矽尘：矿尘中游离 sio_2 含量在 10％以上。

②非矽尘：矿尘中游离 sio_2 含量在 10％及其以下。

（3）按矿尘存在状态分类

①浮尘：悬浮在矿井空气中的矿尘。

②积尘：沉积在井巷四周、支架、设备和物料上的矿尘。

（4）按卫生学观点分类

①总粉尘：悬浮于矿井空气中各种粒径的矿尘总和，以前称为全尘。它指的是在正常呼吸过程中通过鼻和嘴能够吸入的矿尘。

②非呼吸性粉尘：虽然进入体内，但由于鼻、咽、气管支气管、细支气管的拦截、阻留作用仍不能进入肺泡区的粉尘。

③呼吸性粉尘：能够呼吸到人体肺泡区的粉尘。它是致尘肺病的粉尘。呼吸性粉尘空气动力学直径均在 7.07 μm 以下，并且空气动力学直径 5 μm 的效率为 50％。

（5）按矿尘的爆炸性分类

①有爆炸性矿尘：本身具有爆炸性，在一定条件下能发生爆炸的矿尘。

②无爆炸性矿尘：本身没有爆炸性，在任何条件下都不会发生爆炸的矿尘。

第 739 问　什么叫矿尘的粒度？
粒度与人体健康有什么关系？

矿尘的粒度指的是矿尘颗粒的大小，又称粒径。因矿尘的形状不规则，一般用尘粒的平均直径或其投影长度来表示粒度，其单位为 μm（微米）。

一般来说，矿尘的粒度越小，对人体健康危害越大，粒度小于 5 μm 的呼吸性粉尘被人吸入细支管和肺泡区里引起尘肺病。

第740问 什么叫矿尘的浓度？矿尘浓度怎样表示？

矿尘的浓度指的是单位体积内矿井空气浮尘的颗粒数或浮尘的质量。其表示方法有以下两种：

（1）计重法

计重法指的是，单位体积内矿井空气所含浮尘的质量，单位为 g/m^3 或 mg/m^3。计重法表示的是矿尘的质量浓度。

（2）计数法

计数法指的是，单位体积内矿井空气所含浮尘的颗粒数，单位为粒$/cm^3$。计数法表示的是矿尘的数量浓度。

第741问 什么叫矿尘的分散度？
矿尘分散度与矿井安全和人体健康有什么关系？

矿尘的分散度指的是，物质被破碎的程度，用来表示矿尘粒子大小的组成。通常所说的矿尘分散度是指某粒级的矿尘量与矿尘总数量级百分比。

根据矿尘总数量中不同粒级的矿尘所占百分比，矿尘的分散度可分为高分散度的矿尘和低分散度的矿尘。高分散度的矿尘中微细尘粒多，所占比例大，而低分散度的矿尘中粗大尘粒多、所占比例大。矿尘的分散度越高，对矿井安全和人体健康危害性越大，而且越难捕获。所以，在制定防尘措施时，必须考虑矿尘的分散度，以达到效果最佳。

第742问 什么叫矿尘悬浮性？
悬浮性对人体健康有什么危害？

矿尘悬浮性指的是，矿尘不易降落，可以长时间地悬浮在空气中的性质。

尘粒在空气中悬浮的时间与它的体积、密度、形状和作业环境温度、湿度和风速等因素有关系。据实验资料，直径 5 μm 的尘粒可在空气中悬浮 3 h 左右，尘粒直径越小，在空气中沉降速度越慢，实际这些尘粒对尘肺病的发生起主要作用。

第 743 问　什么叫矿尘吸附性？
吸附性对人体健康有什么危害？

矿尘吸附性指的是，矿尘对周围介质（空气）具有吸附能力的性质，使微细颗粒表面形成一种气膜。

矿尘的吸附性不利于矿尘的沉降，同时作业现场的粉尘表面还会吸附空气中含有的有害有毒气体和放射性物质（如氡），加重了矿尘对人体健康的危害性。

第 744 问　什么叫矿尘湿润性？
湿润性与防尘有什么关系？

湿润性指的是，矿尘尘粒与水分子的亲和能力。

矿尘颗粒与水分子结合后，使矿尘颗粒的体积增大，质量增加，提高颗粒的沉落速度或者不易飞扬起来。煤矿井下采用的喷雾洒水就是利用矿尘湿润性原理从空气中将浮尘沉降下来和使积尘飘不起来，以减少矿尘的危害性。

第 745 问　什么叫矿尘荷电性？
荷电性对人体健康有什么危害？

荷电性指的是，矿尘粒子在被破碎过程中互相摩擦，表面得到或失去电子而使矿尘带电的性质。悬浮在空气中的矿尘也可以直接吸附空气中的离子而产生电荷。

矿尘的荷电性对矿尘在空气中的稳定程度有一定影响。同性电荷相斥，增加了尘粒在空气中的运动；异性电荷相吸，可使尘粒在碰撞时凝集而沉降。外国有的采用雾滴带电荷的方法进行喷雾降尘，取得了明显的效果。

但是，荷电尘粒易被阻留于人体内，尘粒的荷电量影响细胞的吞噬速度，矿尘的荷电量越大对人体健康的危害也越大。

第 746 问　煤尘爆炸的实质是什么？

煤尘爆炸的实质是空气中氧气与煤尘在高温作用下发生的急剧化学反应过程。

悬浮于空气中的煤尘在高温热源作用下，迅速被干馏或气化散放出可燃性气体。这些可燃性气体燃点较低，与空气混合后，在高温热源作用下燃烧起来，燃烧生成的热能又使煤尘加热而燃烧，生成更多的热能。这些热能传播给附近煤尘并使其重复以上过程。在此过程连续不断地进行中，氧化化学反应越来越快，温度越来越高，范围越来越大，当达到一定程度时，便由一般燃烧发展成为剧裂的煤尘爆炸。

煤尘爆炸化学反应方程式如下：

（1）煤尘完全燃烧时，$C+O_2 \Longrightarrow CO_2 + 8\ 140\ KcaI/kg$。

（2）煤尘不完全燃烧时，$2C+O_2 \Longrightarrow 2CO+2\ 440\ KcaI/kg$。

第 747 问　煤尘爆炸的条件是什么？

煤尘爆炸必须同时具备以下 3 个条件才发生，缺少其中任何 1 个条件则不可发生煤尘爆炸。

（1）具有能够爆炸的悬浮煤尘浓度。

（2）具有点燃引爆煤尘的高温热源。

（3）具有足够的氧气含量。

第748问　能够爆炸的悬浮煤尘浓度是多少?

能够爆炸的悬浮煤尘浓度包括以下 3 方面内容:

(1) 煤尘本身具有爆炸性。

煤尘本身有的具有爆炸性,而有的不具有爆炸性。当煤尘受热氧化后,产生的可燃性气体很少,不能使煤尘发生爆炸,因而,一般认为煤的挥发性大于 10% 时,基本上属于爆炸性煤尘,煤尘有无爆炸性,只有通过煤尘爆炸性鉴定才能确定。爆炸性煤尘根据其爆炸指数的大小来判定其爆炸程度的强弱。在我国有的煤矿煤尘爆炸指数 12% 仍没有爆炸性,而有的煤矿煤尘爆炸指数 9% 却具有爆炸性。

(2) 煤尘在空气中呈悬浮状态。

只有在空气中呈悬浮状态的煤尘,它的表面积才会成千上万倍的增大,与空气中的氧接触面积随之显著增大,加快了氧化作用,如 1 m^3 煤块,破碎成直径 1 μm 的煤尘时,其表面积增大 1 万倍。

(3) 煤尘的浓度。

煤尘浓度过低,尘粒与尘粒之间的距离较大,煤尘燃烧时产生的热量很快被周围介质所吸收,那么就不会发生爆炸;相反,如果煤尘浓度过大,煤尘在氧化和燃烧过程中放出的热量被煤尘本身所吸收,同样也不会发生爆炸。据理论和实验表明,煤尘浓度达到 45~(1 500~2 000) g/m^3 时才能发生爆炸。爆炸威力最强时煤尘浓度为 300~400 g/m^3。

当井下空气中含有瓦斯时,煤尘爆炸浓度将会降低,如当瓦斯浓度达到 3.5% 时,煤尘浓度降低到 6.1% 就可能发生爆炸。

第749问　点燃引爆煤尘热源的温度是多少?

点燃引爆煤尘的热源温度因煤尘性质和所处条件不同变化较

大。在正常情况下，煤尘点燃引爆热源的温度为610～1 050 ℃，一般为700～800 ℃。其引爆高温热源种类与瓦斯爆炸引爆高温热源种类相同，在井下作业地点很容易产生。

第750问　引爆煤尘时氧气含量是多少？

煤尘爆炸实质上就是煤尘的剧烈氧化现象。煤尘爆炸时空气中氧气含量必须大于18%。但是，即使氧气含量小于18%时，也不能完全防止瓦斯和煤尘在空气中混合物的爆炸。

空气中氧气含量对煤尘爆炸有很大影响。当氧气含量增加时，点燃煤尘的温度可以降低，反之，氧气含量减小时，点然煤尘的温度就要提高。同时，煤尘爆炸产生压力随空气中氧气含量增大而增大。

第751问　瓦斯爆炸和煤尘爆炸有什么相同点？

瓦斯爆炸和煤尘爆炸都是井下常发生的爆炸现象，是煤矿五大自然灾害之一。它们的发生有以下相同点：

（1）从发生的条件来分析，都必须具备足够的氧气含量和一定温度的热源。井下正常地点的氧气含量都能满足需要，高温热源虽然高低温度数值有所不同，但井下常见的火源都能达到它们对温度的要求。所以，从氧气和温度这两个条件来说，它们是一致的，也就是说，在这样的环境条件下，既能引发瓦斯爆炸，也能引发煤尘爆炸。

（2）从事故造成的后果来分析，瓦斯爆炸和煤尘爆炸都能给井下带来严重灾害，造成矿井毁坏和人员伤亡

（3）瓦斯爆炸和煤尘爆炸互相创造有利机会。瓦斯爆炸能扬起巷道中的煤尘，使积尘变为浮尘，浮尘浓度达到爆炸界限，遇到瓦斯爆炸产生的火焰、高温烟流又能引起煤尘爆炸；煤尘爆炸能毁坏矿井通风设施，造成瓦斯积聚，积聚的瓦斯达到爆炸浓

271

度，遇到煤尘爆炸产生的火焰、高温烟流又能引起瓦斯爆炸。

第752问　如何在现场区分瓦斯爆炸和煤尘爆炸？

瓦斯爆炸和煤尘爆炸往往同时发生，从现象上严格区分它们是非常困难的。在现场区分主要根据以下几方面情况：

（1）爆炸条件

分析爆炸事故发生之前爆炸地点是否存在可能爆炸的煤尘或瓦斯等条件，即煤尘、瓦斯浓度是否到达爆炸界限，从而进一步推断是煤尘还是瓦斯，或者瓦斯煤尘爆炸。

（2）爆炸特征

煤尘爆炸不但有连续爆炸的特征，而且还有距爆源越远破坏力越大的特征，而瓦斯爆炸不具备此特征。

（3）爆炸威力

煤尘爆炸产生的热量大，爆炸压力大。据有关资料，距爆源 200 m 的巷道出口处爆炸压力可达 0.5～1.0 MPa，如果通路中遇到障碍物、巷道断面突然变化或拐弯，则爆炸压力更大。从一般现象上看，煤尘爆炸比瓦斯爆炸破坏更惨重。

（4）爆炸"焦巴"

煤尘爆炸时煤尘焦化黏结在支架或巷壁上形成"焦巴"，这是确定煤是否爆炸的重要标志。

第753问　为什么煤尘爆炸时会形成"焦巴"？

煤尘爆炸时，由于氧气供给不充分，燃烧通常是不完全的。一部分没有完全的煤尘被烧焦而形成皮渣或粘块附着在支架上，便形成了"焦巴"。煤尘爆炸留下的煤尘焦化产物，常用来判断是瓦斯爆炸，还是煤尘爆炸或者是瓦斯煤尘爆炸。

第754问 要据"焦巴"位置如何判断
煤尘爆炸爆源方向、传播速度和爆炸强度?

当煤尘爆炸时传播速度不同时,"焦巴"在支架上附着位置也不相同,根据"焦巴"附着在支架上的位置就可以判断煤尘爆炸爆源方向、传播速度和爆炸强度的。

(1)当煤尘爆炸强度较弱、传播速度较小时,"焦巴"在支架迎风和背风两侧都存在,但是在爆炸波传来的方向则(即迎风侧)堆积较密实。

(2)当煤尘爆炸强度中等、传播速度较大时,"焦巴"附着在支架的迎风侧。

(3)当煤尘爆炸传播速度非常大时,"焦巴"附着在支架的背风侧,而迎风侧则留下火烧痕迹。

第755问 什么叫煤尘爆炸感应期?
煤尘爆炸感应期对矿井安全生产有什么意义?

煤尘爆炸感应期指的是,煤尘从受热分解产生足够数量的可燃性气体和热量到形成爆炸所需的时间。煤尘爆炸感应期取决于煤尘中挥发分的高低,挥发分越高,感应期就越短,一般感应期为 40~200 ms。

尽管煤尘爆炸感应期非常短暂,但对矿井安全生产却有着非常重要意义。例如,井下使用安全炸药爆破时,虽然爆炸产生的高温达 2 000 ℃,但这个高温和爆炸产生的冲击波存在的时间非常短,都不会超过 10 ms,远远小于煤尘爆炸感应期,所以在爆破时不会发生煤尘爆炸。同样,煤尘爆炸感应期原理也应用在井下防爆电气设备的设计中,所以在有煤尘爆炸危险的环境中使用防煤电气设备图示也是安全的。

第756问　煤尘爆炸为什么容易形成连续爆炸?

煤尘发生连续爆炸主要有以下二个原因:

(1) 煤尘爆炸产生的反向冲击造成的。

煤尘爆炸时的正向冲击是在高温作用下爆炸地点的空气急剧向外扩张,而反向冲击是在爆源附近空气受热膨胀,密度减小,火焰过后温度降低,瞬时形成负压区,空气迅速向爆源附近返回。在反向冲击发生时,如果该爆源附近仍然存在煤尘,在热源和氧气的参与下导致第二次煤尘爆炸。

(2) 煤尘爆炸时落后于压力波的高温火焰造成的。

因为煤尘爆炸时,产生的压力波传播速度很快,能将巷道中,设备上和物料表面的积尘扬起,使空气中煤尘浓度迅速达到爆炸浓度界限,当落后于压力波的高温火焰到达时,就会发生第二次煤尘爆炸。

第757问　煤尘连续爆炸对矿井安全有什么危害?

煤尘发生连续爆炸对矿井安全的危害主要表现在以下三个方面:

(1) 压力增大。

煤尘发生连续爆炸时,后一次爆炸是在前一次爆炸的基础上发生的,后一次爆炸前空气初压力往往大于大气压力,爆炸后产生的空气压力与初压迭加,所以,连续爆炸时越在后面的爆炸压力越大。

(2) 破坏更惨重

煤尘爆炸发生后,巷道、支架已经遭到损坏,但也有个别地点存在着没有倒塌、堵塞情况,后一次爆炸是在前一次爆炸破坏的基础上,将未塌的巷道可能全部塌冒,人员受伤或避难可能因后一次爆炸而出现死亡。

（3）事故范围扩大

煤尘连续爆炸使爆炸事故波及的范围扩大，而且，连续爆炸间隙时间没有规律可循。所以，对人员造成伤害和矿井破坏十分严重。

第758问　煤尘爆炸有哪些危害？

煤尘爆炸给矿井安全和人体生命健康带来的危害主要有以下三种：

（1）爆炸产生高温、火焰。

（2）爆炸形成高压、冲击波。

（3）爆炸生成有毒有害气体。

第759问　煤尘爆炸产生的高温
火焰对矿井安全有什么危害？

根据实验室测定，煤尘爆炸火焰的温度为 1 600～2 000 ℃。煤尘爆炸时要释放出大量的热量，依靠这些热量可使气体产物的温度高达 2 300～2 500 ℃，在一端开口的无限长巷道内爆炸时，煤尘爆炸最大火焰的瞬时燃烧速度可达 1 120 m/s。如此高温、火焰会烧伤烧死人员、烧毁矿山设备和资源和引起瓦斯煤尘二次爆炸。

第760问　煤尘爆炸形成的高压、
冲击波对矿山安全有什么危害？

煤尘爆炸使爆源附近气体温度骤然上升，从而使气体的压力突然增大，煤尘爆炸的理论压力为 0.736 MPa，但是在有大量积尘巷道时，爆炸压力将随距爆源距离的增加则呈跳跃地增大。一般来说，距爆源 200 m 的平硐巷道口，爆炸压力可达 0.5～1.0

MPa。如果在冲击波传播的通道内受阻时，爆炸压力还将上升。冲击波速度高达 2 340 m/s。如此高压、冲击波会对人体内脏造成极大损伤，推倒人员造成外伤和内伤，摧垮支架造成巷道塌冒，摧坏矿井通风设施造成紊乱，摧毁机电设备和矿车造成生产中断，吹扬积尘造成煤尘再次爆炸。

第 761 问　煤尘爆炸生成的有毒有害气体对矿井安全有什么危害？

煤尘爆炸时生成大量的有毒有害气体，除一氧化碳和二氧化碳外，还存在各种碳氢化合物气体，其中一氧化碳含量可达 2%～3%，甚至高达 8%。爆炸事故死亡人数有 70%～80% 是由于一氧化碳中毒造成的。所以，一氧化碳超限是煤尘爆炸造成大量人员伤亡的主要原因。

第 762 问　什么叫矽尘？

煤矿井下广泛分布着二氧化硅，它的主要赋存形式是石英（游离二氧化硅），大部分矿岩石都有石英存在。在煤矿开采过程中，大多数矿尘都含有一定量的游离二氧化硅，游离二氧化硅含量在 10% 以上的粉尘叫做矽尘。

第 763 问　什么叫煤尘？

煤矿井下的煤层被开采以后，形成细小的块状体，其中产生大量的微小颗粒，能够较长时间悬浮在空气中。粒径为 0.75～1 mm 以下的煤炭颗粒叫煤尘。

第764问 什么叫尘肺病?

尘肺病指的是,由于在职业活动中长期吸入生产性粉尘,并在肺内阻留而引起的以肺组织弥漫性纤维化为主的全身性疾病。

井下作业人员在产尘环境中长期劳动,吸入大量的有害粉尘,如煤尘和矽尘,可使肺组织发生一种弥漫性的就象皮肤"结疤"一样的纤维性变化。这种变化可使肺的功能受到损害,严重时可使病人丧失劳动能力,生命质量受到严重影响,甚至对病人的寿命造成威胁。

第二节 矿尘防治措施

第765问 预防煤尘爆炸的主要措施是什么?

预防煤尘爆炸的措施主要有以下三条:

(1)降尘措施

降尘措施指的是,在生产过程中减少煤尘产生量和避免煤尘悬浮飞扬。它是预防煤尘爆炸的根本措施。

(2)杜绝引爆火源

杜绝引爆火源指的是,杜绝和控制一切能引起煤尘爆炸的高温火源。

(3)采取防爆、隔爆措施

采取防爆、隔爆措施指的是,在煤矿井下巷道中设置防爆、隔爆设施,以阻断煤尘爆炸产生的冲击波和火焰、高温烟流的传播,防止事故范围的扩大。

第766问 煤矿井下常用哪些防尘措施？

煤矿井下通常采用的防尘措施有以下几种：

(1) 煤层注水。在采煤前向煤体内打眼注水，用压力水将煤层预先湿润，以减小开采时的产尘量。

(2) 湿式打眼。使用水电钻打眼以湿润眼内煤尘。

(3) 喷雾洒水。对井下各集中产尘点进行喷雾洒水，以捕获浮尘和湿润积尘。

(4) 通风除尘。控制合理的风速，稀释和排除作业地点浮尘，防止过量积尘。

(5) 净化风流。在含尘空气流经的巷道设置水幕、水帘等设施和设备，捕获煤尘，减少浮尘。

(6) 水封破煤。使用水炮泥封堵炮眼，利用水的气化降尘。

(7) 清除积尘。及时定期清除巷道中，支架上和设备、物料表面的积尘。

第767问 什么叫煤层注水防尘措施？

煤层注水防尘措施指的是，通过密封在钻孔内的注水管，将水注入到钻孔内，使压力水沿煤层层理、节理、孔隙及裂隙渗入到即将开采的煤层中，增加煤体内的水分，使煤层得到预先湿润，从而降低开采时产尘量。

第768问 采煤工作面除哪些情况外都应采取煤层注水防尘措施？

《煤矿安全规程》中规定，采煤工作面除下列情况之一外，应采取煤层注水防尘措施：

(1) 注水后影响采煤安全的煤层。

（2）注水后造成劳动条件恶化的薄煤层。

（3）原有自然水分或防灭火灌浆后水分大于4%的煤层。

（4）孔隙率小于4%的煤层。

（5）易塌孔、难成孔的煤层。

第769问　煤层注水为什么能防尘？

预先进行煤层注水，能够防止采煤作业过程的产尘量，其原因有以下三点：

（1）煤体中的裂隙、孔隙、层理中存在着原生煤尘，当水注入后，可先将原生煤尘湿润，使其在开采作业时不能飞扬，从而有效地防止原生煤尘。

（2）水注入煤体后使煤体内部均匀湿润，采煤时被破碎的煤粒表面都有水分，使煤粒密度变大，失去飞扬能力，从而减少了浮尘发生量。

（3）注水进入煤体后，使煤体塑性增强、脆性减弱，从而减少了煤尘的产生量。

第770问　什么叫长孔注水方式？
它的主要技术参数有哪些？

长孔注水方式指的是，在采煤工作面的进风或回风巷，超前于工作面向煤层内打较长的钻孔进行煤层注水的方式。

这种方式钻孔长度一般为30~100 m，即工作面长度2/3左右，孔间距一般为15~20 m；孔径一般为45 mm（用岩石电钻打孔时）或53~60 mm（用钻机打孔时）；封孔深度一般为2.5~10 m；封孔方式分水泥封孔和封孔器封孔；注水压力一般为2 450 kPa（静压注水时）或4 900~19 600 kPa（动压注水时）。

第771问 什么叫湿式打眼防尘措施?

湿式打眼指的是,在采掘工作面打眼时,将具有一定压力的水通过钻具送入正在钻进的钻孔孔底,湿润并冲洗钻孔中的煤(岩)粉,使煤(岩)粉在钻孔中变成浆液流出,从而大大减少打眼作业时的产尘量。目前,我国煤矿岩巷掘进普通推广使用了湿式打眼,降尘效果十分显著,有的资料表明,湿式打眼比干式打眼降低94%～98%的产尘量,很多采煤工作面也在积极推广湿式打眼。

第772问 什么叫喷雾洒水防尘措施? 它有哪两种喷雾形式?

喷雾洒水防尘措施指的是,一定压力作用下的水,通过微孔喷出后与空气或压风混合,形成雾状水粒。水粒在空气中与浮尘相碰撞,使矿尘被湿润,增加了矿尘本身的质量,从而提高矿尘的沉降速度,减少矿尘在空气中的飘浮时间,使空气中浮尘量减小。

喷雾分为单水作用喷雾和风水联动喷雾两种。单水作用喷雾是指水在自身压力作用下喷出微孔形成水雾;而风水联动喷雾是指喷雾以压气作为主要动力,将低于风压的水吹散成水雾。

第773问 如何使用通风除尘措施?

通风除尘措施指的是,通过合理通风来稀释和排除作业场所空气中矿尘的一种方法。

合理地选择和控制风速、风量和风向等通风参数,是搞好通风除尘的关键。

第 774 问　风量与除尘有什么关系?

在采掘工作面风速不变的条件下,风量的变化实际上就是巷道断面或采掘工作面空间的变化,如果风量增大,若产尘量不变,则空间内矿尘浓度就降低;相反,空间变小,则矿尘浓度就提高。因此,在合理控制风速的前提下,保证足够的巷道断面,减小漏风,确保工作面风量足够,可有效降低巷道矿尘浓度。

第 775 问　如何选择风向进行通风除尘?

合理选择风流方向,对除尘工作有一定影响,既能有效降低矿尘浓度,又能减轻矿尘对人体健康的危害。例如,在采煤工作面中,若风流方向与运煤方向一致,风流与运煤之间的相对速度就会减小,则所吹起的煤尘也会相对减少;同时,转载点和运煤途中扬起的煤尘也不会带到人员集中的工作面中来,这样也会减少工作面的矿尘浓度,工作面作业人员不会呼吸到更多的矿尘。走向长壁采煤工作面若采用下行通风就获得上述效果。所以,从通风除尘角度来说,应该采取下行通风。

第 776 问　如何合理选择风速进行通风除尘?

井下巷道中的风速过大或过小,都不利于排除矿尘。《煤矿安全规程》中规定,掘进中的岩巷风速应控制在 $0.15 \sim 4.0$ m/s;而采煤工作面、掘进中的煤巷和半煤岩巷中的风速应控制在 $0.25 \sim 4.0$ m/s。据有关资料,最优排尘风速一般在干燥巷道为 $1.2 \sim 2$ m/s,在潮湿巷道和采煤工作面采取防尘措施后为 $2 \sim 2.5$ m/s。

第 777 问 如何使用净化风流除尘措施? 它有哪两种净化方式?

净化风流除尘措施指的是,使井巷中的含尘空气通过一定的设备或设施,将矿尘捕获而使井巷风流矿尘浓度降低的方法。

目前通常使用的是在巷道中或局部通风机设置净化水幕和安装除尘风机。净化水幕应以整个巷道断面布满水雾为原则,并尽可能布置在离产尘点较近地点,以扩大风流净化范围。风筒中设置水幕时,应使水雾喷射方向与内筒中风流方向相反,以提高除尘效果。

第 778 问 什么叫水封爆破防尘措施?

水封爆破防尘措施指的是,使用盛满水的专用塑料袋代替或部分代替用粘土做成的炮泥,即水炮泥封堵外破眼口,爆破时水炮泥中的水分被雾化,可供尘粒湿润、结团而减少煤尘产生量。

爆破使用水炮泥封堵炮眼,不仅可以取得与粘土炮泥同样的作用,还能降低爆炸产物的温度和浓度,有效地预防瓦斯和煤尘爆炸。使用水炮泥除尘效果十分明显,除尘率一般为 63%~80%。

第 779 问 为什么要定期清除积尘?

在煤矿开采过程中,会产生大量煤尘,即使防尘措施做得再好,也难以将煤尘全部带走,有一定量的煤尘要沉积在巷道四周、支架和设备器材上,形成积尘,这些积尘一旦受到某种外力冲击,如发生爆炸,冲击地压,爆破,人员行走,风量突然加大等就会重新飞扬起来,给煤尘爆炸提出了尘源。所以,积尘是煤尘爆炸的重大隐患,必须采取积极措施进行清除。

第780问　如何对巷道进行清除积尘?

煤矿井下通常采用以下几种方法对巷道进行清除积尘:

（1）冲洗巷道

用水把沉积在巷道四周和支架上的煤尘进行冲洗,冲洗时由顶部到底部,前、后、两侧把煤尘全部冲洗干净,煤水顺巷道水沟流出,遗留煤尘及时运出。冲洗时要注意不要将水射入电气设备及其开关内。

（2）清扫巷道

清扫巷道时要用水浸湿扫帚,使用湿扫帚清扫时可以避免煤尘飞扬蔓延,保证作业人员身体健康和减少浮尘浓度,清扫出来的煤尘要及时运出。

（3）刷白巷道

利用石灰水刷浆或者水泥石灰水对巷道四周进行喷洒刷白,把巷道四周积尘固结起来,使其不能飞扬参与爆炸,同时刷白的巷道容易发现积尘的情况。以便及时采取措施进行清除。

第781问　采煤工作面综合防尘的总体要求是什么?

采煤工作面应采取综合防尘措施,达到以下总体要求:

（1）落煤时产尘点下风侧 10～15 m 处总粉尘降尘效率应大于或等于85%。

（2）支护时产尘点下风侧 10～15 m 处总粉尘降尘效率应大于或等于75%。

（3）放顶煤时产尘点下风侧 10～15 m 处总粉尘降尘效率应大于或等于75%。

（4）回风巷距工作面 10～15 m 处总粉尘降尘效率应大于或等于75%。

第 782 问　掘进工作面综合防尘的总体要求是什么?

掘进工作面应采取综合防尘措施,达到以下总体要求:

(1) 高瓦斯,突出矿井的掘进机司机工作地点和机组后回风侧总粉尘降尘效率应大于或等于 85%。

(2) 高瓦斯,突出矿井的呼吸性粉尘降尘效率应大于或等于 70%。

(3) 低瓦斯矿井的掘井机司机工作地点和机组后回风侧总粉尘降尘效率应大于或等于 90%。

(4) 低瓦斯矿井呼吸性粉尘降尘效率应大于或等于 75%。

第 783 问　钻眼工作地点综合防尘的总体要求是什么?

(1) 钻眼工作地点的总粉尘降尘效率应大于或等于 85%。

(2) 钻眼工作地点呼吸性粉尘降尘效率应大于或等于 80%。

第 784 问　放炮工作地点综合防尘的总体要求是什么?

(1) 放炮 15 min 后工作地点的总粉尘降尘效率应大于或等于 95%。

(2) 放炮工作地点呼吸性粉尘降尘效率应大于或等于 80%。

第 785 问　锚喷作业综合防尘的总体要求是什么?

锚喷作业应采取综合防尘措施,作业人员工作地点总粉尘降尘效率应大于或等于 85%。

第786问 井下放煤口，转载运输点综合防尘的总体要求是什么？

井下煤仓放煤口、溜煤眼放煤口、转载及运输环节应采取综合防尘措施，总粉尘降尘效率应大于或等于85%。

第787问 矿井防尘供水系统有什么规定要求？

矿井必须建立完善的防尘供水系统，且符合以下要求：

（1）永久性防尘水池容量不得小于 200 m³，且贮水量不得小于井下连续 2 h 的用水量，并设有备用水池，其容量不得小于永久性防尘水池的一半。

（2）防尘用水管路应铺设到所有能产生粉尘和沉积粉尘的地点，并且在需要用水冲洗和喷雾的巷道内，每隔 100 m 或 50 m 安设一个三通及阀门。

（3）防尘用水系统中，必须安装水质过滤装置，保证水的清洁，水中悬浮物的含量不得超过 150 mg/L，粒径不大于 0.3 mm，水的 pH 值应在 6.0～9.5 范围内。

第788问 采煤机割煤喷雾有什么要求？

采煤机割煤必须进行喷雾并满足以下要求：

（1）喷雾压力不得小于 2.0 MPa，外喷雾压力不得小于 4.0 MPa。

（2）如果内喷雾装置不能正常喷雾，外喷雾压力不得小于 8.0 MPa。

（3）喷雾系统应与采煤机联动。

（4）工作面的高压胶管应有安全防护措施。高压胶管的耐压强度应大于喷雾泵站额定压力的 1.5 倍。

（5）泵站应设置两台喷雾泵，一台使用，一台备用。

第 789 问　自移式液压支压喷雾有什么要求?

自移式液压支压应有自动喷雾系统并满足以下要求：

（1）喷雾压力不得小于 1.5 MPa。

（2）液压支压的喷雾系统，应安设向相邻支架之间进行喷雾的喷嘴，以实现降柱、移架时自动喷雾。

（3）综采放顶煤开采时放煤口，应安设向放煤口方向喷雾的喷嘴。以实现放顶时自动喷雾。

（4）喷雾系统各部件的设置应有可靠的防止被砸坏的措施，并便于从工作面一侧进行安装和维护。

（5）破碎机必须安装防尘罩和喷雾装置或除尘器。

第 790 问　什么叫采空区灌水防尘措施?

采空区灌水防尘措施指的是，当采用下行陷落法分层开采厚煤层时，采取在上一分层的采空区内灌水，水在外加压力状态下，依靠自重缓慢渗入下一分层裂隙、裂缝中对下一分层的煤体进行湿润，以使下一分层在开采时降低产尘量。或者开采下一分层时，超前工作面由回风巷向上一分层采空区打钻孔，水通过钻孔灌入采空区然后渗入煤体。

采空区灌水预先湿润煤体主要适用于缓倾斜厚煤层倾斜开采或急倾斜厚煤层水平分层开采。在开采近距离煤层群时，在层间没有不透水岩层或夹矸的情况下，也可以在上部煤层的采空区内灌水，对下部煤层进行湿润，同时能取到使下部煤层开采时产尘量下降的效果。

第791问 采空区灌水主要有哪几种类别?

采空区灌水有以下几种主要类别:
(1) 缓倾斜厚煤层分层开采超前钻孔采空区灌水。
(2) 水平厚煤层分层开采超前钻孔采空区灌水。
(3) 缓倾斜厚煤层回采巷水窝灌水。
(4) 采空区埋管灌水。
(5) 采后密闭灌水。

第792问 采空区灌水防尘措施有什么优缺点?

采空区灌水对防尘来说,有以下三方面优点:
(1) 采用采空区灌水湿润面积大、湿润理间长、投资少、收效大、降尘效果显著。据有关资料,采空区灌水降尘率可达70%~90%。
(2) 采空区灌水后,采空区内的碎碴、颗粒经湿润粘结,压实后可形成再生顶板,从而减少了漏顶、掉碴、落尘、片帮甚至冒顶,不仅节省了大量支护材料,还提高了顶板安全性和卫生条件。
(3) 采空区灌水施工方便、操作简单,灌水与采煤不发生时间和地点的矛盾。
但是,采空区灌水后,对采空区残留的煤炭可能会增加自燃的危险,还可能造成漏水跑水等现象,应在开采时密切注视。

第793问 采掘工作面湿式钻眼供水压力和耗水量是如何规定的?

采掘工作面采用湿式钻眼时,其供水压力和耗水量应符合以下规定要求:

（1）采煤工作面钻眼应采取湿式作业，供水压力为0.2～1.0 MPa，耗水量为5～6 L/min，供排出的煤粉量糊状。

（2）掘进工作面钻眼应采取湿式作业，供水压力以0.3 MPa左右为宜，但应低于风压0.1～0.2 MPa，耗水量以2～3 L/min为宜，以钻孔流出的污水量乳状浆液为准。

第794问　采煤工作面爆破时应采取哪些防尘措施？

采煤工作面爆破时产尘量非常大，必须采取以下防尘措施：

（1）采煤工作面爆破时应采用高压喷雾等高效降尘措施，采用高压喷雾降尘措施时，喷雾压力不得小于8.0 MPa。

（2）采煤工作面爆破前后宜冲洗煤壁、顶板并浇湿底板积落煤，在出煤过程中，宜边出煤边洒水。

第795问　掘进工作面爆破时应采取哪些防尘措施？

掘进工作面爆破产生的煤尘量相当大，必须采取以下防尘措施：

（1）掘进工作面爆破前应对工作面30 m范围内的巷道周边进行冲洗。

（2）掘进工作面爆破时必须在距离工作面10～15 m地点安装压气喷雾器或高压喷雾降尘系统实行爆破喷雾。雾幕应覆盖全断面并在炮后连续喷雾5 min以上。当采用高压喷雾降尘时，喷雾压力不得小于8.0 MPa。

（3）掘进工作面爆破后，装煤（矸）前必须对距离工作面30 m范围内的巷道周围边和装煤（矸）堆洒水。在装煤（矸）过程中，边装边洒水，采用铲斗装煤（矸）机时，装煤（矸）机应安装自动或人工挖制水阀的喷雾系统，实行装煤（矸）喷雾

第796问 采掘工作面净化风流水幕应设在什么位置?

采煤工作面回风巷应在距工作面 50 m 内设置净化风流水幕。

掘理工作面在距离工作面 50 m 内应设置一道自动控制风流净化水幕。

第797问 掘进工作面冲洗巷道的周期如何确定?

掘进工作面应定期对巷道进行冲洗。其冲洗周期必须符合以下要求:

(1) 距离工作面 20 m 范围内的巷道,每班至少冲洗 1 次。

(2) 距离工作面 20 m 范围以外的巷道每旬至少应冲洗 1 次。

第798问 对井下煤炭运输、转载地点
应采取哪些防尘措施?

井下煤炭运转、转载地点由于受到风力作用,往往产生煤尘,特别是转载点产尘量更大,必须采取以下防尘措施:

(1) 转载点落差宜小于或等于 0.5 m,若超过 0.5 m,则必须安装溜槽或导向板传输。

(2) 各转载点应实施喷雾降尘或采用除尘器除尘。

(3) 在装煤点下风侧 20 m 内,必须设置一道风流净化水幕。

(4) 煤仓放煤口,距矿车上边缘的距离不得大于 0.4 m。

(5) 放煤口应实施喷雾降尘,雾流必须罩住煤流和矿车。

(6) 在运输巷内应设置自动控制风流净化水幕,对通过的矿车进行自动喷雾。

第 799 问　如何对预先湿润煤体效果进行检查?

对预先湿润煤体效果的检查有以下三种方法:

(1) 观察法。

观察注水孔两侧煤帮或工作面煤壁出现水珠、变潮的位置,在采取由上往下钻孔注水时,还要观察工作面下部运输巷的上煤帮的"出汗"情况,以此判断湿润范围,对预先湿润煤体效果进行检查。

(2) 分析法

随着工作面的推进,在工作面煤壁上采集煤样,分析水分,由预湿煤体前、后的水分变化,判断湿润范围和湿润程度,对预先湿润煤体效果进行检查。

第 800 问　如何计算预先湿润煤体的防尘效果?

预先湿润煤体的防尘效果,可由预湿煤体前、后降尘率的高低来表现。

$$C=\frac{(G_{\text{下}}-G_{\text{上}})-(G'_{\text{下}}-G'_{\text{上}})}{G_{\text{下}}-G_{\text{上}}}$$

式中　C——降尘率,%;

$G_{\text{下}}$——开采未预湿煤体时,尘源下风侧风流中的煤尘浓度,mg/m^3;

$G_{\text{上}}$——开采未预湿煤体时,尘源上风侧风流中的煤尘浓度,mg/m^3;

$G'_{\text{下}}$——开采预湿煤体时,尘源下风测风流中的煤尘浓度,mg/m^3;

$G'_{\text{上}}$——开采预湿煤体时,尘源上风测风流中的煤尘浓度,mg/m^3。

第三节　鉴定煤尘爆炸性有关规定

第801问　为什么要对煤尘爆炸性进行鉴定?

煤尘爆炸是煤矿五大自然灾害之一。然而并非所有煤层都具有爆炸危险性，即使有爆炸危险的煤尘，其爆炸强弱程度也不一定相同。为了对具有不同爆炸性能的煤尘采取针对性的防治技术措施，必须掌握开采煤层的爆炸性，所以必须对煤尘进行爆炸性鉴定。

第802问　对煤尘爆炸性鉴定有什么规定要求?

煤尘爆炸性鉴定时必须遵守以下有关规定要求：

（1）提供煤样

煤尘爆炸性鉴定应由煤矿企业或地质部门提供煤样。煤样采制必须由采样工负责完成，采制方法按"刻槽法"实施。

（2）送往鉴定

在煤层底板上铺一块塑料布或其他防水布，收集采下的煤样，全部装入口袋，在送往鉴定运输中不得漏失。

（3）鉴定单位

煤尘爆炸性鉴定必须由国家授权单位负责进行。鉴定的装置必须用国家批准的专用设备，工作人员必须经过专门培训并取得合格证。所用计量仪表、器具等必须按规定由计量部门检定。

（4）上报结果

煤尘爆炸性鉴定结果，必须由煤样提供单位上报到省（直辖市、自治区）煤炭管理部门或煤矿安全监察机构备案。

第803问 矿井什么时期必须进行煤尘爆炸性鉴定?

在以下各个时期都必须实行煤尘爆炸性鉴定:

(1) 新矿井的地质调查报告中,必须有所有煤层的煤尘爆炸性鉴定资料。

(2) 在每年实行矿井瓦斯等级鉴定的同时,必须进行煤尘爆炸性鉴定工作。

(3) 生产矿井每延深一个新水平,应进行1次煤尘爆炸试验工作。

第804问 如何采用"刻槽法"采制煤样进行爆炸性鉴定?

采用"刻槽法"采制煤样时,首先平整煤层表面、扫清底板浮煤,然后沿着与煤层层理相垂直的方向,由顶板到底板刻划两条平行直线,当煤层厚度在 1 m 以上时,直线之间的距离为 100 mm;煤层厚度在 1 m 以下时,直线间的距离为 150 mm。在两条直线间通过刻出煤槽采制煤样,刻槽深度为 50 mm。

第805问 如何采用孔芯采制煤样进行爆炸性鉴定?

采用钻孔孔芯采制煤样时,如果孔芯是一个整齐的煤柱,首先用清水将煤柱洗净,然后用劈岩机沿纵轴方向劈开,取下四分之一部分,并去除夹石。如果煤柱中不含夹石,也可在送煤质化验的二分之一煤柱中取出一半;也可在碾碎的煤样中直接缩取煤样。

如果孔芯为不完整的煤柱、碎块较多或全为碎块时,首先用清水洗净煤样,险去泥浆、钢砂及杂质,干燥后取出四分之一部分。

第 806 问　鉴定煤尘爆炸有哪两种方法?

鉴定煤尘爆炸主要有以下两种方法:

(1) 在实验室采用大管状煤尘爆炸性鉴定实验仪进行煤尘爆炸性鉴定。

目前,我国煤矿主要采用大管状煤尘爆炸鉴定实验仪,以它试验和鉴定的数据作为煤尘爆炸性的指标。

(2) 根据煤的工业分析计算爆炸指数,对煤尘爆炸性进行鉴定。

由于煤的爆炸指数并不能完全准确的表示煤尘爆炸性能,所以不能作为确定煤尘有无爆炸危险的依据,只能用来粗略判断煤尘有无爆炸性和其爆炸强弱。

第 807 问　如何采用大管状煤尘爆炸性鉴定实验仪鉴定煤尘爆炸性?

采用大管状煤尘爆炸性鉴定实验仪对煤尘爆炸性的鉴定步骤如下:

(1) 将煤尘试样经粉碎后能全部通过 75 μm 的筛孔,并在 105 ℃的高温下烘干 2 h。

(2) 通电使加温器升温到 1 100 ℃。

(3) 将经过 (1) 处理的 1 g 煤样放置于试验管内。

(4) 打开气筒的电路开关,活塞动作使煤尘试样呈雾状喷入燃烧管,煤样将发生燃烧或爆炸。

(5) 开动内机进行排烟。

第808问 采用大管状煤尘爆炸性鉴定实验仪鉴定时，如何确定煤尘有无爆炸性和煤尘爆炸性强弱？

确定煤尘有无爆炸性煤尘爆炸性强弱，主要是依靠操作人员观察燃烧管内煤尘的燃烧或爆炸状态。分以下几种情况：

（1）加热器上只出现稀少的火焰或根本没有火焰，表明该煤尘无爆炸性危险。

（2）火焰在燃烧管内向加热器两侧连续不断或不连续地向外蔓延，表现该煤尘具有爆炸性，但属于爆炸性微弱的煤尘。

（3）火焰在燃烧管内向加热器两侧迅速蔓延，表明该煤尘具有爆炸性，而且属于强烈爆炸危险的煤尘。

第809问 什么叫煤尘爆炸指数？

煤尘爆炸指数指的是，煤的挥发分占可燃物的百分数。其单位为％。

煤的主要成分有挥发分、固定炭、水分和灰分等。每一种成分对煤的爆炸性都有一定影响，而其中主要是挥发分。煤尘爆炸指数也可叫做可燃挥发分指数。通常用煤尘爆炸指数作为判断煤尘爆炸强弱的一项指标。

第810问 煤尘爆炸指数与煤尘爆炸性强度有什么关系？

煤尘爆炸指数越高，则煤尘爆炸性越强。煤尘爆炸指数与煤尘爆炸强弱的关系如下：

（1）爆炸指数<10％，煤尘一般不爆炸。

（2）爆炸指数10％～15％，煤尘爆炸性较弱。

（3）爆炸指数15％～28％，煤尘爆炸性较强。

（4）爆炸指数>28％，煤尘爆炸性强烈。

第811问 如何计算煤尘爆炸指数?

煤尘爆炸指数可按下式计算:

$$V_{爆} = \frac{V_{挥}}{V_{挥} + C} \times 100\%$$

$$或\ V_{爆} = \frac{V_{挥}}{100 - A - W} \times 100\%$$

式中 $V_{爆}$——煤尘爆炸指数,%;

　　　$V_{挥}$——煤尘挥发分,%;

　　　A——煤尘灰分,%;

　　　W——煤尘水分,%;

　　　C——煤尘固定炭,%。

第812问 煤尘爆炸性与煤的变质程度有什么关系?

煤的变质程度越高,煤尘爆炸性越弱。煤的变质程度与煤尘爆炸性能有以下关系:

(1) 变质程度高的无烟煤,煤尘一般不爆炸。

(2) 变质程度中等的贫煤,煤尘可燃烧、爆炸性弱。

(3) 变质程度低的焦煤、肥煤,煤尘有爆炸危险,火焰短。

(4) 变质程度低的气煤、长焰煤、褐煤,爆炸性强,火焰长。

第四节　矿尘防隔爆措施

第813问 煤尘的防爆有哪两方面措施?

煤尘的防爆措施主要有以下两方面:

（1）及时清除巷道中的煤尘。

必须及时清除巷道中的浮煤、清扫或冲洗沉积煤尘，减小煤尘爆炸的尘源。

（2）撒布岩粉抑制煤尘爆炸。

必须在巷道中撒布惰性岩粉；以增加沉积在巷道四周和支架上煤尘中不燃物质的含量，从而抑制煤尘爆炸的发生。

第814问　如何确定巷道煤尘的冲洗周期？

对煤尘沉积强度较大的巷道，可采取用水冲洗的方法。其冲洗周期应根据煤尘的沉积强度及煤尘爆炸下限浓度确定。在一般情况下，巷道煤尘的冲洗周期必须符合以下要求：

（1）在距离尘源30 m范围内，煤尘沉积大的地点，应每班或每日冲洗1次。

（2）距离尘源较远或煤尘沉积强度较小的巷道，可几天或一天冲洗1次。

（3）运输大巷可半月或一个月冲洗1次。

（4）掘进工作面20 m范围内的巷道，每班至少冲洗1次；20 m以外的巷道每旬至少应冲洗1次，并清除堆积浮煤。

（5）采煤工作面巷道必须定期清扫和冲洗煤尘，并清除堆积的浮煤，其周期由矿总工程师决定。

（6）必须及时清除巷道中的浮煤，清扫或冲洗沉积煤尘，每年应至少进行1次对主要进风大巷刷浆。

第815问　在巷道中撒布岩粉时有哪些规定要求？

为了抑制煤尘爆炸，井下煤层巷道必须撒布惰性岩粉，即使巷道内设置了隔爆棚，也应按下列规定撒岩粉：

（1）巷道的所有表面，包括顶、帮、底及背板后暴露处都应用岩粉覆盖。

（2）巷道内煤尘和岩粉的混合粉尘中不燃物质组分不得低于60％，如果巷道中含有0.5％以上的甲烷，则混合粉尘中不燃物质组分不得低于90％。

（3）撒布岩粉巷道长度，不能小于300 m，如果巷道长度小于300 m时，全部巷道都应撒布岩粉。

第816问　如何计算岩粉撒布周期？

撒布岩粉周期可按下式计算：

$$T = \frac{W}{P}$$

式中　T——岩粉撒布周期，d；

W——煤尘爆炸下限浓度，g/m^3；

P——煤尘的沉降速度，$g/m^3 \cdot d$。

第817问　岩粉的质量标准是什么？

岩粉的质量应符合以下规定标准：

（1）可燃物的含有度不超过5％。

（2）游离二氧化硅的含量不超过10％。

（3）岩粉的粒度必须全部通过50目筛（小于0.3 mm），其中70％以上通过200目筛（小于0.075 mm），一般采用石灰石岩粉。

（4）不含有毒有害物。

（5）吸湿性差，潮湿巷道应选用抗湿性岩粉。

第818问　如何对撒布岩粉的巷道进行定期检查？

撒布岩粉的巷道必须定期进行检查。检查时必须符合以下规定要求：

（1）在距离采掘工作面 300 m 以内的巷道，每月取样 1 次；300 m 以外的巷道每 2 个月取样 1 次。

（2）每隔 300 m 为一个采样段，每段内设 5 个采样带，带间约 50 m。每个采样带在巷道两帮顶底板周边采样，取样带宽 0.2 m。

（3）将每个取样带内的全部粉尘分别收集起来，除去大于 1 mm 粒径的粉尘。

（4）化验室应及时将分析结果报矿总工程师，如果不燃物组分低于规定，则该巷道应重新撒布岩粉。

第819问　如何防止井下发生机械设备摩擦、撞击火花？

合理选用和操作机械设备及器具，减少机械设备摩擦、撞击火花。主要措施有以下几点：

（1）严禁使用未经鉴定合格的机械设备和器具。

（2）井下使用的铝合金电机风扇，风扇与风扇罩、盖板及等固件之间的距离不小于风扇直径的 1%，其最小间距不小于 1 mm。

（3）在井下要小心谨慎地使用、操作机械设备和器具，小件金属装备、工具要做到轻拿轻放，以免发生碰撞产生火花。

（4）采掘机械要避免切割岩石。遇夹矸时要放炮松动，再通过采掘机械。

（5）斜巷运输要做好牵引钢丝绳的检查，不合格的钢丝绳不能使用，坚持做到超限不提升和设置"一坡三挡"安全设施，以防断绳、跑车产生火花。

（6）在使用带式输送机时，要防止胶带被浮煤掩埋或摩擦底煤，以免摩擦升温着火。

第 820 问　为什么要在煤矿井下巷道设置隔爆棚?

隔爆棚是一种阻断、隔绝爆炸的安全设施。

由于煤尘爆炸具有连续性爆炸的特点,井下某个地点发生了煤尘爆炸,产生的冲击波和火焰迅速向其他地点扩散,不仅使爆源附近遭受破坏,而且在它扩散区域里也使人员伤亡、矿井毁坏、财产损失;同时,由于冲击波传播速度快于火焰传播速度,冲击波先将积尘扬起,使浮尘浓度达到爆炸界限,随后高温火焰传播到此,引发再次煤尘爆炸,危害就更加严重了。在井下巷道设置隔爆棚的目的,就是当井下一旦发生煤尘爆炸,将它限制在较小的范围内,阻止其继续传播与发展,将爆炸事故的影响减小到最低程度。《煤矿安全规程》中规定,开采有煤尘爆炸危险煤层的矿井,必须有预防和隔绝煤尘爆炸的措施。在井下巷道设置隔爆棚是隔绝煤尘爆炸的主要措施。

第 821 问　隔爆棚有哪些类型?

隔爆棚类型很多,一般可按以下进行分类:

(1) 按隔爆棚的动作原理分类:

①被动式隔爆棚。

②自动式隔爆棚。

(2) 按隔爆棚的作用分类:

①主要隔爆棚。

②辅助隔爆棚。

(3) 按隔爆棚消焰剂材质分类:

①岩粉棚。

②水棚。

第822问　被动式隔爆棚装置和
自动式隔爆棚装置主要区别在哪里?

被动式和自动式隔爆棚装置主要区别是动作原理不同。

(1) 被动式隔爆棚装置

被动式隔爆棚装置本身没有扩散消焰剂动力,其动作完全依赖于爆炸冲击波的冲击作用将棚掀翻或击碎,同时将棚中的消焰剂扩散成雾状来扑灭火焰。

被动式隔爆棚装置是目前煤矿井下广泛使用的隔爆装置。

(2) 自动式隔爆棚装置

自动式隔爆棚装置本身具有喷洒消焰剂的动力,喷洒机构的动作不受爆炸冲击波强弱的制约,它能将消焰剂强行送到火焰焰面上把爆炸火焰扑灭。

自动式隔爆棚装置由于它所具有的优点,将在未来煤矿防爆安全技术上得到迅速推广。

第823问　自动式隔爆装置主要有哪几种形式?
它们的抑爆原理是什么?

目前,我国煤矿主要有以下三种自动式隔爆装置:

(1) 实时产气式自动抑爆装置

其抑爆原理是,探测器将爆炸火焰转变成电信号传送到控制器,控制器发出指令,释放大量气体,驱动消焰剂喷出,形成高浓度云雾,熄灭火焰,阻断火焰的继续传播。

(2) 无电源自动抑爆装置

其抑爆原理是,火焰信号触发传感器,传感器将辐射能量转变为电信号,触发电雷管,驱动水形成抑爆水雾带,当爆炸火焰到来将其熄灭,抑制爆炸。

(3) ZGB—Y型自动隔爆装置

其抑爆原理是，探测器将爆炸信号传送到控制器，控制器发出指令释放高压氮气，引射干粉灭火剂，形成高浓度云雾，将爆炸火焰熄灭，终止火焰的继续传播。

第824问　主要隔爆棚应在哪些巷道中设置？

主要隔爆棚应在下列巷道设置：
（1）矿井两翼与井筒相连通的主要大巷。
（2）相邻采区之间的集中运输巷和回风巷。
（3）相邻煤层之间的运输石门和回风石门。

第825问　辅助隔爆棚应在哪些巷道中设置？

辅助隔爆棚应在下列巷道设置：
（1）采煤工作面进、回风巷道。
（2）采区内的煤和半煤巷掘进巷道。
（3）采用独立通风并有煤尘爆炸危险的其他巷道。

第826问　被动式隔爆棚装置在安装时应注意哪些安全事项？

被动式隔爆棚装置是依赖爆炸冲击波的动力，使隔爆装置动作，所以在安装时必须注意以下两方面安全事项：

（1）安装隔爆棚装置时不能牢固不易动作。必须保证在爆炸压力较低的情况下发生动作，并有利于消焰剂的飞散。MT157标准规定隔爆水槽的动作压力不大于16 kPa，隔爆水袋的动作压力不大于12 kPa。

（2）隔爆棚装置的安装位置应在有效隔爆范围内。如果装置距爆源太近，火焰与冲击波同时到达，隔爆棚装置来不及动作；如果装置距爆源太远，则降低了限制灾害扩大范围的意义，同时，由于爆炸冲击波和火焰到达时间间隙太大，可能造成火焰到达时，消焰剂已沉降到巷道底板。故装置距爆源太近或太远，都不能很好地发挥隔爆作用。

第 827 问　什么叫隔爆岩粉棚？隔爆岩粉棚有哪两种分类方法？

隔爆岩粉棚指的是，架设在巷道顶部的木板上堆放一定量岩粉的一种隔爆设施。当发生爆炸时，冲击波震翻岩粉棚的木板，堆放在木板上的岩粉便散落并弥漫巷道空间，形成浓厚的不燃岩粉带，吸收爆炸火焰中大量的热量，从而抑制爆炸火焰的传播，限制爆炸范围的扩大。

目前，我国煤矿对隔爆岩粉棚有以下两种分类方法：

（1）按岩粉棚作用分类

按岩粉棚的作用可分为重型岩粉棚和轻型岩粉棚。

（2）按岩粉棚木板结构分类

按岩粉棚木板结构可分为普通型岩粉棚和全幅型标准岩粉棚。

第 828 问　重型岩粉棚和轻型岩粉棚主要区别在哪里？

重型岩粉棚和轻型岩粉棚主要有以下区别：

（1）岩粉棚使用范围不同

重型岩粉棚作为主要岩粉棚，而轻型岩粉棚作为辅助岩粉棚。

（2）岩粉棚长度不同

重型岩粉棚长度为 350～500 mm，而轻型岩粉棚长度小于350 mm。（它们的宽度一样，为 100～150 mm）。

（3）岩粉棚排间距离不同

重型岩粉棚排间距离为 1.2～3.0 m，而轻型岩粉棚排间距为 1.0～2.0 m。

(4) 岩粉棚岩粉用量不同

岩粉棚的岩粉用量按巷道断面计算，重型岩粉棚岩粉用量为 400 kg/m²，轻型岩粉棚岩粉用量为 200 kg/m²。

第 829 问 普通型岩粉棚和全幅型标准岩粉棚的主要区别在哪里？

普通型岩粉棚和全幅型标准岩粉棚主要有以下区别：

(1) 岩粉板的结构不同

普通型岩粉棚托住岩粉的木板是整块的，而全幅型标准岩粉棚托住岩粉的木板是由多块小木板组合而成。

(2) 岩粉棚的特点不同

普通型岩粉棚的岩粉板由于是整块木板，所以制作简单、安装方便，而全幅型标准岩粉棚的岩粉板是多块木板，具有动作灵活，撒布岩粉均匀的特点。

第 830 问 岩粉棚安装标准是什么？

安装岩粉棚必须符合以下标准：

(1) 堆积岩粉的板与两侧支柱（或两帮）之间的间隙不得小于 50 mm。

(2) 岩粉板面距顶梁（或顶板）之间距离为 250～300 mm，使堆积岩粉的顶部与顶梁（或顶板）之间的距离不得小于 100 mm。

(3) 岩粉棚与工作面之间的距离，必须保持在 60～300 m 之间。

(4) 岩粉棚不得用铁钉或铁丝固定。

第 831 问　隔爆岩粉棚上的岩粉如何进行检查？有问题如何进行处理？

隔爆岩粉棚上的岩粉，每月至少进行 1 次检查。

当发现隔爆岩粉棚上的岩粉质量和数量出现问题，必须根据情况进行处理：

(1) 如果岩粉受潮、变硬时，应立即更换。

(2) 如果岩粉量不足，应立即补充。

(3) 如果岩粉表面沉积有煤尘、木屑等杂物，应加以清除。

第 832 问　如何计算隔爆岩粉棚区岩粉总用量？

岩粉总用量可以按下式计算：

$$G = gs$$

式中　G——岩粉总用量，kg；

　　　g——单位巷道断面所需岩粉用量，kg/m²。按主要岩粉棚 400 kg/m²，辅助岩粉棚 200 kg/m² 计算；

　　　s——巷道断面积，m²。

第 833 问　如何计算岩粉堆积高度？

岩粉堆积高度可按下式计算：

$$H = \frac{B}{2} \mathrm{tin}\alpha$$

式中　H——岩粉堆积高度，m；

　　　B——岩粉板宽度，m；

　　　α——岩粉的自然堆积角，一般取 45°。

第834问　如何计算每架岩粉棚岩粉用量?

每架岩粉棚岩粉用量可以按下式计算:

$$G_n = \frac{B}{2} H l \gamma$$

式中　G_n——每架岩粉棚岩粉用量, kg/架;

　　　B——岩粉板宽度, m;

　　　l——岩粉板宽度, m;

　　　γ——岩粉容重, kg/m³。一般取 1 200 kg/m³。

第835问　如何计算岩粉棚区棚架数?

岩粉棚区内棚架数可按下式计算:

$$n = \frac{G}{G_n}$$

式中　n——岩粉棚区内棚架数, 架;

　　　G——岩粉总用量, kg;

　　　G_n——每架岩粉棚岩粉用量, kg/架。

第836问　如何计算岩粉棚区长度?

岩粉棚区长度可按下式计算:

$$L = nc$$

式中　L——岩粉棚区长度, m;

　　　n——岩粉棚区内棚架数, 架;

　　　c——岩粉棚棚间距, m。

第837问　什么叫隔爆水棚? 隔爆水棚有哪几种分类方法?

隔爆水棚指的是, 吊挂在巷道顶部的灌满水的容器的一种隔

305

爆设施。当发生爆炸时，冲击波震翻灌满水的容器，使水散落并充满巷道空间，形成浓厚的水雾带，吸收爆炸火焰中大量的热量，从而抑制爆炸火焰的传播，限制爆炸范围的扩大。

目前，我国煤矿对隔爆水棚有以下几种分类方法：

（1）按盛水器具材质分类

按盛水器具材质可分为水槽棚和水袋棚。

（2）按使用范围分类

按使用范围水棚可分为主要隔爆棚和辅助隔爆棚。

（3）按布置方式分类

按布置方式水棚可分为集中式水棚和分散式水棚。

第 838 问　隔爆水槽棚和隔爆水袋棚有什么区别？

隔爆水槽棚和隔爆水袋棚主要有以下区别：

（1）制作盛水器具的材质形状不同

水槽棚盛水器具是由木板，铁质和塑料等制成的槽子。而水袋是由塑料，橡胶等制成的袋子。

（2）使用范围不同

水槽棚可以在应吊挂隔爆水棚的所有巷道中使用，而水袋棚宜作为辅助隔爆水棚。

（3）布置方式不同

水袋棚可以采取集中式和分散式布置，而水槽棚只能采取集中式布置。

（4）安装方式不同

水槽棚可以采用吊挂式或上托式安装，而水袋棚只能采取吊挂式安装。

第 839 问　集中式水棚和分散式水棚有什么区别？

集中式水棚和分散式水棚主要有以下区别：

（1）水棚棚间距离不同

集中式水棚的棚间距离为 1.2～3.0 m，而分散式水棚沿巷道分散布置，两个槽（袋）组的间距为 10～30 m。

（2）水棚区长度不同

集中式主要水棚区的长度不小于 30 m，集中式辅助水棚区的长度不小于 20 m，而分散式水棚区的长度不得小于 200 m。

第 840 问　如何确定隔爆水棚的用水量？

隔爆水棚的用水量可按以下两种情况确定：

（1）集中式水棚的用水量按巷道断面积计算，主要水棚不小于 400 L/m²，辅助水棚不小于 200 L/m²。

（2）分散式水棚的用水量按棚区所占巷道的空间体积计算，不小于 1.2 L/m³。

第 841 问　如何确定隔爆水棚在巷道中的位置？

确定隔爆水棚在巷道位置，应符合以下规定要求：

（1）水棚应设置在直线巷道内。

（2）水棚设置巷道位置前、后 20 m 范围内巷道断面应一致。

（3）水棚设置位置与风门的距离应大于 25 m。

（4）水棚设置位置与巷道交叉口，转弯处的距离须保持50～75 m。

（5）第一排集中水棚与工作面的距离必须保持 60～200 m，第一排分数式水棚与工作面的距离必须保持 30～60 m。

（6）在应设辅助隔爆棚的巷道，应设多组水棚，每组距离不大于 200 m。

第 842 问　如何确定每架水棚上的水槽（袋）的个数？

每架水棚上的水槽（袋）个数应符合以下要求：

(1) 巷道断面<10 m² 时，nB/L×100%≥35%。

(2) 巷道断面<12 m² 时，nB/L×100%≥60%。

(3) 巷道断面>12 m² 时，nB/L×100%≥65%。

式中　n——每架水棚上的水槽（袋）个数；

　　　B——水棚迎风断面宽度，m；

　　　L——水棚所在巷道宽度，m。

第 843 问　如何在巷道中安装隔爆水槽（袋）？

在巷道中安装隔爆水槽（袋）时必须符合以下规定要求：

(1) 水槽（袋）之间的间隙与水槽（袋）同支架或巷道壁之间的间隙之和不大于 1.5 m，特殊情况下不超过 1.8 m，两个水槽（袋）之间的间隙不得大于 1.2 m。

(2) 水槽（袋）边与巷道、支架、构物架之间的距离不得小于 0.1 m，水槽（袋）底部到顶梁（顶板）的距离不得大于 1.6 m，如果大于 1.6 m，则必须在该水槽（袋）上方增设 1 个水槽（袋）。

(3) 水棚距离轨道面的高度不小于 1.8 m，水棚应保持同一高度，需要挑顶时，水棚区内的巷道断面应与其前后各 20 m 长的巷道断面一致。

(4) 当水袋采用易脱钩的安装方法时，挂钩位置要对正，每对挂钩的方向要相向布置（钩尖对钩尖），挂钩为直径 4～8 mm，挂钩角度为 65°±5°，弯钩度为 25 mm。

第844问 隔爆水棚中的水如何进行检查? 有问题如何进行处理?

隔爆水棚每半个月检查1次。

要经常保持隔爆水棚水槽(袋)的完好和规定的水质、水量,当发生问题时,必须根据情况进行处理:

(1)如果水槽(袋)破损,出现漏水现象,应立即更换水槽(袋)。

(2)如果水槽(袋)中的水量不足,应立即补充。

(3)如果水槽(袋)水中混有煤(矸)碎块或木屑等杂物,应加以清除。

第845问 如何计算隔爆水棚区的总用水量?

隔爆水棚区的总用水量可以按下式计算:

$$V = gs$$

式中 V——总用水量,L;

g——单位巷道断面所需水量,L/m^2。按主要水棚400 L/m^2,辅助水棚200 L/m^2 计算;

s——巷道断面积,m^2。

第846问 如何计算每架水棚的用水量?

每架水棚用水量可以按下式计算:

$$V_n = 1\,000 \times Sn \times L = \frac{1}{2} H (B_1 + B_2) L \times 1\,000$$

式中 V_n——每架水棚用水量,L;

S_n——水槽(袋)净断面积,m^2;

L——水槽(袋)平均净长度,m;

H——水槽（袋）平均盛水高度，m；

B_1——水槽（袋）净上宽，m；

B_2——水槽（袋）净下宽，m。

第 847 问 如何计算隔爆水棚区水棚架数？

隔爆水棚区水棚架数可以按下式计算：

$$n=\frac{G}{Gn}$$

式中 n——水棚架数，架；

G——水棚区总用水量。L；

Gn——每架水棚用水量，L。

第 848 问 采用定型水槽（袋）时，如何确定隔爆水棚区内水槽（袋）所需个数？

塑料水槽主要规格有 40 L 和 80 L 两种，水袋有 40 L、60 L 和 80 L 三种，在设计隔爆水棚时可以直接采用。这时，可以按下式计算所需水槽（袋）个数：

$$n=\frac{sg}{v}$$

式中 n——隔爆水棚所需水杠（袋）个数，个；

s——巷道断面积，m^2；

g——单位巷道断面所需水量，L/m^2；

v——每个水槽（袋）标准容水量，L/个。

第五节　尘肺病防治有关规定

第849问　煤矿尘肺病按致病粉尘岩性可分为哪几种?

煤矿尘肺病按致病粉尘岩性可分为以下三种，它们的病情和得病年限也不相同。

（1）矽肺病。

长期过量地吸入含结晶型游离二氧化硅的岩尘可引起矽肺病。

矿工在高浓度的岩尘空气中工作，一般平均5～10年就会得矽肺病，有的短至2～3年就会得病。

（2）煤肺病

长期过量地吸入煤尘所引起的尘肺病叫做煤肺病。

煤肺病比矽肺病稍缓和些，且得病的年限较长，但最终也会使矿工丧失劳动能力。在高浓度的煤尘空气中劳动，一般10～15年可得煤肺病。

（3）长期过量地接触煤尘又接触矽尘的矿工，可得煤矽肺病。

煤矽肺病的病情和得病年限比煤肺病严重得多，兼有煤肺病和矽肺病的特点。

第850问　尘肺病分哪几期?

根据尘肺病出现尘肺病变的范围和严重程度，可将尘肺病分为以下四期：

（1）无尘肺期。

（2）Ⅰ期尘肺。

（3）Ⅱ期尘肺。

（4）Ⅲ期尘肺。

第851问　尘肺病如何分级？

根据 GB/T1618O−2116 的规定我国尘肺病病人的劳动能力的监定等级标准，主要依据尘肺病分期、肺功能损伤和合并活动性肺结核等指标，将尘肺病劳动能力鉴定等级标准分为一、二、三、四、五、六、七级等共七个等级。最严重的为一级，即一级为尘肺Ⅲ期和肺功能重度损伤，最轻的为七级，即尘肺Ⅰ期，肺功能正常并有轻度低氧血症。

第852问　煤尘导致尘肺病的发生与哪些因素有关？

不同矿区煤矿工人尘肺病的发生存在很大差别，煤尘导致尘肺病的发生受以下因素影响：

（1）煤的品位。

煤的品种反映煤变质程度，无烟煤品位最高，烟煤次之，褐煤最低。

（2）二氧化硅含量。

游离二氧化硅是影响煤尘致病能力和尘肺病发病的重要因素

（3）其他组分。

煤尘中石英的作用和单纯石英不同，它受共存的其他矿物质及元素的影响。煤尘中的某些元素可能增强粉尘毒性，影响尘肺病的发生。

第853问　尘肺病有哪些发病症状？

尘肺病发病共分三期，各期症状如下：

(1) 第一期：重体力劳动时呼吸困难，胸痛，轻度干咳。

(2) 第二期：中等体力劳动或正常工作时，感觉呼吸困难，胸痛，干咳或带痰咳嗽。

(3) 第三期：从事一般工作甚至休息时，也感到呼吸困难，胸痛，连续带痰咳嗽，甚至咯血和行动困难。

第854问　影响尘肺病发病的主要因素有哪些？

影响尘肺病发病不仅与矿尘浓度有关，而且还有很多相关致病因素。主要因素如下：

(1) 矿尘浓度。

尘肺病的发病和进入肺部的矿尘量有直接关系。一般来说，尘肺病发病工龄和作业场所矿尘浓度成反比。

(2) 游离二氧化矽含量。

能够引起肺部纤维病变的矿尘，大多数都含有游离二氧化矽，游离二氧化矽含量越高，尘肺病发病工龄越短。病变的发展程度越快。

(3) 矿尘的粒度和分散度。

矿尘粒度不同，对人体的危害程度也不一样，矿尘粒度越小分散度越高，对人体的危害性就越大。据有关资料，矿尘最危险的粒度是 $2~\mu m$ 左右，而 $5~\mu m$ 以上的矿尘不能进入下呼吸道，对尘肺病发病影响不大。

(4) 个体条件。

矿尘对人体的影响，与人的机体条件有关系，如年龄、营养、健康、生活习性和卫生习惯。

第855问　尘肺病病人为什么要进行肺功能检查？

肺功能检查是测试呼吸生理功能的质和量的一种方法。因为尘肺病病人受到病变部位主要是肺部，致病后将影响肺部的生理功能，通过对肺功能检查，可以了解呼吸功能的基本情况，明确肺功能损害程度和类型，以便采取有针对性的治疗和康复方案。

第 856 问　对接尘工人的职业健康检查为什么要拍照胸大片检查？

尘肺病是肺对阻留于其内的矿尘的反应，目前只能依靠胸部 X 线表现来估计肺对矿尘的反应程度。所以，接尘工人进行胸大片拍照，不仅可以确定有无尘肺病的发生，还可以了解其病变的进程和归转。后前位胸片是尘肺 X 线检查的常规方法，所以，对接尘工人的职业健康检查时必须拍照胸大片。

第 857 问　诊断尘肺病的医院应具备哪些条件？

尘肺病的诊断应由省级以上人民政府卫生行政部门批准的医疗卫生机构承担。从事尘肺病诊断的医院必须具备以下条件：
（1）持有《医疗机构执业许可证》。
（2）具有与开展尘肺病诊断相适应的医疗卫生技术人员。
（3）具有与开展尘肺病诊断相适应的仪器、设备。
（4）具有健全的尘肺病诊断质量管理制度。

第 858 问　诊断尘肺病的医生应具备哪些条件？

从事尘肺病诊断的医生应在当取得省级卫生行政部门颁发的资格证书，并必须具备以下条件：
（1）具有执业医师资格。
（2）具有中级以上卫生专业技术职务任职资格。
（3）熟悉尘肺病防治法律法规和尘肺病诊断标准。
（4）从事尘肺诊疗相关工作 5 年以上。
（5）熟悉作业场所尘肺病危害防治及其管理。

（6）经培训，并考核合格。

第859问　什么叫尘肺病集体诊断制度？为什么对尘肺病要实行集体诊断制度？

尘肺病集体诊断制度指的是，尘肺病诊断医疗机构在进行尘肺病诊断时，组织3名以上取得尘肺病诊断资格的职业医师集体诊断。

为了对尘肺病病人和疑似尘肺患者（O$^+$）的身体健康和生活负责，准确的确定尘肺病情和病变的进展，以便采取相应的治疗、康复方案，享受相适的生活保障待遇，要对尘肺病实行集体诊断制度。

第860问　最严重的尘肺病属于伤残几级？

1966年我国首次颁布了全国统一的《职工工伤与职工病残程度鉴定标准》GB/T16180—1966，以器管缺损、功能障碍、对医疗依赖和护理依赖的程度，适当考虑了由于伤残引起的生理障碍，经过综合评定，将残情划分为五个门类。伤残程度分为十级，最严重的为一级。尘肺病最严重的为二级。

第861问　什么叫大容量全肺灌洗？

大容量全肺灌洗指的是，采用对尘肺病人一侧肺纯氧通气，一侧肺灌洗液反复灌洗，清除肺泡内的矿尘及其他有害物质，以改善肺功能的一种尘肺治疗措施。

尘肺病人在作业过程中吸入大量的矿尘，大部分通过咳嗽，咯痰排到体外，但仍有一部分长期滞留在细支气管与肺泡内。通守大容易灌入灌洗液，一般每次1 000～2 000 ml，共灌洗10～14次，每侧肺需灌洗液1.5～2.2 L，历时1 h左右，直到灌洗回收液由黑色混浊变为无色澄清为止。大容量全肺灌洗不仅可以明显改善症状，还有利于遏制病变的进展，延缓病期升级，提高尘肺病人生活质量。

第862问　哪些人不得从事接尘作业？

患有以下病症之一的人不得从事接尘作业：
(1) 活动性肺结核病及肺外结核病。
(2) 严重的上呼吸道或支气管疾病。
(3) 显著影响肺功能的肺脏或胸膜病变。
(4) 心血管器质性疾病。
(5) 经医疗鉴定，不适合从事粉尘作业的其他疾病。

第863问　作业场所空气中粉尘浓度应符合什么标准？

作业场所空气中粉尘浓度标准，与粉尘中游离二氧化硅的含量和粉尘种类有关。《煤矿安全规程》中规定，作业场所空气中粉尘浓度应符合以下标准：
(1) 当粉尘中游离二氧化硅含量<10%时，
总粉尘最高允许浓度 10 mg/m^3，呼吸性粉尘最高允许浓度 3.5 mg/m^3。
(2) 当粉尘中游离二氧化硅含量 10%～<50%时，
总粉尘最高允许浓度 2 mg/m^3，呼吸性粉尘最高允许浓度1 mg/m^3。
(3) 当粉尘中游离二氧化硅含量 50%～<80%时，
总粉尘最高允许浓度 2 mg/m^3，呼吸性粉尘最高允许浓度 0.5 mg/m^3。
(4) 当粉尘中游离二氧化硅含量≥80%时，
总粉尘最高允许浓度 2 mg/m^3，呼吸性粉尘最高允许浓度 0.3 mg/m^3。

第864问　如何测定矿尘浓度?

矿尘浓度测定采用质量浓度。即每立方米空气中矿尘的质量，其单位为 mg/m³。

测定矿尘浓度方法有以下两种:

(1) 滤膜质量称重测尘法。

滤膜质量称重测尘法指的是，利用测尘仪器中的抽气装置，使一定体积的含尘空气通过已知质量的滤膜，矿尘被阻留在滤膜上，然后根据滤膜的增重量和采气量，计算矽尘浓度。

(2) 直读式测尘法

直读式测尘法指的是，采用射线、光电等物理方法直接测定矿尘浓度，通过测尘仪器直接确定或显示矿尘浓度数据。

m_2——采样后含尘滤膜的总质量，mg。

m_1——采样前滤膜的质量，mg。

Q——抽气流量，L/min。

t——采样时间，min。

第865问　采用滤膜质量称重测尘法如何进行矿尘采样?

采用滤膜质量称重测尘法时，矿尘采样应注意以下几点事项:

(1) 采样位置应选择在作业点下风侧风流较稳定区域。

(2) 采样点的高度应在距底板约 1.5 m 的位置。

(3) 采样头方向迎着风流方向。

(4) 连续产尘点应在作业开始后 20 min 采样，阵发性产尘点与工人作业同时进行。

(5) 一般采样流量为 10～30 L/min，采样时间应不少于 20 min。

第 866 问　采用滤膜质量称重测尘法如何计算矿尘浓度?

采用滤膜质量称重测尘法时,可能过下式计算矿尘浓度,即单位体积空气中矿尘的质量。

$$C=\frac{m_2-m_1}{Q \cdot t}$$

式中　C——矿尘浓度,mg/m^3;

　　　m_1、m_2——采样前后滤膜质量,mg;

　　　Q——测尘仪器吸气效率,m^3/min;

　　　t——采样时间,min。

第 867 问　煤矿对生产性粉尘浓度监测周期是如何规定的?

煤矿生产性粉尘浓度监测周期与粉尘种类,产尘地点和监测内容有关。《煤矿安全规程》中规定,对生产性粉尘浓度监测的周期应符合以下规定要求:

(1) 总粉尘

①作业场所的粉尘浓度,井下每月测定 2 次,地面及露天煤矿每月测定 1 次。

②粉尘分散度,每 6 个月测定 1 次。

(2) 呼吸性粉尘

①工班个体呼吸性粉尘监测,采、掘(剥)工作面每 3 个月测定 1 次,其他工作面或作业场所每 6 个月测定 1 次。每个采样工种分 2 个班次连续采样,1 个班次内至少采集 2 个有效样品,先后采集的有效样品不得少于 4 个。

②定点呼吸性粉尘监测每月测定 1 次。

第868问　矿尘分散度的测定目的和步骤是什么？

（1）矿尘分散度的测定目的

矿尘分散度的测定目的是，进一步衡量矿尘的危害性。对作业地点的劳动卫生条件进行评价。为正确选择防尘设备和措施打下基础，并为实际防尘效果的检验提供依据。

（2）矿尘分散度的测定步骤

矿尘分散度的测定步骤主要有以下几步：

①制作样品，主要有切片法、干式或湿式制样法。

②标定目镜测微尺，以便更精确测定矿尘颗粒的大小。

③测定分散度。采用血球计数器分挡计数较方便。

④整理测定结果。根据测定要求，一般按粒级范围 $<2\ \mu m$、$2\sim5\ \mu m$、$5\sim10\ \mu m$、$10\sim20\ \mu m$ 和 $>20\ \mu m$ 划分。

第869问　为什么要对矿尘中游离二氧化硅含量进行测定？

因为矿尘中游离二氧化硅含量对尘肺病的发生起着重要作用。据有关资料表明，尘肺发病率的高低、发病期的长短以及尘肺病变的严重程度，不仅与矿尘浓度和分散度有关系，而且还与矿尘中游离二氧化硅的含量有着密切关系。为了了解矿尘对人体健康的危害，以便采取有效措施防治尘肺病，必须要对矿尘中游离二氧化硅含量进行测定。

第870问　有哪几种方法测定矿尘中游离二氧化硅含量？

目前我国制定的矿尘中游离二氧化硅含量的测定方法主要有以下三种：

（1）物理的 X 光衍射法。

（2）红外光普分析法。

（3）化学的焦磷酸质量法。

第 871 问 煤矿对生产性粉尘中二氧化硅
含量监测周期是如何规定？

粉尘中游离二氧化硅含量，每 6 个月测定 1 次，在变更工作面时也必须测定 1 次；各接尘作业场所每次测定的有效样品数不得少于 3 个。

第 872 问 煤矿企业对职业健康
检查出的尘肺病患者应采取什么措施？

当职业健康检查出尘肺病患者，煤矿企业必须按照国家规定采取以下措施：
（1）及时给以治疗、疗养。
（2）调离接尘作业岗位。
（3）做好健康监护及尘肺病报告工作。

第 873 问 职业健康检查分哪几个时期进行？

职业健康检查可分为从事接尘岗位的以下三个时期进行：
（1）新录用、变更工作岗位从业人员上岗前。
（2）在岗的从业人员。
（3）准备调离该工种的从业人员。

第 874 问 为什么要对新录用、变更工作岗
位从业人员上岗前进行职业健康检查和评价？

对新录用、变更工作岗位从业人员，进行上岗前职业健康检查的目的，主要是了解从业人员的健康状况，特别是发现有不得

从事接尘工作的人员，为煤矿企业合理安置从业人员的工作岗位提供依据。同时，也可作为矿尘危害因毒对人体健康影响的原始资料。

第 875 问　为什么要对接尘在岗的从业人员进行职业健康检查和评价？

对接尘在岗的从业人员定期进行职业健康检查和评价的目的，主要是动态观察接尘从业人员的健康变化状况，了解从业人员健康变化与矿尘危害因素的关系，及时发现疑似尘肺患者（O⁺），判断接尘从业人员是否适合继续从事接尘工作。同时，还能掌握尘肺病进展过程，以便完善、改变治疗和康复手段，提高生活保障标准。

第 876 问　为什么要对准备调离接尘工作的从业人员进行健康检查和评价？

对准备调离接尘工作的从业人员进行健康检查和评价的目的，主要是分析接尘工作从业人员与矿尘危害因素的关系，找出其所在接尘岗位工作环境和条件存在的矿尘危害因素，以及对接尘从业人员身体健康的影响规律。同时，检查从业人员是否患有尘肺病，以明确法律责任，提出进行离岗后医学观察的内容和时限的依据，为安置从业人员和保护接尘从业人员的健康权益积累原始资料。

第 877 问　煤矿企业接尘工人职业健康检查查体时间间隔是怎样规定的？

《煤矿安全规程》中规定，煤矿企业接尘工人职业健康检查查体时间间隔因工种不同而不同，并必须符合下列要求：

（1）岩石掘进工种在岗接尘工人每 2～3 年拍片检查 1 次。

（2）纯采煤工种在岗接尘工人每 4～5 年拍片检查 1 次。

（3）混合工种在岗接尘工人每 3～4 年拍片检查 1 次。

（4）对离岗接尘工人必须进行离岗前的职业健康检查。

第 878 问　职业健康监护包括哪两方面内容?

职业健康监护包括以下两方面内容：

（1）职业健康检查与评价。

（2）职业健康档案管理。

第 879 问　为什么要对接尘工人进行健康监护?

职业健康监护指的是，对煤矿井下接尘工人进行健康检查和管理。其目的是及时发现井下接尘工人的健康损害情况，并作为采取相应的防治尘肺病措施的依据，从而保护接尘工人的健康权益。

第 880 问　煤矿企业尘肺病患者间隔多长时间复查 1 次?

煤矿企业必须对尘肺病患者进行复查《煤矿安全规程》中规定，复查周期因尘肺病期别和接尘作业工种的不同而不同，并必须符合下列要求：

（1）工期尘肺患者每年复查 1 次。

（2）岩石掘进工种疑似尘肺患者（O^+）每年拍片检查 1 次。

（3）纯采煤工种疑似尘肺患者（O^+）每 3 年拍片复查 1 次。

（4）混合工种疑似尘肺患者（O^+）每 2 年拍片复查 1 次。

第881问　职业健康监护档案有什么作用?

职业健康监护档案是从业人员健康变化与职业危害因素关系的客观记录。它既是诊断职业病的重要依据,又是分析防治职业病的措施是否科学合理的原始资料。所以,通过职业健康监护档案可以客观地评价煤矿企业防治职业病的效果,也可以找出防治职业危害因素的规律。尘肺病是煤矿主要职业病,必须对尘肺病病人建立职业健康监护档案。

第882问　尘肺病病人职业健康监护档案包括哪些内容?

尘肺病病人职业健康监护档案应包括以下主要内容:
(1) 矿尘监测档案
煤矿企业对作业场所矿尘实际监测的时间、地点及结果。
(2) 防尘措施档案
煤矿企业对作业场所矿尘实际采取的降尘、防尘措施。
(3) 个人职业健康检查档案
接尘工人的职业史、既住史、矿尘接触史、职业健康检查时间、结果及处理情况、尘肺病诊断、治疗和疗养等资料。

第883问　如何管理职业健康监护档案?

职业健康监护档案是防治尘肺病的重要基础,必须妥善地加以管理。
(1) 职业健康监护档案应由煤矿企业建立,并按规定期限妥善保存。
(2) 职业健康监护档案除 X 射线片资料外,还应设有健康卡片、逐次诊断登记本和索引卡。
(3) 逐步推行微机化管理,以便快捷,方便和准确的查找。

（4）应设专人严加管理。

（5）从业人员有权查阅、复印本人的职业健康监护档案的有关内容。

第 884 问　什么是职业健康监护档案健康卡片？

职业健康监护档案健康卡片指的是，专门用来记录接尘工人职业史和每次 X 射线检查结查的卡片。利用健康卡片来对尘肺病进行长期的动态观察、健康管理和统计分析。在卡片上还应包括必要的统计项目和结果。

第 885 问　什么是职业健康监护档案逐次诊断登记本？

职业监护档案逐次诊断登记本指的是，按照矿、区队为单位专门记录每个接尘工人定期健康检查结果的登记本。由于健康卡片是零散的，在使用中可能被损坏或丢失，逐次诊断登记本就成为诊断结果的原始资料。登记内容矿名、区队名称、X 射线顺序号、接尘工人姓名及每次诊断日期、医生和结果。

第 886 问　什么叫职业健康监护档案索引卡？

职业健康监护档索引卡指的是，可以迅速查找职业健康监护档案中每个接尘工人的健康卡片和 X 射线片的卡片。它是按接尘工人姓氏的拼音字母顺序排列。索引卡内容一般包括姓名、出生年月、矿或区队名称、健康卡片编号、X 射线编号和通讯联系方式等。

第 887 问　煤矿从业人员应享有哪些具有职业病防治的权利?

煤矿从业人员具有以下职业病防治的权利:

(1) 具有对煤矿企业搞好职业病防治的要求权。

(2) 具有对煤矿企业实施职业病防治的知情权。

(3) 具有对煤矿企业职业病防治民主管理的参与权。

(4) 具有获得煤矿企业职业病防治知识的培训权。

(5) 具有对煤矿企业不重视职业病防治的控诉权。

第 888 问　煤矿从业人员应履行哪些职业病防治的义务?

煤矿从业人员应履行以下职业病防治的义务:

(1) 履行接受职业病防治知识教育培训的义务。

(2) 履行遵守职业病防治的有关法律法规、规章制度的义务。

(3) 履行正确使用、佩戴职业病防治设施和防护用品的义务。

(4) 履行及时报告职业病危害事故隐患的义务。

第 889 问　为什么井下作业人员要佩戴个体防尘用具?

随着煤矿采掘机械化水平的不断提高,产尘强度也相应提高。在井下作业场所虽然采取了多项防尘措施,但仍难以使作业场所空气中的矿尘浓度降到国家卫生标准,有的甚至严重超标,作业人员长期吸入过量矿尘,就会导致尘肺病的发生,必须采取个体防护措施,所以,井下作业人员佩戴个体防尘用具是搞好防尘、免受矿尘危害的最后一道关口。

第 890 问　目前煤矿井下主要佩戴哪些个体防尘用具?

目前煤矿井下佩戴的个体防尘用具有自吸过滤式、动力送风过滤式和隔绝式等三类。主要有防尘口罩、防尘面罩,防止帽和防尘呼吸器等。其作用是将含尘空气中的矿尘通过滤料滤掉,使佩戴人员既能吸入净化后的清洁空气,又不影响正常作业。

第 891 问　自吸过滤式防尘口罩有哪两种?

目前煤矿井下常佩戴的个体防尘用是自吸过滤式防尘口罩。按照有无吸气阀等区别,自吸过滤式防尘口罩又可分为简易型口罩和专业性防尘口罩。

(1) 简易型口罩

简易型口罩一般都无呼气阀,吸入和呼出的空气经过同一通道。

简易型口罩的优点是结构简单、轻便、容易清洗和成本低;缺点是作业场所空气中的矿尘容易随吸气进入口罩并沉积在因呼吸而潮湿的过滤层上。在矿尘浓度比较高、作业强度比较大和工作时间比较长的情况下,佩戴人员会出现呼吸困难感觉,并且这种口罩过滤细微粉尘的能力较差。

(2) 专业性防尘口罩

专业性防尘口罩带有吸气阀和呼气活瓣,滤料装在专门的滤料盒内。

专业性防尘口罩的优点是阻尘率高、呼吸阻力低、滤料更容易更换;缺点是重量大,对视线有一定妨碍。

第 892 问　如何使用和维护防尘口罩?

只有正确使用和妥善维护防尘口罩,才能发挥它应有的防尘作用和延长其使用寿命。在使用和维护防尘口罩时应注意做到以下几点：

（1）使用前，应检查防尘口罩的整体和零部件是否良好、齐全，否则不要使用，及时进行维修。

（2）佩戴时，防尘口罩要包住口鼻并与面部接触良好，以防矿尘进入口罩内，通过口、鼻呼吸到肺部。

（3）使用后应清洗干净，特别是简易型口罩。带换气阀的专业性防尘口罩再次使用前应在更换滤料。

第六节　"综合防尘"安全质量标准化考核

第893问　在综合防尘安全质量标准化考核时，对防尘管路如何进行检查评分？

在综合防尘安全质量标准化考核时，应检查防尘系统图和现场检查长度不少于全矿防尘管路长度的20％。

总得分为15分。发现一条巷道或一个地点无防尘管路扣5分，少设一个三通或阀门扣2分，平行的两条巷道，中间有横川联通（最长100 m）已在一条巷道中安设防尘管路，且留有三通阀门，可不扣分。

第894问　在综合防尘安全质量标准化考核时，对转载点喷雾和巷道净化水幕如何进行检查评分？

在综合防尘安全质量标准化考核时，应对转载点喷雾和巷道净化水幕进行井下抽查。

总得分为10分。发现有不灵敏、不就位和不雾化时扣2分。

第895问 在综合防尘安全质量标准化考核时，对采掘工作面的采掘机和液压支喷雾装置如何进行检查评分？

在综合防尘安全质量标准化考核时，应对采掘工作面的采掘机内外喷雾和液压支架移架和放顶煤喷雾进行井下抽查。

总得分为15分。发现一处不能正常使用的扣2分，未按要求装置喷雾扣5分。

第896问 在综合防尘安全质量标准化考核时，对煤层注水如何进行检查评分？

在综合防尘安全质量标准化考核时，应对煤层注水进行井下抽查和查看有关记录。

总得分为10分。发现全矿井不注水扣10分，一个工作面不注水扣5分。

第897问 在综合防尘安全质量标准化考核时，对井下巷道的积尘如何进行检查评分？

在综合防尘安全质量标准化考核时，应对井下巷道的积尘进行冲刷制度和下井检查相结合的检查。

总得分为10分。发现一处积尘扣3分，没有冲刷巷道制度扣10分，一处不按时冲刷巷道扣3分，大巷不按规定刷白扣3分。

第898问 在综合防尘安全质量标准化考核时，对隔煤设施如何进行检查评分？

在综合防尘安全质量标准化考核时，应对隔爆设施安装的地点、数量、水量和质量进行井下检查。

总得分为 10 分。发现缺少一处隔爆设施扣 5 分，一处安装质量不合格扣 2 分，一处水量不足扣 2 分。

第 899 问 在综合防尘安全质量标准化考核时，对防尘制度、防尘专业人员和防尘有关资料如何进行检查评分？

在综合防尘安全质量标准化考核时，应对防尘制度、防尘专业人员和防尘有关资料进行查阅和井下抽查。

总得分为 10 分。发现防尘制度不健全扣 5 分，防尘专业人员不足扣 5 分，一处有关资料不准确扣 2 分，资料不全扣 2 分。

第 900 问 在综合防尘安全质量标准化考核时，对矿尘测定如何进行检查评分？

在综合防尘安全质量标准化考核时，应对矿尘测定进行查阅记录的检查。

总得分为 10 分。发现未按规定进行分析、化验、测定的，一项不合格扣 5 分，不进行呼吸性粉尘测定的该项不得分，测尘仪器不合格扣 5 分。

第 901 问 在综合防尘安全质量标准化考核时，对矿尘合格率如何进行检查评分？

在综合防尘安全质量标准化考核时，应对矿尘合格率进行查阅有关测尘结果记录的检查。

总得分为 10 分。发现矿尘合格率未达到 70％时，每少 1％扣 1 分。

第四章

矿井防灭火

第一节　矿井火灾防治基础知识

第 902 问　什么叫矿井火灾?

矿井火灾指的是,发生在矿井井下各处的火灾,以及发生在井口附近的地面火灾。

井下各处的火灾包括井下巷道、硐室和采掘工作面等处的火灾。又因为井口附近的火灾也可能影响矿井井下安全,所以也列为矿井火灾范围。

第 903 问　矿井火灾分哪几类?

矿井火灾根据可燃物的种类、火灾的燃烧状态和引起火灾的热源不同,可进行以下分类:

(1) 按可燃物种类分类

①A 类火灾

A 类火灾指的是,由木材、纸张、锯木屑、煤炭和垃圾等普通可燃物发生的火灾。

②B 类火灾

B 类火灾指的是,在易燃液体表面或可燃气体中发生的火灾。

③C 类火灾

C 类火灾指的是,在电气设备内部及其附近开关处发生的火灾。

④D 类火灾

D 类火灾指的是,在可燃金属中发生的火灾。

（2）按燃烧状态分类

①阴燃火灾

阴燃火灾指的是无明显火焰的火灾。

②明火火灾

明火火灾指的是有较长火焰的火灾。

（3）按引燃热源分类

①外因火灾

外因火灾指的是，由于外来热源引起的火灾。

②内因火灾

内因火灾指的是，由于煤炭本身发生的物理化学变化而引起的煤炭燃烧的火灾。

第904问　矿井火灾有什么危害？

矿井火灾除了与一般地面火灾危害相同以外，还具有以下特点：

（1）井下发生火灾时，因为矿井空间的限制，井下人员难以躲避，设备难以搬移，煤炭固定不动，因而造成的人员伤亡和国家财产、资源损失较一般地面火灾更为严重。

（2）矿井火灾由于封闭火区，将会冻结煤炭的可采储量、严重影响正常的生产秩序。恢复生产时，启封火区非常困难，而且危险性很大。

（3）矿井发生火灾时，会在井下巷道中生成大量的一氧化碳等有毒有害气体，而且难以冲淡和排除，导致大量井下人员中毒、窒息甚至死亡。

（4）矿井火灾会烧毁矿井通风设施，使矿井通风系统紊乱，造成瓦斯积聚超限，火灾还会烧毁电气设备和电缆，造成提升、排水中断、通风停止，影响矿井安全生产和人员生命安全。

（5）井下火源隐蔽性很强，有的难以接近火源，所以不能及时发现，发现了灭火也非常困难。有的井下火灾可能延续几个月其至几年。

（6）矿井火灾还可能成为引发瓦斯和煤尘爆炸的火源。用水灭火时，还可能引起水煤气发生爆炸。这些情况使矿井灾害危险性更大，损失更加惨重。

（7）矿井火灾还可能产生局部火风压，造成局部风流逆转，使火焰、高温烟雾出现在原火灾前的一些侧旁风流或新鲜风流中，使灾情扩大，给灭火救灾和现场作业人员自救互救带来很大的困难。

第 905 问　矿井火灾时期造成风流紊乱有哪几种形式?

矿井火灾时期风流紊乱主要有以下形成：

（1）风流逆转

风流逆转指的是，烟流沿着原风流相反方向流动，一般表现为沿巷道全断面逆转。它主要发生在旁侧支路中。

（2）风流逆退

风流逆退指的是，火源进风侧同一巷道断面出现不同流体异向流动。它主要发生在发火巷道、上行、平巷通风和下行通风的风路中。

（3）风流滚退

风流滚退指的是，火源进风侧巷道断面既出现流体异向流动，又出现烟流反卷异向流动。它主要发生在发火巷迎风侧的风路中。

第 906 问　煤炭自燃有哪几个发展阶段?

煤炭自燃的发生，一般要经过以下 3 个发展阶段：

（1）低温度氧化阶段（潜伏期）

煤在常温下能吸附空气中的氧，在煤的表面生成一些不稳定的初级氧化物，其氧化放热量很少，煤的温度不会升高，但内部却在发生质的变化，在煤的潜伏期内表现出煤的重量略有增加，化学活性增强，着火温度降低。

（2）自热阶段（自热期）

经过低温氧化阶段，煤被活化，煤的氧化速度加快，氧化放热量增大，煤温逐渐升高，此阶段叫做自热阶段。在煤的自热期内空气中的氧含量减少，一氧化碳和二氧化碳含量增加，当达到临界值温度（60 ℃～80 ℃）时，开始出现特殊的火灾气沫，如煤油味、焦油味等。

（3）自燃阶段（自燃期）

燃烧阶段是煤从低温氧化发展到自燃的最后阶段。在煤的自燃期内空气中的氧含量显著减少，二氧化碳含量剧增，并产生更多的一氧化碳，在巷道内出现浓烈烟雾，有时还出现明火现象。

第 907 问　影响煤自燃的因素有哪些？

影响煤的自燃主要有以下两类因素：

（1）自然因素

①煤的化学成分

②煤的物理性质

③煤岩成分

④煤层地质条件

（2）开采技术因素

①开拓系统

②回采方法

③通风条件

④采空区管理方法

第 908 问　煤质对煤的自燃性有什么影响？

各种牌号的煤都可能有自燃性，一般认为煤的碳化程度越高、挥发分含量越低，灰分越高，煤的自燃性越弱。反之，煤的碳化程度越低、挥发分含量越高、灰分越低，煤的自燃性越强。据有关资料，各种牌号煤的着火温度是：褐煤、长焰煤着火温度<305 ℃；长焰煤、气煤着火温度为 305 ℃～345 ℃；气煤、肥煤、焦煤着火温度为 345 ℃～385 ℃；贫煤、瘦煤着火温度为 380 ℃～410 ℃；无烟煤着火温度＞400 ℃。

第 909 问　煤的物理性质对煤的自燃性有什么影响?

煤的物理性质对煤的自燃性有以下四种影响：

（1）煤的破碎性

煤的破碎性对煤的自燃性影响很大，因为煤越破碎，表面积越大，与空气接触面积越大，越容易氧化自燃。脆性大的煤容易破碎，因而对煤的氧化条件有利。

（2）煤的含水性

煤的含水性对煤的自燃性影响有其特殊性。对同一牌号的煤，水分越高，由于水分蒸发时要吸收热量，则着火温度越高，但是，当其水分被蒸发后，干燥的煤着火温度显著的降低这是因为浸过水的煤，其表面氧化层被清洗，而且水使煤体松散，使煤更有利于氧化自燃。

（3）煤的含矸性

煤中含有的矸石影响煤的自燃性。

大多数情况下煤中矸石为不发热的，所以煤中含矸越多，煤的自燃性越低；但是，煤中含硫铁矿时，将会对煤的自燃起加速作用，硫铁矿含量越高，煤的自燃性越强。

（4）煤的温度

煤的温度对煤的氧化放热性、煤体蓄热和热风压有着影响，从而影响煤的自燃性。在温度高时，在一般情况下煤体蓄热条件就好，则煤的自燃性就弱；但是温度高时，煤表面活性结构越多，煤的氧化性越强。

第 910 问　煤岩成分对煤的自燃性有什么影响?

包含在煤体中的煤岩成分有：丝煤、暗煤、亮煤和镜煤等四种成分。因为丝煤有纤维结构，因而在低温下吸氧能力强，着火温度低；而亮煤和镜煤在温度升高时吸氧能力变得最强烈。所以，煤中含有亮煤、镜煤和丝煤时，煤的自燃性最强；而煤中含有暗煤量多时，煤的自燃性弱。

第 911 问　煤层地质条件对煤的自燃性有什么影响?

煤层地质条件对煤的自燃性影响表现在以下三方面：

(1) 煤层厚度和倾角

煤层厚度和倾角越大，开采时容易造成大量遗煤，同时造成煤的破碎程度大。另外，采区回采时间往往超过煤层自然发火期，而且不易封闭隔绝采空区。

(2) 地质构造破坏带

在断层、褶曲、破碎带和岩浆侵入等地质构造破坏带，煤层松软易碎、裂隙多，吸氧能力强，煤的自燃性强。

(3) 围岩性质

围岩坚硬，容易压碎煤体，形成裂隙，而且坚硬的顶板冒落难以充填密实采空区，造成采空区漏风，给遗煤连续不断提供氧气，故坚硬顶板时，煤的自燃性强。

第 912 问　形成煤自然发火的因素有哪些?

形成煤自然发火主要有以下 3 个因素：

(1) 煤的自燃倾向性

煤的自燃倾向性是形成煤自然发火的内在因素，煤的自燃倾向性越高，自然发火的可能性越大，自然发火期越短。

338

（2）合适的供氧条件

空气不仅使煤氧化，又能带走因煤氧化生成的热量。供氧量不足，产生的热量就少；供氧量过大，热量不能积聚，所以供氧量不足或过大都不能形成煤自然发火。只有在合适的供氧条件下煤才可能自燃。

（3）良好的蓄热环境

煤是热的不良导体，煤层越厚，越容易造成良好的热量集聚条件，同时形成煤自燃必须有一个时间过程，才能经过潜伏期、自热期而发生的自然发火。

第913问　什么叫煤的自然发火期?

煤层被开采暴露于空气之日开始，到发生自然发火之日止，所经历的时间叫做煤层自然发火期，单位为月。

矿井有多处自然发火或多个煤层自然发火时，以发火时间最短者定为矿井或煤层的自然发火期。

煤的自然发火期是评价煤层自然发火危险性的统计指标。自然发火期短，说明该煤层自然发火危险性大，相反，自然发火期长，说明该煤层自然发火危险性小。

第914问　采掘工作面如何统计煤层自然发火期?

采掘工作面自然发火期按以下规定进行统计：

（1）采煤工作面

采煤工作面自然发火期指的是，从工作面开切眼之日起到发生自然发火之日止所经过的月数。

（2）掘进工作面

掘地进工作面自然发火期指的是，从巷道揭露煤层之日起到发生自然发火之日止所经过的月数。

（3）采空区

采空区自然发火期指的是，从开采工作面火源位置接触空气之日起到发生自然发火之日止所经过的月数。

第 915 问　新建矿井如何预测煤层自然发火期？

对于新建矿井，为了在进行矿井设计时做好预防矿井火灾工作，需要预测煤层的自然发火期。这时采用统计的方法无法确定它。

在这种情况下，必须采用类比法来预测煤层自然发火期。根据地质勘探时采集的煤样所做的自燃倾向性鉴定资料，并参与与之相邻、相似的煤层、地质条件、赋存条件和开采方法的采区或矿井，进行类比加以预测

第 916 问　如何延长煤层自然发火期？

煤层自然发火期受到煤的自燃倾向性、破碎程度与堆积状态、供氧情况及周围环境等多种因素的影响。而这些因素中有的可以改变，通过采取以下措施改变影响因素来延长自然发火期。

（1）减小煤的氧化速度

减小煤的氧化速度主要措施有：在进行采区设计时，合理选择开拓方式和巷道布置，尽量少留煤柱，避免或减少煤体的破裂，减少氧向煤体内部扩散或漏的通道。提高回采率，减少采空区遗煤。采用阻化剂喷洒在碎煤或注入煤体内，充填煤体的孔隙、裂隙。

（2）降低煤的升温速度

降低煤的升温速度主要措施有：增加遗煤的分散度，从而增加表面积，达到增加散热量的目的。对于处于低温状态下的煤体，加大通风强度，从而加大散热量，达到抑制升温速度的目的。提高煤中水分含量，从而提高水蒸发时吸收的热量，达到降低煤的温度的目的。

第 917 问 如何确定火灾事故?

凡因矿井火灾（包括外因火灾和内因火灾）而导致以下情形之一的，即确定为火灾事故：

(1) 造成人员伤亡

(2) 造成以下直接损失

①工作面停止生产 8 h 以上

②烧毁煤炭、设备或材料折合价值 1 万元及其以上。

(3) 造成以下间接损失

①封闭 1 个工作面

②冻结煤量 1 万 t 以上

③封闭设备、设施和材料折合价值 1 万元及其以上

第 918 问 如何确定自然发火?

凡井下出现以下情形之一的，即确定为自然发火：

(1) 由于煤炭氧化自燃而出现明火、烟雾和煤油味等现象。

(2) 由于煤炭氧化自燃而导致环境空气、煤炭、围岩及其他介质的温度升高，并超过 70 ℃。

(3) 由于煤炭氧化自燃在采空区或风流中出现 CO，其浓度已超过自然发火临界指标，并呈上升趋势。

(4) 采空区、高冒顶或巷道中出现己烯（C_2H_4）、乙炔（C_2H_2）。

第 919 问 如何确定自然发火隐患?

凡井下出现以下现象之一时，即确定为自然发火隐患。

(1) 采空区或井巷风流中出现一氧化碳，其发生量呈上升趋势，但未达到自然发火临界指标。

（2）风流中出现 CO_2，其发生量呈上升趋势，但尚未达到自然发火临界指标。

（3）煤炭、围岩、空气及水的温度升高，并超过正常温度，但尚未达到 70 ℃。

（4）风流中氧浓度降低，且呈下降趋势。

第 920 问　矿井自燃危险等级划分为哪几级?

凡开采易自燃和自燃煤层的矿井都属于自燃矿井，或叫做自然发火矿井。

矿井自然发火危险程度根据矿井近 10 年内百万吨发火率和自然发火期划分为以下四级：

（1）Ⅰ级自然发火危险程度矿井

（2）Ⅱ级自然发火危险程度矿井

（3）Ⅲ级自然发火危险程度矿井

（4）Ⅳ级自然发火危险程度矿井

第 921 问　Ⅰ级自然发火危险程度矿井必须具备哪些条件?

Ⅰ级自然发火危险程度矿井必须具有以下条件之一：

（1）近 10 年内百万吨自然发火率超过 3 次。

（2）自然发火期小于 3 个月。

（3）百万吨自然发火率超过 2 次，且自然发火期小于 6 个月的下列矿井：

①高瓦斯矿井。

②煤（岩）与瓦斯（二氧化碳）突出矿井。

③开采厚及特厚煤层矿井。

④开采急倾斜中厚煤层矿井。

⑤煤的自燃倾向为Ⅰ级（容易自燃）、且煤尘爆炸指数在 30% 以上的矿井。

第 922 问　Ⅱ级自然发火危险程度矿井必须具备哪些条件?

Ⅱ级自然发火危险程度矿井必须具备以下条件之一:

(1) 近 10 年内百万吨自然发火率超过 2 次,但不超过 3 次。

(2) 自然发火期小于 6 个月,但不小于 3 个月。

(3) 百万吨自然发火率超过 1 次,但自然发火期小于 12 个月的下列矿井:

①高瓦斯矿井。

②煤(岩)与瓦斯(二氧化碳)矿井。

③开采厚煤层矿井。

④开采急倾斜中厚煤层的矿井。

⑤煤的自燃倾向性为Ⅱ级(自燃),且煤尘爆炸指数在 20% 以上的矿井。

第 923 问　Ⅲ级自然发火危险程度矿井必须具备哪些条件?

Ⅲ级自然发火危险程度矿井必须具备以下条件之一:

(1) 近 10 年内百万吨自然发火率超过 1 次,但不超过 2 次。

(2) 自然发火期小于 12 个月,但不小于 6 个月。

(3) 百万吨自然发火率超过 0.5 次,且自然发火期不小于 12 个月的下列矿井:

①高瓦斯矿井。

②煤(岩)与瓦斯(二氧化碳)突出矿井。

③开采厚煤层矿井。

④开采急倾斜中厚煤层矿井。

⑤煤的自燃倾向为Ⅲ级(不易自燃),且煤尘爆炸指数在 10% 以上的矿井。

第924问 IV级自然发火危险程度矿井必须具备哪些条件?

凡有自然发火史,但不符合 I 级、II 级和 III 级自然发火危险程度矿井条件的划分为 IV 级自然发火危险程度矿井。

第925问 什么叫火风压? 火风压有什么危害?

火风压指的是,当井下发生火灾时,高温烟流经过有高差的井巷时产生的附加风压。

火风压的危害主要有以下几方面:

(1) 可能使矿井原有的通风系统遭到破坏

(2) 可以使矿井风量增加或减小

(3) 可能使局部区域风流逆转

(4) 可能造成人员伤亡

(5) 可以增加灭火的难度

第926问 如何计算火风压的大小?

火风压的大小可由下列两种方法计算:

(1) 用巷道高差计算:

$$h_{火}=Z\ (r_o-r)$$

式中　$h_{火}$——火风压值,mmH_2O;

　　　Z——高温烟流经过的巷道始末两点的高差,m;

　　　r_o——火灾前巷道内的平均空气重率,kg/m^3;

　　　r——火灾后巷道内的平均察看重率,kg/m^3。

(2) 用巷道温差计算:

$$h_{火}=1.22\ \frac{\Delta t}{T}$$

式中　Δt——火灾前后巷道温度的增值,℃;

T——火灾后巷道内的平均绝对温度，℃。

第 927 问　什么叫不燃性材料？

不燃性材料指的是，凡是受到火焰或高温作用时，不着火、不冒烟、也不被烧焦者。它包括所有天然的材料（料石、砂和粘土等）以及人工制成的无机材料和建筑中所用的金属材料。

第二节　鉴定煤自燃倾向性有关规定

第 928 问　为什么要对煤的自燃倾向性进行鉴定？

煤的自燃倾向性是煤在常温下氧化能力的内在属性，是煤炭自燃的条件之一。随着煤的牌号、煤的组成和煤岩成分、结构的不同，煤的自燃倾向性也不同。掌握煤的自燃倾向性不仅是合理选择矿井防治火灾措施的重要依据之一，还是科学设计开拓系统、通风方式和采煤方法的主要资料之一。所以必须对煤的自燃倾向性进行鉴定。

第 929 问　《煤矿安全规程》对鉴定煤的自燃 倾向性有哪些规定要求？

《煤矿安全规程》中规定，对煤的自燃倾向性进行鉴定必须符合下列要求：

（1）鉴定的时间：

①新建矿井时

②生产矿井延深新水平时

（2）提供鉴定用煤样和资料的单位：

①新建矿井：由地质勘探部门提供。

②在建矿井：由设计部门提供采样点、建设部门提供煤样和资料。

③生产矿井：由煤矿企业提供

（3）鉴定单位：

鉴定单位必须是国家授权单位。

（4）鉴定结果报送单位：

鉴定结果报省（自治区、直辖市）负责煤炭行业管理部门备案。

第 930 问　煤的自燃倾向性划分为哪几级？

煤的自燃倾向性是用来区分和衡量不同煤层发火危险程度的一项重要指标，也是对矿井煤层自然发火采取不同的针对性措施进行有效管理的主要依据。

目前，我国煤矿采取以每克干煤在常温（30 ℃）常压（1.0133×10^5 Pa）条件下的吸氧量作为煤的自燃倾向性分级主要指标，将煤的自燃倾向性划分为以下三级：

（1）自燃等级 I 级：自燃倾向性为易自燃。常温常压条件下高硫煤、无烟煤的吸氧量 $\geqslant 1.00$ cm^3/g 干煤，褐煤、烟煤类 $\geqslant$ 0.71 cm^3/g 干煤，含硫 $>2.00\%$。

（2）自燃等级 II 级：自燃倾向性为自燃。常温常压条件下高硫煤、无烟煤的吸氧量 $\leqslant 1.00$ cm^3/g 干煤，褐煤、烟煤类为 $0.41 \sim 0.70$ cm^3/g 干煤，含硫 $\geqslant 2.00\%$。

（3）自燃等级 III 级：自燃倾向性为不易自燃。常温常压条件下，高硫煤、无烟煤的吸氧量 $\geqslant 0.80$ cm^3/g 干煤，褐煤、烟煤类 $\leqslant 0.40$ cm^3/g 干煤，含硫 $<2.00\%$。

第931问 煤自燃倾向性鉴定采取煤样时应注意哪些事项？

进行煤自燃倾向性鉴定时，采到煤样应注意以下事项：

（1）必须由经过专门训练的采样人采取。

（2）所有煤层和分层的采煤工作面或掘进工作面采取有代表性的煤样。

（3）在地质构造复杂、破坏严重（如有褶曲、断层及岩浆侵入等）的地带应增加煤样的采取。

（4）如果煤岩组分在煤层中分布明显（如有明显镜煤、亮煤、丝炭、黄铁矿夹矸）的地点应增加煤样的采取。

（5）对于增加采样的（3）和（4）的各个地点，应祥细描述采样点的具体情况。

（6）新采煤层或分层，在首次采取煤样时，必须在同一煤层或分层不同地点采取2～3个煤样。

（7）采样方法应根据具体条件进行选择，并必须遵循该采样方法的有关规定要求。

第932问 鉴定煤自燃倾向性在采掘
工作面采样时应遵循哪些规定要求？

鉴定煤自燃倾向性在采掘工作面采样时，应遵循以下规定要求：

（1）首先剥去煤层表面受氧化部分。

（2）将准备采样煤层附近底板清理干净，并铺上帆布或塑料布。

（3）然后沿工作面煤层垂直方向划两条直线，线间距为100～150 m，在两线之间采下厚度为50 mm的初采煤样。

（4）把采下的初采煤样打碎成为20～30 mm粒度，混合均匀，依次按锥堆四分法，缩至1.0～2.0 kg的原始煤样。

（5）最后将原始煤样装入铁筒或较厚的塑料袋中，并进行密封包装，寄或送到鉴定单位。

第 933 问　鉴定煤自燃倾向性在采取钻孔煤芯时应遵循哪些规定要求？

鉴定煤自燃倾向性，在地质勘探钻孔采取煤芯煤样时，应遵循以下规定要求：

（1）从钻孔中取出的煤芯，应立即将矸石、泥皮和煤芯被研磨烧焦部分清除掉，必要时要用水清洗，但不能泡在水中。

（2）清理好的煤芯立即装入铁筒或较厚的塑料袋中，并进行密封包装，寄或送到鉴定单位。

（3）采取煤芯煤样时必须具有代表性。

第 934 问　鉴定煤自燃倾向性煤样送鉴时应遵循哪些规定要求？

鉴定煤自燃倾向性时，在送鉴煤样应遵循以下规定要求：

（1）每个煤样必须备有 2 个标签，1 个放在煤样的容器（务必用塑料袋包好以免受潮或弄碎），另 1 个贴在容器外。

（2）标签按要求填定，字迹清楚，并包括以下主要内容：

①煤样编号（送样单位样品号）。

②送样单位、邮编及联系人姓名、电话号码。

③煤层名称。

④煤种（按国家分类标准）。

⑤煤层厚度。

⑥煤层倾角。

⑦采掘方法。

⑧自然发火期（矿井开采过程中的经验统计值）。

⑨采样地点。

⑩采样人及采样时期。

（3）随同煤样要说明煤层生成的地质年代、距地表深度、采样地点暴露于空气的时间、以及是否从断层、褶曲等地质构造带和含有黄铁矿、镜煤和亮煤等存在的地点采取的煤样等。

（4）采取的煤样应在采样后 15 d 内寄或送到鉴定单位。

第三节　预防煤自然发火措施

第 935 问　内因火灾经常发生在井下哪些地点？

煤矿井下经常发生内因火灾主要有以下地点：

（1）采空区，特别是有大量遗煤而又未及时封闭或封闭不严时。

（2）巷道两侧受地压破坏的煤块。

（3）巷道中长期堆积的浮煤。

（4）巷道发生冒顶后的高冒空洞中。

（5）与老窑相连通处。

第 936 问　为什么把"自然发火严重，未采取有效措施"列为煤矿重大安全生产隐患之一？

矿井火灾给矿井安全和井下人员身体健康和生命带来很大威胁。外因火灾是偶然事件，而内因火灾是由于煤本身性能引起自燃发现不及时或处理不当造成的。我国是煤自然发火较严重的国家，据 2002 年统计，我国国有重点煤矿中有自然发火危险的矿井占 51.3%，自然发火占矿井总火灾的 90% 以上。自然发火危险矿井几乎在所有矿区都存在，因自燃破坏的煤炭资源，每年造成的经济损失达数十亿元。仅 1999 年全国共有 87 个大中型矿井，因自然发火封闭火区 315 处，不但造成了严重的煤炭资源浪费，而且威胁着井下作业人员的人身安全。

但是，煤自然发火与外因火灾相比，具有发生、发展缓慢并有规律的演变过程，既可以采取有效措施及时发现它的存在，又可以采取有效措施及时中断它的形成和防止它的扩大，所以，自然发火严重，必须采取有效措施。为了预防矿井火灾，确保矿井安全，国务院《关于预防煤矿生产安全事故的特别规定》中把"自然发火严重，未采取有效措施的"列为煤矿重大安全生产隐患之一。

第 937 问　有哪些情形时认定为"自然发火严重，未采取有效措施"？

根据国家安全生产监督管理总局、国家煤矿安全监察局制定的《煤矿重在安全生产隐患认定办法（试行）》，有下列情形之一的，都认定为"自然发为严重，未采取有效措施"：

（1）开采易自燃和自燃的煤层时，未编制防止自然发火设计或未按设计组织生产的。

（2）高瓦斯矿井采用放顶煤采煤法采取措施后仍不能有效防治煤层自然发火的。

（3）开采易自燃和自燃煤层的矿井，未选定自然发火观测站或者观测点位置并建立监测系统、未建立自然发火预测预报制度，未按规定采取预防性灌浆或者全部充填、注惰性气体等措施的。

（4）有自然发火征兆没有采取相应的安全防范措施并继续生产的。

（5）开采易自燃煤层未设置采区专用回风巷的。

第938问　开采易自燃和自燃煤层时应如何选择矿井通风系统？

矿井通风系统主要有中央式通风系统、对角式通风系统及中央、对角混合式通风系统。

（1）中央式通风系统

中央式通风系统的线路长、阻力大，容易造成井下巷道漏风，导致煤层自燃，所以只适合井田范围不大的小型矿井使用。

（2）对角式通风系统

对角式通风系统线路短，阻力小，有利于减少井下巷道漏风，防止煤层自燃，而且矿井安全出口较多，安全性较好。适用于大中型矿井，同时，通风系统在一定范围内具有可调性，当一个区域发生火灾时，能够根据救灾的需要，做到局部区域停风、减风或反风，避免事故范围波及全矿井。

第939问　开采易自燃和自燃煤层时应如何选择采区通风系统？

在开采易自燃和自燃煤层时，应选择分区式通风系统，尽量减少或消除角联风路。分层多的工作面回采时，要使采区内的通风系统避免出现高、低压区邻接的通风状况，并采取有效措施防止分层之间、工作面之间的采空区漏风。

第940问　开采易自燃和自燃煤层时，如何选择采煤工作面通风系统？

后退式采煤工作面采用 U 型和 W 型通风系统时，其进、回风巷都在未采动的实体煤层内，随着采煤前进而逐渐垮塌报废，使采空区侧不存在通风巷道，所以，采空区的漏风仅存在于工作面上、下两端头的局部地点，对采空区的防火有利。

而采煤工作面采用其他通风系统，如Z型、Y型、H型等，都在采空区内存在1条或2条通风巷道，使采空区漏风的范围和漏风量增大，采空区内自然发火危险性更高。

第 941 问　开采有自然发火煤层时，集中大巷应布置在什么地点？

开采易自燃和自燃的单一厚煤层或煤层群的矿井，集中运输大巷和回风巷应布置在岩层内或不易自燃的煤层内；如果布置在易自燃和自燃的煤层内，必须砌碹或锚喷，碹后的空隙和冒落处必须用不燃性材料充填密实，或用无腐蚀、无毒性的材料进行处理。

第 942 问　开采易自燃和自燃的煤层群时，在开采顺序上应注意哪些安全事项？

开采易自燃和自燃煤层时，应注意上下和前后的开采顺序：

（1）上下开采顺序

开采易自燃和自燃的煤层群时，在开采程序上应先采上层后采下层；在开采倾斜和急倾斜煤时，应先采上阶段后采下阶段，以避免先采下煤层或下阶段破坏上煤层或上阶段，空气进入上部煤层，造成上部煤层氧化自燃。

（2）前后开采顺序

采用后退式开采顺序可以做到采煤工作面的进、回风巷布置在未采动的原生煤体中，防止人为地引起采空区漏风，导致采空区氧化自燃。同时，一旦采空区自然发火，封闭范围也容易控制。而采用前进式开采顺序则相反，难以防治采空区自然发火问题。

第 943 问　开采易自燃和自燃厚煤层时，应如何布置倾斜分层采煤工作面的进风巷和回风巷位置？

当开采易自燃和自燃厚煤层时，倾斜分层上、下分层煤巷一般采用内错式布置方式，以使下分层空气只进入上分层采空区内，而不能进入到上分层下阶段煤层或上阶段煤层中，避免上分层下阶段煤层和上阶段煤柱遇到氧气而发生氧化燃烧。

第 944 问　开采易自燃和自燃煤层时如何合理地选择采煤方法？

开采易自燃和自燃煤层选择采煤方法应注意以下事项：

（1）尽量采用壁式采煤方法。

因为壁式采煤方法回采率高，巷道布置简单，便于使用机械装备与加快回采进度，对防止自然发火有利。

（2）有条件的可选用水力采煤方法。

水力采煤方法效率高、速度快、产尘量少，同时，采完一个采区后能及时封闭隔绝，有利于防止煤炭自燃。

（3）慎重选择采空区处理方法。

全部陷落法处理采空区容易发生采空区自燃，而采用水砂充填法或矸石充填法处理采空区，为的自燃危险性就较小。

如果顶板岩性松软，易于冒落且很快充填压实采空区或形成再生顶板，空气难以进入采空区，煤的自燃危险性就较小；相反，如果顶板岩性坚硬，不易冒落或冒落后成大块矸石，在采空区形成较大体积的空间，空气容易进入采空区，煤的自燃危险性就较大。

第 945 问　放顶煤开采易自燃和自燃
的厚及特厚煤层为什么容易发生自然发火？

采用放顶煤开采厚及特厚煤层时，主要受以下因素影响，容易发生自然发火：

（1）由于回采率较低，采空区内遗煤较多，为自然发火提供了大量的可燃性碎煤。

（2）由于放顶煤开采造成工作面顶板活动加剧，顶板冒落带高度增大，采空区往往不能及时冒落严密，为采空区漏风提供了条件。

（3）放顶煤开采比其他采煤方法推进速度慢，不能使采空区氧化自燃带很快甩入到窒息带；同时，放顶煤开采采空区空间大，区内空气流动较慢，为采空区氧化自燃提供了良好的蓄热环境。

所以，《煤矿安全规程》中规定，采用放顶煤采煤法开采易自燃和自燃的厚及特厚煤层时，必须编制防止采空区自然发火的设计。

第 946 问　采用无煤柱开采对防止自然发火有什么
作用？无煤柱开采有哪几种形式？

采用无煤柱开采实质上就是取消了煤体，从根本上消除了煤柱自然发火隐患。

无煤柱开采主要有以下几种形式：

（1）在近水平或缓倾斜煤层开采中，水平运输和回风大巷、采区上（下）山、区段集中运输巷和回风巷布置在煤层底板岩石里，采用跨越开采，取消水平大巷和采区上（下）山煤柱。

（2）采用沿空掘巷、沿空留巷，取消区段煤柱和采区区间煤柱。

（3）采用倾斜长壁仰斜推进、间隔跳采，取消或减少工作面煤柱。

第947问　采用无煤柱开采对防止自然发火有什么害处？无煤柱开采应采取哪些防火技术措施？

采用无煤柱开采使相邻采区无煤柱隔离，造成采区难以封闭严密，形成向采空区内漏风，引燃采空区遗煤，给封闭火区灭火造成困难。

无煤柱开采主要采取以下防火技术措施：

（1）沿空巷道挡挂帘布。

在矿压稳定的沿空巷道采空区一侧，挡挂帘布，防止向采空区漏风。

（2）采空区周边建造充填带

沿工作面采空区周边建造水砂、粉煤灰或泥浆的充填带，不仅起到护巷作用，还能有效防止向采空区漏风。

（3）沿空巷道喷涂泡沫塑料

在沿空巷道顶板和沿采空区一侧的壁帮喷涂泡沫塑料，以隔离采空区。

第948问　开采易自燃和自燃急倾斜煤层时，为什么必须在主石门和采区运输石门上方留有保护煤柱？

因为主石门和采区运输石门是矿井和采区的主要进风巷道，风压较高，风量较大。在急倾斜煤层对主石门和采区运输石门上方进行垮落开采，会破坏巷道的稳定性和完整性，使巷道顶板产生裂隙或发生冒顶，导致巷道向采空区漏风，由于主石门和采区运输石门风流特点，向采空区漏风量将很大，很容易引起采空区遗煤自然发火，同时，采区火灾所产生的高温烟雾和有毒有害气体又会涌入这些巷道，对下风侧的采区或采掘工作面造成危害。所以，开采易自燃和自燃的急倾斜煤层用垮落法控制顶板时，《煤矿安全规程》中规定：

（1）在主石门和采区运输石门上方，必须留有煤柱。

（2）禁止采掘留在主石门上方的煤柱。

（3）留在采区运输石门上方的煤柱，在采区结束后可回收，但必须采取防止自然发火措施。

第 949 问　为什么不得在火区的同一煤层的周围进行采掘工作?

因为在火区的同一煤层周围进行采掘工作时，由于受采动影响可能破坏防火墙的严密性，还可能使火区周围的煤岩遭到震动破坏而产生裂隙，采掘工作面及相邻巷道就可能向火区发生漏风，给火区提供氧气，不仅不利于火区熄灭，还可能使火区复燃。同时，火区内的有害气体还可能通过这些裂隙而涌入采掘工作面而使作业人员中毒、窒息甚至死亡，所以，《煤矿安全规程》中规定，在同一煤层同一水平的火区两侧、煤层倾角小于 35°的火区下部区段，火区下方邻近煤层进行采掘时，必须留有足够宽（厚）度的煤（岩）柱隔离火区，回采时及回采后能有效隔离火区，不影响火区的灭火工作。

掘进巷道时误透或因冒顶导通火区，同样形成火区漏风的通道，使火区得到充足的条件，加剧火区的火势，严重的威胁掘进工作面及周围作用人员的安全。因此，《煤矿安全规程》又规定，掘进巷道时，必须有防止误冒、透火区的安全措施。

第 950 问　为什么煤层倾角在 35°以上的火区下部区段严禁进行采掘工作?

煤层倾角大于 35°时，尽管留有火区隔离煤柱，但这煤柱稳定性很差，极容易垮落。当下部区段进行采掘活动时，上部所留的煤柱可能随着采煤工作面顶板的垮落而一起向下塌落，造成下区段采空区与上区段的火区相连通，不利于火区熄灭，同时，火区内未熄灭的火源还可能落入下部采空区引起下部采空区的火灾或者引燃瓦斯、煤尘，造成火灾和爆炸事故。所以，《煤矿安全规程》中规定，煤层倾角在35°以上的火区下部区段严禁进行采掘工作。

第951问　开采易自燃和自燃煤层时，为什么必须对采空区、突出和冒落孔洞等地点采取预防性防火措施？

因为采空区、突出和冒落孔洞等空隙常保留有浮煤，进入其内的风流很弱，但是长时间有新鲜空气漏进。这些都是煤自然发火的极好条件，极容易出现火灾隐患而发火。同时，这些地点的发火隐患通常很难检测发现。煤矿井下自然发火的事实表明，大多数自然发火都发生在这些地点。《煤矿安全规程》中规定，开采易自燃和自燃煤层时，必须对采空区、突出和冒落孔洞等空隙采取预防性防火措施。

第952问　开采易自燃和自燃煤层时，对采空区、突出和冒落孔洞等地点预防性防火有哪些技术措施？

开采易自燃和自燃煤层时，对采空区、突出和冒落孔洞等空隙进行预防性防火，主要有以下技术措施：

（1）预防性灌浆
（2）全部充填
（3）喷洒阻化剂
（4）注阻化气体和液体
（5）均压

第 953 问　什么叫预防性防火灌浆？预防性灌浆为什么能达到防火目的？

预防性防火灌浆指的是，将水和浆按适当配比，制成一定浓度的浆液，借助输浆管路送往可能发生自然发火的采空区以防止自然火灾的发生。

预防性防火灌浆由于具有以下两方面的作用，所以能达到防火的目的：

（1）隔氧

浆液被输送到采空区后，固体成分进行沉淀，充填于浮煤缝隙之间，形成隔绝空气的包裹体，防止浮煤进一步氧化。

（2）散热

浆液中的水分能够降低浮煤的温度，对已经氧化生热的浮煤还能冷却散热，抑制浮煤自热氧化过程的发展。

第 954 问　预防性防火灌浆常选用哪些浆材？

预防性防火灌浆常选用粉煤灰、粘土等作为浆材。浆材必须满足以下要求：

（1）不含助燃和可燃物质

（2）粒径不大于 2 mm，且粒径小于 1 mm 的要占 70%～75%。

（3）主要物理性能指标：密度 2.4～2.8，塑性指数 9～14，胶体混合物 25%～30%，含砂量 25%～30%（粒径 0.5～0.25 mm以下）

（4）容易脱水又具有一定的稳定性。

第 955 问　预防性防火灌浆有哪几种方法?

预防性防火灌浆主要有以下三种方法:

（1）采前灌浆

采前灌浆指的是，采煤工作面开采以前向老窑采空区灌浆，消灭老窑采空区原存火区、降温、除尘、排除有毒有害气体和粘结浮煤等。防止开采时发生自然发火。它主要适用于开采易燃、特厚煤层和老空区过多的矿井中。

（2）随采随灌浆

随采随灌浆指的是，利用埋设的管路随着采煤工作面的推进，同时向采空区灌浆。一是防止采空区遗煤自燃，二是胶结冒落的矸石形成再生顶板为下分层开采创造条件。它主要适用于自然发火期较短的厚煤层。

（3）采后灌浆

采后灌浆指的是，采区、采区的一翼或工作面全部回采结束后，将整个采空区封闭灌浆。它主要适用于自然发火不是十分严重的、发火期较长的煤层。

第 956 问　如何防止灌浆后的溃浆和透水?

预防性防火灌浆后，为了防止溃浆和透水应做到以下几项事项:

（1）在灌浆以前准备好疏水通道，以便发生溃浆和透水时应急使用。

（2）使用渗透水性强的荆条帘子或预留泄水孔的木板做围堰壁。

（3）围堰的四周要同巷道壁接实打牢。

（4）围堰构筑好后，背好套棚，打齐、打牢中心顶子。

（5）充填流量要均匀适度，切忌流量忽大忽小；接近充满时，要适当减少流量。

（6）充填灌浆时应设压力表并设专人观察，当发现管路压力较大时，要及时打开安全阀，释放压力，停止充填工作。

（7）充填灌浆时，在充填地点前后各 50 m 范围内，除监护人员外其他人员一律禁止逗留。

第 957 问　预防性防火灌浆区内的浆水对下部采掘工作面的安全有什么影响？

预防性防火灌浆区内往往积存大量的浆水。由于地层压力和浆水重力的作用，以及采掘活动的破坏，容易损坏其隔离煤柱，而使下部采掘工作面发生冒顶，浆水由上而下涌入工作面，造成淹没采掘设备和淤埋采掘作业人员的恶性事故。所以，必须对浆水的影响进行认真分析，采取相应安全技术措施，确保采掘活动的正常进行。

第 958 问　《煤矿安全规程》对灌浆区下部采掘工作有什么规定要求？

为了确保灌浆区下部采掘工作正常、安全的进行，《煤矿安全规程》对此进行了以下方面严格的规定：

（1）在灌浆区下部进行采掘前，必须查明灌浆区内的浆水积存情况。

（2）发现灌浆区积存浆水时，必须在采掘工作进行前放出。

（3）灌浆区积存的浆水未放出前，在灌浆区下部严禁进行采掘工作。

第四节 预防矿井外因火灾措施

第 959 问 外因火灾主要有哪几种形式?

煤矿井下外因火灾主要有以下形式:

(1) 明火:吸烟、使用电炉或大功率灯泡及电焊、气焊等。

(2) 违章放炮:明火或动力线放炮、炮泥不足或炸药变质。

(3) 机械摩擦和撞击:带式输送机托辊、胶带过热、采掘机械截割矸石及顶板,斜巷运输断绳、跑车等。

(4) 电气设备失爆、电路短路或漏电。

(5) 瓦斯、煤尘爆炸。

第 960 问 什么叫电气火灾? 发生井下电气火灾的原因是什么?

电气火灾指的是,在井下用电时,由于电火花、电弧和高温的导电部分,引起煤炭、木料等可燃物的燃烧而形成的火灾。

井下发生电气火灾的主要原因有以下几方面:

(1) 电气设备长时间超负荷运行引起过热,烧毁电气绝缘,造成短路或漏电产生电弧或电火花。

(2) 由于接线错误、接触不良、带电作业等产生电火花。

(3) 电气绝缘受潮、绝缘性能严重降低发生漏电产生电火花。

(4) 变压器油质变劣或油内浸入水分或杂质,引起相间短路发生电弧,使油箱内的油着火燃烧。

(5) 架线电机车产生电火花。

（6）杂散电流和静电引发电火花。

（7）防爆电气设备失爆产生电火花或电弧。

（8）雷电波及井下。

（9）电气设备和线路、各种继电保护装置和安全设施不符规定标准。

第 961 问　如何预防井下电气火灾？

预防井下电气火灾的基本方法有以下几点：

（1）按照允许温升条件正确设计、选择、安装、调试、使用、维护和检修电气设备和电缆线路。

（2）安装继电保护装置，完善电气保护系统确保灵敏可靠。

（3）加强日常检查维修，及时处理电气故障和事故隐患。

（4）变压器油脂应定期取样试验、检查。

（5）严格执行规定标准和规章制度，确保电气设备和电缆线路等正常运行。

第 962 问　为什么井下严禁使用灯泡取暖和使用电炉？

白炽灯泡不具备防爆性能，不允许在井下使用。同时白炽灯泡受电压变化的影响很容易损坏，在损坏瞬间产生的短路火花所放出的热量，完全可以引燃可燃物导致火灾事故，甚至引发瓦斯煤尘爆炸。

电炉不仅不防爆，而且还是一种明火源。稍有不慎可能点燃附近的可燃物而引起火灾。一旦发生瓦斯喷出和煤（岩）与瓦斯突出、采空区顶板大面积垮落、冲击地压等现象时，大量高浓度瓦斯涌出，可能引起瓦斯爆炸事故。

所以，《煤矿安全规程》中对井下严禁使用矿灯取暖和使用电炉进行了明确的规定。

第963问　井下使用的油类应如何加强防火管理?

井下使用的汽油、煤油和变压器油都是极易燃烧的物质,是井下预防外因火灾的重点对象。一旦发生火灾,还不能用水进行直接灭火,因此,常造成重大火灾事故。加强对井下油类防火管理主要采取以下措施:

(1) 汽油、煤油和变压器油在运输和使用时,必须装入盖严的铁桶内。

(2) 汽油、煤油和变压器油在井上、下运输时,必须由专人押送到指定地点。

(3) 汽油、煤油和变压器油必须坚持"用时运来,用后运走"的规定,剩下的必须当班运回地面,严禁在井下存放。

第964问　在井下进行焊接和切割工作时应采取哪些安全措施?

井下和井口房内不得从事电焊、气焊和喷灯焊接等工作。如果必须在井下主要硐室、主要进风井巷和井口房内进行焊接和切割时,每次必须制定安全措施,这些安全措施包括以下内容:

(1) 指定专人在现场检查和监督。

(2) 电焊、气焊和喷灯焊接等工作地点附近 10 内范围内,应是不燃性材料建筑,并应有供水管路,设专人负责喷水。同时每个地点至少备有 2 个灭火器。

(3) 在井口房、井筒和倾斜巷道内进行焊接和切割时,必须在下方使用铁板接受火星。

(4) 在焊接和切割作业现场风流中瓦斯浓度不得超过 0.5%,对突出危险区域内停止作业。

(5) 在焊接和切割作业完毕后,作业现场应再次喷水,并设专人现场监护 1 h,确无异常后才能撤离现场。

第 965 问　煤矿井口应有哪些防火措施?

煤矿井口的火灾不仅影响井口地面的安全还严重威胁着井下的安全,《煤矿安全规程》中规定,矿井的所有地面建筑物、煤堆、矸石山、木料场等处的防火措施和制度,都必须符合国家有关防火的规定。煤矿井口主要防火措施有以下几条:

(1) 本料场、矸石山和炉灰场的位置必须合理、安全。

(2) 井架以及以井口为中心的联合建筑必须用不燃性材料建筑。

(3) 进风井口应设置防火铁门。

(4) 井口房和通风机附近 20 m 范围内,不得有烟火或用火炉取暖。

(5) 矿井井口附近应设立消防水池,并经常保持 200 m³ 以上的水量。

第 966 问　如何合理安全地选择
木料场、矸石山、炉灰场的位置?

木料场容易引起火灾,矸石山在一定条件下会出现自燃,炉灰场有时会遗留火星或高温渣粒,这些都是容易发生火灾的部位,必须合理地选择它们的位置,以至万一发生火灾,不致于波及井下,确保井下安全。

《煤矿安全规程》中规定,木料场、矸石山和炉灰场距离进风井不得小于 80 m。木料场距离矸石山不得小于 50 m。同时还规定,不得将矸石山或炉灰场设在进风井的主导风向上风侧,也不得设在表土 10 m 以内有煤层的地面上和设在有漏风的采空区上方的塌陷范围内。

第 967 问　井下哪些巷道应采用不燃性材料支护?

井下巷道应采用不燃性材料支护的主要有以下各处:

(1) 井筒、平硐与各水平的连接处。

(2) 井底车场。

(3) 主要绞车道与主要运输巷、回风巷的连接处。

(4) 井下机电设备硐室。

(5) 主要巷道内带式输送机机头前后两端各 20 m 范围内。

第五节　矿井防灭火方法

第 968 问　人体如何感觉煤炭自燃?

人体感觉煤炭自燃的方法有以下几方面:

(1) 视力感觉

煤炭从氧化到自燃初期生成水分,往往使巷道内温度增加,出现雾气或在巷壁挂有平行水珠;浅部开采时,冬季在地面钻孔中或塌陷区内发现冒出水蒸气或冰雪融化的现象;井下两股温度不同的风流汇合处还可能出现雾气。

(2) 气味感觉

煤炭从自热到自燃过程中,氧气产物内有多种碳氢化合物,并产生煤油味、汽油味、松节油味或焦油味等气味。现场经验证明,当人们嗅到焦油味时,煤炭自燃就已经发展到一定程度了。

(3) 温度感觉

煤炭从氧化到自燃过程中要放出热量,因此从该处流出的水和逸散的空气温度要比平常高,煤壁温度也比其他地点煤壁温度高。

（4）疲劳感觉

煤炭氧化、自热和自燃都会释放出二氧化碳和一氧化碳等气体，这些有害气体会使人感到头痛、闷热、精神不振、不舒服，产生疲劳感觉，特别是群体发生以上感觉时更说明煤炭已经发生自燃。

第 969 问　在井下哪些地点应建立自然发火观测站？

开采易自燃和自燃的煤层时，由于井下各个地点的生产条件与通风条件不尽相同，煤炭自然发火的几率和危险程度也有较大的差异。对于堆积浮煤、漏风较大，具有煤炭自然发火条件的危险地点和部位，必须建立固定或临时的自然发火观测站。同时，还应建立自然发火监测系统，以连续自动监测和随时提供相关地点自然发火有关信息，密切注意自然发火征兆的显现及其变化，及时发出自然发火预报。

第 970 问　当井下发现火灾时应注意哪些安全事项？

当井下发现火灾时，应注意以下安全事项：

（1）任何人发现井下火灾时，都应根据火灾性质、灾区通风和瓦斯情况，立即采取一切可能的方法进行直接灭火，以控制火势。

（2）迅速报告矿调度室。

（3）矿调度室或现场区队、班组长应根据"矿井灾害预防和处理计划"中的有关规定，将所有可能受火灾威胁地区的人员撤离，并组织人员进行灭火救援。

（4）当电气设备着火时，应首先切断其电源，在切断电源前，只准使用不导电的灭火器材进行灭火。

（5）在抢救人员和灭火过程中，必须指定专人检查通风瓦斯情况和制订防止爆炸和人员中毒的安全技术措施。

第971问　为什么发现火灾必须立即直接灭火？

矿井火灾在发生初期，一般火势不大，在火势尚未蔓延扩展之前，燃烧产生的热量也不大，周围介质和空气温度也不高，人员可以接近火源，采取有效措施进行直接灭火，火势容易被控制住，火灾通常容易被扑灭。如果发现火灾后，人员见火逃跑，贻误灭火良机，一旦火势蔓延扩展开来，再灭火就困难了，甚至酿成重大火灾事故，造成的损失和伤害将是惨重的。所以，《煤矿安全规程》中规定，任何人发现井下火灾时，应立即采取一切可能的方法直接灭火，以控制火势。

第972问　如何用水进行直接灭火？

用水直接灭火时由于它具有操作方便、灭火迅速、彻底、经济实用等优点，在井下火灾灭火时被广泛采用。

用水直接灭火时应注意以下安全事项：

（1）应先从火源外围逐渐向火源中心喷射水流，以免产生大量水蒸气和灼热的煤渣飞溅，伤害灭火人员。

（2）应有足够水量，防止在高温作用下分解成氢气和产生一氧化碳，形成爆炸性混合气体。

（3）应保持正常通风、以使高温烟雾和水蒸气直接导入回风流中。

（4）用水扑灭电气设备火灾时，应首先切断电源。

（5）因为水比油重，故不宜用水扑灭油类火灾。

（6）要经常检查火区附近的瓦斯浓度。

（7）灭火人员只准站在进风侧，不准站在回风侧，以防高温烟流灼伤人体和人员中毒、窒息。

第 973 问 什么叫干粉、泡沫直接灭火?

干粉直接灭火指的是,将干粉喷射到火焰表面,在高温作用下,干粉发生一连串的吸热分解作用,将火扑灭。干粉直接灭火对初始的外因火灾有良好的灭火效果,使用起来也十分方便。

泡沫直接灭火指的是,将泡沫喷射到火源处,泡沫复盖燃烧物体隔绝空气,阻断继续燃烧所需氧气进入,同时,水蒸气还能起到降温、冲淡氧气浓度的作用,达到抑制燃烧、熄灭火源的目的。泡沫直接灭火由于具有灭火速度快、效果好、还可以远距离操作,从而保证灭火人员的安全,灭火后恢复清理现场工作比较简单,而且成本低、水耗量小,无毒无腐蚀,因此应用范围比较广泛。

第 974 问 如何采用砂子或岩粉直接灭火?

采用砂子或岩粉等不燃性物质直接掩盖火源,将燃烧物和空气隔绝,使火熄灭。另外,砂子和岩粉不导电,并能吸收液体物质,因此可用来扑灭油类或电气火灾。它只能用来扑灭初始火灾和人员能到达地点的火灾。在采用砂子或岩粉直接灭火时,注意别将煤、木料等可燃物质混入砂子或岩粉中。

第 975 问 如何采用挖除火源的方法?

挖除火源指的是,将已经发热或者燃烧的煤炭及其可燃物质采用人工的方法挖出、清除并运到安全地点或井上的直接灭火方法。它是扑灭矿井火灾最彻底的方法。但是,采用挖除火源方法应注意以下安全事项:

(1) 火灾处于初始阶段,涉及范围不大。

(2) 火区及运出途中、排卸点没有瓦斯煤尘爆炸危险。

（3）火源位于灭火人员可以直接到达的地点。

（4）装运火源的车辆必须是铁制的。排卸火源地点必须是岩巷且附近无可燃物质，最好运送到井上。

第 976 问　什么叫采用阻化剂防灭火？
应该如何选择用阻化剂？

采用阻化剂防灭火指的是，将一些无机盐类化合物和氯化钙、氧化镁、氯化钠、三氧化铝以及水玻璃等溶液喷洒在煤块上，或者注入煤体中，阻止和延缓煤炭氧化的作用，防止和降低自然发火的危险性。

选用防灭火阻化剂时，应该是阻化率高、防灭火效果好、来源广泛、价格便宜，同时不得污染井下空气和危害人体健康、以及对机械设备、支架等金属构件腐蚀性小的物质。

第 977 问　什么叫采用凝胶防灭火？
采用凝胶防灭火时应遵守哪些规定？

凝胶指的是以水为载体、以水玻璃为主剂、以硫酸或碳酸盐类为促凝剂和以灰土（黄土或石灰）为增强剂混合而成的一种不燃性防灭火材料。它具有较好的渗透性、密封性和凝固性。

采用凝胶防灭火指的是，在促凝剂的作用下，凝胶混合液体很快凝结成冻胶状物质，充满裂隙、孔隙空洞和冒顶空间，起到防灭火的作用。

采用凝胶防灭火时，应遵守以下规定：

（1）选用的凝胶材料不得污染井下空气和危害人体健康。

（2）应在设计中明确规定凝胶的配方、促凝时间和压注量等参数。

（3）压注的凝胶必须充满全部空间，并喷浆封闭外表面。

（4）定期观测压注的凝胶，如发现凝胶老化、干裂，应重新进行压注。

第978问　什么叫采用均压防灭火?

采用均压防灭火指的是,通过设置调压装置(设施)或调整通风系统,改变井下巷道中空气压力的分布状态,尽可能减小或消除漏风通道(实施均压区域)两端的风压差,从而达到减小或消除漏风、抑制自然发火乃至灭火的目的。

第979问　采用均压防灭火有什么优缺点?

采用均压防灭火是一种效果显著的技术含量较高的防灭火手段和措施。

优点:经济、实用、效果较好。

缺点:是一项较复杂的技术管理工作,如果控制不当,不仅达不到防灭火的效果,还可能引发火灾,造成严重后果。

第980问　什么叫采用氮气防灭火?

采用氮气防灭火指的是,向采空区(或火区)注入惰性气体氮气,阻止采空区煤炭氧化自燃,同时,提高采空区压力成正压状态防止新鲜空气漏入采空区、降低采空区温度,以达到采空区内防灭火的目的。另外向采空区注氮,还可以降低采空区内瓦斯和氧化浓度,防止瓦斯燃烧爆炸事故的发生。

第981问　采用氮气防灭火应遵守哪些规定?

采用氮气防灭火具有很多优点,但是,如果注氮量过小、浓度过低达不到防灭火效果,同时输氮管路或采空区发生氮气泄漏还会造成人员伤亡。所以,必须遵守以下规定:

（1）氮气源稳定可靠。

（2）注入的氮气浓度不小于97%。

（3）至少有1套专用的氮气输送管路系统及其附属安全设施。

（4）因地制宜选择注氮方式。

（5）合理地选择注氮地点。

（6）注氮时要有完善的气体成分，空气温度监测手段，并设专人进行定期观测。

第982问　什么叫防火门（墙）？构筑防火门（墙）有哪些注意事项？

防火门（墙）指的是，在矿井防灭火过程中用于进行风流调节、调度（增减风量、短路通风、反风等），以控制火灾蔓延、发展，或者对火区进行封堵密闭的构筑物。

开采易自燃和自燃的煤层，对防火门（墙）的构筑应做好以下注意事项：

（1）在采区开采设计中，必须预先选定构筑防火门（墙）的位置。

（2）采区或采煤工作面形成生产和通风系统后，必须按设计选定的防火门（墙）位置构筑好防火门（墙）的墙垛，并与采区或采煤工作面同时移交和验收。墙体厚度不得小于600 mm，四周与巷壁掘槽深度不得小于300 mm，墙垛不漏风。

（3）在预先构筑防火门（墙）的墙垛附近，储备足够数量的封闭材料。每块板材厚度不得小于30 mm，宽度不得小于300 mm，拆口宽度不得小于20 mm，并要外包铁皮，对储备的板材要逐次编号，摆放整齐，定期派人进行检查。

第 983 问　采取哪些措施控制火风压?

当发生井下火灾后，可以采取以下措施控制火风压:

(1) 在火源附近井风侧修筑临时密闭，适当控制火区进风量，减少火烟生成。

(2) 火灾发生在分支风流中，应维持局部通风机工作状态，特别是抢救人员时，灭火过程中不能减风或停风。

(3) 火灾发生在下行风流中，可以暂时加大火区供风量以稳定风流，便于抢救人员。

(4) 尽可能利用火源附近的巷道，将高温烟流直接排入总回风巷。

第 984 问　什么叫封闭火区灭火法? 封闭火区灭火法的适用条件是什么?

封闭火区灭火法指的是，在进风侧和回风侧构筑防火墙（又叫做密闭），隔离火区空气的供给，减小火区氧气浓度，使火区的火因缺氧而熄灭的一种灭火方法。

封闭火区灭火法适合于火势猛、火区范围大，无法进行直接灭火，或者直接灭火无效的火灾。

第 985 问　为什么封闭火区应尽量缩小封闭范围?

采用封闭火区灭火法时，由于以下两点原因应尽量把封闭范围缩小:

(1) 火区封闭以后，火区附近封闭的煤炭资源将成为呆滞状态，不能随便进行采掘活动，如果封闭范围过大，将严重地影响矿井正常的采掘接续工作。

(2) 封闭范围过大，漏风几率和漏风量就会增加，不利于火区隔绝窒息灭火，同时，使火区空间变大，爆炸性气体体积也增大，如果发生爆炸，其爆炸时威力也加大。

所以《煤矿安全规程》中规定，封闭火区灭火时，应尽量缩小封闭范围。

第 986 问　如何选择防火墙的位置？

防火墙位置在保证灭火效果和灭火人员安全的前提下，应使封闭火区的范围尽可能小，防火墙的数量尽可能少，并且有利于快速施工的原则。它的选择应满足以下各方面的要求：

（1）为便于灭火人员修筑防火墙，防火墙不应距离新鲜空气过远，特别是进风侧应距火源尽可能近些，一般不应超过 10 m，也不要小于 5 m，以便留有另修筑防火墙的位置。

（2）防火墙前后 5 m 范围内的围岩应稳定，以保证修筑防火墙时操作安全和防火墙质量密不透水。

（3）运送修筑防火墙材料方便。

（4）在防火墙和火源之间不应有旁侧风路，以免火区封闭后风流逆转，将爆炸性的火灾气体和瓦斯带回火源而发生爆炸。

第 987 问　如何选择安全可靠的防火墙封闭顺序？

安全可靠地选择火区封闭顺序有以下 2 种情况：

（1）多风路火区的封闭顺序

在多风路火区修筑防火墙时，应视火区范围、火势大小和瓦斯涌出量大小等情况来决定封闭火区的顺序。在一般条件下，应先封闭对火区影响不大的次要风路的巷道，然后封闭火区的主要进回风路的巷道。

（2）火区进回风侧的封闭顺序

火区进回风侧的封闭顺序非常重要，它不仅影响控制火势的速度，还严重地威胁着灭火人员的生命安全。一般有以下三种顺序：

①先封闭进风侧，后封闭回风侧。它可以迅速减少火区的供氧使火势减弱，为封闭回风侧创造条件。

②先封闭回风侧，后封闭进风侧。在火势不大、温度不高，无瓦斯存在等情况下，为了迅速截断火焰蔓延而常采用。

③进回风侧同时封闭。它封闭火区时间短，能在较短时间内切断对火区供氧，同时由于瓦斯积聚时间短，很难达到爆炸浓度界限，常在灭火中采用。

第 988 问　什么叫火区？为什么要对火区加强管理？

由于发生矿井火灾而封闭的巷道、采掘工作面和煤炭资源等区域，叫做火区。

火区封闭后虽然可以认为矿井火灾已被控制住，但对于矿井防灭火工作来说，这仅仅是灭火工作的开始，只要火源还没有彻底消除，它仍是对矿井安全生产的潜在威胁，如果管理不善，形成漏风进入火区，使火区的火源不仅得不到抑制，反而加重火势；如果在火源未消除情况下擅自启封，将造成矿井火灾重复出现，后果不勘设想。所以，必须加强对火区的管理。

第 989 问　如何加强对井下火区管理？

《煤矿安全规程》中规定，对井下火区管理必须做到以下几点：

（1）煤矿企业必须绘制火区位置关系图并永久保存，在图上祥细标出所有火区和曾经发火的地点。

（2）每一处火区都要按形成的先后顺序进行编号，并建立火区管理卡片。

（3）火区管理卡片应由矿通风部门负责填写，并装订成册、永久保存。火区管理卡片内容应包括以下图表资料：

①火区基本情况登记表，包括发火当时情况、火灾造成的损失、煤层赋存情况及煤层自燃情况等。

②火区灌注浆、砂和惰气记录表。包括每次灌注的位置、钻孔情况、防火墙编号以及灌注量及日期等。

③防火墙修筑日期、结构、负责人以及防火墙内气体成分（CH_4、O_2、CO_2、CO 和 N_2）、温度、湿度、内外压差和其他情况观测记录表。

④火区位置示意图。它应以通风系统为基础、标明火区的边界、火源点位置、防火墙类型、位置和编号、火区外围风流方向、漏风路线以及灌浆系统、均压技术设施位置等，并绘制必要的剖面图。

第 990 问　如何加强对永久性防火墙的管理?

《煤矿安全规程》中规定，永久性防火墙的管理应遵守以下规定：

（1）每个防火墙必须进行编号，并在井下火区位置关系图中注明。

（2）每个防火墙附近必须设置栅栏、警标，禁止人员入内，并悬挂说明牌。

（3）防火墙内的气体温度和空气温度应定期测定并进行分析。

（4）防火墙外的空气温度、瓦斯浓度、墙内外空气压差以及墙体本身，必须进行定期检查，发现有异常变化情况时，必须及时加以处理。

第 991 问　火区熄灭的条件是什么?

《煤矿安全规程》中规定，火区同时具备以下 5 个条件时，方可认为火区的火已经熄灭：

（1）火区内的温度下降到 30 ℃ 以下，或与火灾发生前该区的日常空气温度相同。

（2）火区内空气中的氧气浓度降到 5% 以下。

（3）火区内空气中不含有乙烯、乙炔，一氧化碳浓度在封闭期间内逐渐下降，并稳定在 0.001% 以下。

（4）火区的出水温度低于 25 ℃，或与火灾发生前该区的日常出水温度相同。

（5）上述 4 项指标持续稳定的时间在 1 个月以上。

第 992 问　启封火区有哪些安全注意事项？

只有经取样化验证实火区的火已熄灭后，方可对该火区进行启封。因为启封火区是一项比较复杂而又危险的工作，一定要做好以下安全注意事项：

（1）启封已熄灭的火区前，必须制定安全技术措施，包括火区侦察与防火墙启封顺序、启封时防止人员中毒、防止火区复燃和防止爆炸的通风技术措施。

（2）因为启封火区和火区恢复通风期间，将排出火区内的有毒有害气体，还容易发生因受到通风影响而再次出现一氧化碳或火区复燃现象，所以，这时必须由矿山救护队负责进行，并撤出火区回风流中的所有人员。

（3）启封火区时，应采用锁风启封方法，以备万一启封过程中发生火区复燃，能够安全有效地加以控制和重新封闭。

（4）在启封工作完毕后的 3 天内，每班必须由矿山救护队检查通风工作，并测定水温、空气温度和空气成分。

第 993 问　为什么要设置井上、下消防材料库？

在矿井火灾的抢险救灾中，除了强有力的组织和指挥系统、经验丰富的救援灭火队伍以外，必要的设备、工具和材料是不可缺少的。否则，将因灭火器材不全、不足或质量不合格等贻误良机致使火灾蔓延扩大，甚至发生瓦斯煤尘燃爆事故。因此，为了适应灭火救灾的需要，必须在井上、下设置消防材料库。

第994问　井上、下如何设置消防材料库?

（1）井上消防材料库

井上消防材料库应设在井口附近，目的是为了争取时间，及时的运送消防材料，有利于灭火工作的迅速开展。同时因为井口房内安装有矿井提升运输各种机电设备，存在着电气火灾的危险，一旦井口房内着火，将会烧毁消防材料，使灭火工作难以进行，所以，消防材料库不得设在井口房内。

（2）井下消防材料库

矿井火灾的扑灭，贵在一个"快"字，早1分钟有可能将火势控制，人员免遭伤害；迟1分钟就可能使火势扩大，难以控制，甚至造成人员伤亡。由于井下各个水平都有可能发生矿井火灾，所以，在每一个生产水平的井底车场或主要运输大巷，都应设置井下消防材料库，并装备消防列车。

（3）井上、下消防材料库储存的材料，工具的品种和数量应符合有关规定，并定期检查和更换；材料，工具不得挪作他用。

第995问　井下哪些地点应备有灭火器材?

为了及时有效地扑灭矿井火灾，井下容易发生火灾的地点都应备有灭火器材。这些地点主要有以下各处：

（1）井下爆炸材料库。

（2）机电设备硐室。

（3）检修硐室。

（4）材料库。

（5）井底车场。

(6) 使用带式输送机或液力偶合器的巷道。

(7) 采掘工作面附近的巷道。

第六节 "防治自然发火"安全质量 标准化考核

第 996 问 在"防治自然发火"安全质量标准化 考核时,对矿井防灭火系统如何进行检查评分?

在"防治自然发火"安全质量标准化考核时,对开采易自燃和自燃煤层的矿井的防灭火系统进行设计、措施、资料和现场的检查。

总得分为 10 分。矿井无防灭火系统不得分,发现防灭火的工作面或其他地点系统使用不正常的,每一个工作面(处)扣 5 分。

第 997 问 在"防治自然发火"安全质量标准化 考核时,对矿井防治自然发火措施如何进行检查评分?

在"防治自然发火"安全质量标准化考核时,要检查采掘工作面作业规程防治自然发火的专门措施和记录,并进行井下抽查。

总得分为 10 分。无专门措施不得分,发现一处有措施不落实的扣 5 分。

第 998 问 在"防治自然发火"安全 质量标准化考核时,对开展火灾的 预测预报工作如何进行检查评分?

在"防治自然发火"安全质量标准化考核时,要对火灾预测 预报的化验报告单、防火记录等进行检查,并对井下任意选点进 行抽查。

总得分为 15 分。未按时预报不得分,少预测 1 处或内容不 全的扣 5 分。

第 999 问 在"防治自然发火"安全质量标准化 考核时,对采空区如何进行检查评分?

在"防治自然发火"安全质量标准化考核时,要对采空区高 温(35 ℃以上)和 CO 超限情况进行井下抽查和检查记录。

总得分为 15 分。发现 1 处未处理的扣 5 分。

第 1000 问 在"防治自然发火"安全质量标准化 考核时,对采煤工作面的采后封闭如何进行检查评分?

在"防治自然发火"安全质量标准化考核时,要对采煤工作 面采后 45 d 内进行永久性封闭进行现场抽查和检查记录。

总得分为 15 分。发现缺少 1 个密闭的扣 5 分。

第 1001 问 在"防治自然发火"安全质量标准化 考核时,对火区管理如何进行检查评分?

在"防治自然发火"安全质量标准化考核时,对火区管理进 行现场和资料的检查。

总得分为 15 分。发现缺少 1 张图纸或火区管理卡片的扣 5
分；图、卡每错 1 处的扣 1 分；未按批准措施管理和启封火区
的，发现 1 条扣 2 分。

第 1002 问　在"防治自然发火"安全
质量标准化考核时，对无 CO 超限作业和
自燃事故如何进行检查评分？

在"防治自然发火"安全质量标准化考核时，要按检查期内
检查无 CO 超限作业和自燃事故记录。

总得分为 10 分。发现 CO 超限作业、出现明火或封闭工作
面的不得分，冒烟 1 次的扣 5 分。

第 1003 问　在"防治自然发火"安全质量标准化
考核时，对消防材料库如何进行检查评分？

在"防治自然发火"安全质量标准化考核时，要对井上下消
防材料库进行现场检查和检查记录。

总得分为 10 分。未按标准设立消防材料库的不得分，器材
不足的扣 5 分。

参考文献

1. 国家安全生产监督管理总局，国家煤矿安全监察局．煤矿安全规程．北京：煤炭工业出版社，2006

2. 刘洪．《煤矿安全规程》专家解读（井工部分）．徐州：中国矿业大学出版社，2006

3. 袁河津．煤矿新工人岗前安全培训教材．徐州：中国矿业大学出版社，2007

4. 李定远．煤矿重大安全生产隐患认定及治理．北京：中国三峡出版社，2006

5. 程根根，李万名．《煤矿重大安全生产隐患认定办法（试行）》问答．北京：煤炭工业出版社，2005

6. 袁河津．煤矿从业人员安全培训及安全技能训练考核教材．徐州：中国矿业大学出版社，2008

7. 袁河津．班前会一日一题学习必读．徐州：中国矿业大学出版社，2008

8. 常心坦，刘剑，王德明．矿井通风及热害防治．徐州：中国矿业大学出版社，2007

9. 李德文．马骏，刘何清主编．煤矿粉尘及职业病防治技术．徐州：中国矿业大学出版社，2007

10. 赵清林．煤矿粉尘监测必读．北京：煤炭工业出版社，2007

11. 全国安全生产标准化技术委员会煤矿安全分会技术委员会．煤矿安全监控、监测系统．北京：煤炭工业出版社，2007

12. 郑思文，刘建华．瓦斯检查员．徐州：中国矿业大学出版社，2002

13. 陈树新，任连贵．爆破工．徐州：中国矿业大学出版社，2002

14. 杨宝贺．尘肺病防治知识读本．北京：中国科学技术出版社，2006

15. 胡千庭．煤矿瓦斯抽采与瓦斯灾害防治．徐州：中国矿业大学出版社，2007

16. 袁河津．煤矿农民工安全生产常识与操作技能培训教材．徐州：中国矿业大学出版社，2007

17. 王家棣，赵其文，刘明．矿井防灭火技术．北京：中国经济出版社，1987

18. 赵其文，刘明．矿井防治技术．北京：中国经济出版社，1987

19. 张延松，王德明，朱红青．煤矿爆炸、火灾及其防治技术．徐州：中国矿业大学出版社，2007

20. 国家煤矿安全监察局，中国煤炭工业协会．煤矿安全质量标准化标准及考核评级办法（试行）．北京：煤炭工业出版社，2004

21. 张剑义，王启海．通风安全．北京：煤碳工业出版社，1999

22. 辛广龙．一通三防．北京：煤炭工业出版社，2007

23. 吕智海，王占元．矿井火灾防治．北京：煤炭工业出版社，2007

24. 王占洲．乡镇煤矿安全生产技术和法律知识问答．北京：煤炭工业出版社，2003

25. 刘德政．煤矿"一通三防"实用技术．太原：山西出版集团．山西科学技术出版社，2007

26. 王永安，宋云辉．矿井瓦斯防治．北京：煤炭工业出版社，2007

27. 常海虎，刘子龙．矿尘防治．北京：煤炭工业出版社，2007

28. 郭长青，张满祥．煤矿职工安全知识读本．北京：煤炭工业出版社，2007

29. 国家发展和改革委员会．煤矿生产能力管理办法，煤矿生产能力核定资质量管理办法，煤矿生产能力核定标准．北京：中国经济出版社，2006

30. 国家安全生产监督管理总局．煤矿井工开采通风技术条件．北京：煤炭工业出版社，2007

31. 国家安全生产监督管理总局．煤尘爆炸性鉴定规范．北京：煤炭工业出版社，2007

32. 国家安全生产监督管理总局．煤矿瓦斯抽采基本指标．北京：煤炭工业出版社，2007

33. 国家安全生产监督管理总局．矿井瓦斯等级鉴定规范．北京：煤炭工业出版社，2007

34. 国家安全监督管理总局．煤与瓦斯突出矿井鉴定规范．北京：煤炭工业出版社，2007

35. 国家安全生产监督管理总局．煤矿安全监控系统及检测仪器使用管理规范．北京：煤炭工业出版社，2007

36. 国家安全生产监督管理总局．煤矿安全监控系统通用技术要求．北京：煤炭工业出版社，2006

37. 国家安全生产监督管理总局．煤矿井下粉尘综合防治技术规范．北京：煤炭工业出版社，2007

38. 国家安全生产监督管理总局. 矿井密闭防灭火技术规范. 北京：煤炭工业出版社，2007

39. 袁河津. 怎样当好煤矿班组长. 徐州：中国矿业大学出版社，2007

40. 袁河津. 手指口述安全确认示范操作必读. 徐州：中国矿业大学出版社，2007

41. 国务院安委会办公室关于深入贯彻落实全国煤矿瓦斯治理现场会精神的通知（安委办 [2008] 16 号），2008 年 7 月 24 日

42. 国务院安委会办公室关于进一步加强煤矿瓦斯治理工作的指导意见（安委办 [2008] 17 号），2008 年 8 月 11 日

后　记

　　2005 年 8 月全国人大常委会、国务院确定"力争用两年左右的时间，使煤矿重特大瓦斯爆炸事故有较大幅度下降"，经过各地区、各部门两年多的不懈努力，煤矿瓦斯治理攻坚战取得了阶段性成效。目前全国所有高瓦斯矿井和 92.5％的低瓦斯矿井已安装了监测监控系统。2007 年全国瓦斯抽采量达到 44 亿立方米（其中国有重点煤矿 30.58 亿立方米）。2006 年和 2007 年全国煤矿瓦斯事故起数和死亡人数平均下降 17％和 25％。2008 年上半年全国瓦斯事故起数和死亡人数同比分别下降 43％和 48.3％，其中重大事故起数和死亡人数分别下降 53.9％和 56.3％，没有发生特大事故。全国煤矿百万吨死亡率从 2005 年的 3.08 下降到 2007 年的 1.485，2008 年上半年又下降到 1.05。在三年多来煤矿瓦斯治理攻坚战中，涌现了大批先进地区和先进单位，积累了许多好经验和好做法。

　　但是，煤矿"一通三防"工作与党中央、国务院的要求和煤矿职工的期望还有较大的差距，工作进展不平衡，全国煤矿安全生产形势依然严峻。主要表现在以下几点：

　　一是"一通三防"工作不落实，特别是一些小煤矿通风系统不健全、风量不足和违章作业现象普遍存在。

　　二是重特大瓦斯事故尚未得到有效遏制，2007 年全国煤矿共发生瓦斯重特大事故 22 起、死亡 460 人，分别占煤矿重特大事故的 78.6％和 80.3％。2008 年上半年发生瓦斯事故 81 起、死亡 294 人。

384

三是监测监控和现场管理工作薄弱，瓦斯隐患仍然相当严重。

本人在参加国务院安委办组织的煤矿安全生产百日督查专项行动中发现，目前有的煤矿企业主要负责人和安全管理人员对"一通三防"知识了解不多，煤矿从业人员对"一通三防"基本知识和操作技能掌握得很少，特别是在学习培训时缺乏一套煤矿"一通三防"知识系统全面的教材。为了加强矿井通风和防瓦斯、防煤尘、防灭火管理，把瓦斯治理攻坚战推向新阶段，实现"到2010 年全国煤矿瓦斯事故死亡人数、重特大瓦斯事故起数比2007 年再下降 20％"的目标，强化煤矿企业的安全培训工作，特组织编写了本书。

本书围绕着煤矿重大安全生产隐患、安全质量标准化、煤矿瓦斯综合治理工作体系和有关技术规范规程等重点，对煤矿"一通三防"基本知识逐题进行了阐述，内容丰富齐全，涵盖了"一通三防"有关基础知识、安全措施、操作技能以及法律法规、规章制度等方面内容。

本书采用问答式的方式编写，有利于煤矿企业根据学员的实际水平和煤矿安全的实际需要，进行分散式的培训，从而达到系统全面掌握安全生产知识、安全操作技能和提高安全法律法规意识的目的。

本书由教授级高级工程师袁河津担任主编，国家煤矿安全监察局办公室主任科员孟涛、黑龙江省技术创新服务中心培训室主任刘萍、山东肥矿集团高级技工学校教务处主任宁尚根、黑龙江省鸡西矿业集团职业技术培训中心杜延云、许海霞、山东肥矿集团安全技术培训中心副科长程君业担任副主编。在本书的编写过程中，得到了有关单位和部门的大力支持和帮助，国家安全生产监督管理总局新闻发言人、国家煤矿安全监察局副局长黄毅欣然为本书作序。在此谨向各级领导、有关单位和部门表示衷心感谢。同时，还参阅了大量著作和文献，部分名单已列在书后的"参考文献"中，在此对其著作者和出版社一并表示感谢！

由于编写时间仓促和作者水平所限，书中欠妥之处在所难免，敬请读者批评指正。

作 者

2008 年 12 月